普通高等教育"十三五"规划教材
天津市课程思政优秀教材

人 工 智 能 技 术

主编　修春波
参编　卢少磊　苏雪苗　孟　博　王雅君
　　　夏琳琳　张继德　成　怡　陈奕梅
　　　田慧欣　李金义　王若思　潘肖楠

U0239684

机 械 工 业 出 版 社

本书介绍了人工智能的发展历史、基本流派、研究领域，知识表示方法和推理技术、图搜索技术，专家系统及其开发工具的使用和设计方法，模糊理论及应用，机器学习和神经网络，卷积神经网络，混沌理论，智能优化算法原理和应用，多智能体技术等内容。

本书是作者在多年教学和科研实践的基础上，参阅了国内外现有教材和相关文献后编写的。全书注重理论与实践的结合，注重算法的实际应用与实现方法，注重创新思维的训练与培养。

本书可作为高等院校人工智能、自动化、电气工程及其自动化、计算机科学与技术、电子信息工程等专业学生"人工智能"课程的本科生、研究生教材，也可供从事人工智能研究与应用的科技工作者学习参考。

图书在版编目（CIP）数据

人工智能技术/修春波主编. —北京：机械工业出版社，2018.8
（2024.7 重印）

普通高等教育"十三五"规划教材
ISBN 978-7-111-60409-9

Ⅰ.①人… Ⅱ.①修… Ⅲ.①人工智能-高等学校-教材 Ⅳ.①TP18

中国版本图书馆 CIP 数据核字（2018）第 147242 号

机械工业出版社（北京市百万庄大街22号　邮政编码100037）
策划编辑：王雅新　责任编辑：王雅新　徐　凡
责任校对：肖　琳　封面设计：陈　沛
责任印制：常天培
北京中科印刷有限公司印刷
2024 年 7 月第 1 版第 3 次印刷
184mm×260mm · 17.5 印张 · 424 千字
标准书号：ISBN 978-7-111-60409-9
定价：44.00 元

前　言

自古以来，人类一直幻想着能够制造出具有智能的机器，很多美丽的传说都蕴含着这样的思想。随着计算机技术的出现和发展，这种幻想终于逐渐得以实现。

从1956年的达特茅斯会议开始，人工智能历经60多年的坎坷发展，终于成为目前相对比较完善的学科，无数的科技工作者为人工智能的发展做出了大量不可磨灭的贡献。在此，我们怀着崇敬的心情对人工智能的先驱者们表示由衷的敬佩。

人工智能是一门涉及认知科学、神经生物学、心理学、计算机科学、数学、信息与控制科学等诸多学科的交叉性、前沿性学科。其研究内容包括知识工程、专家系统、机器学习、神经网络、模式识别、优化计算等多个应用领域，受到国内外研究学者的普遍重视。尤其是最近十年来，人工智能的成果大量地应用到人们的生活中，人工智能的神秘面纱也逐渐被大众揭开。

AlphaGo的出现，促使深度学习、神经网络等人工智能专业词汇在大众人群中得到了普及。大量的人工智能技术及产品也随之涌现出来，人们突然意识到人工智能的快速崛起。

从2015年开始，我国积极鼓励、推动和支持人工智能技术的发展，并大力推动机器人技术的发展。2015年5月20日，国务院印发《中国制造2025》，部署全面推进实施制造强国战略。"智能制造"被定位为中国制造的主攻方向。2015年7月5日，国务院印发《"互联网+"行动指导意见》，提出大力发展智能制造。以智能工厂为发展方向，开展智能制造试点示范，加快推动云计算、物联网、智能工业机器人、智能制造等技术在生产过程中的应用，推进生产装备智能化升级、工艺流程改造和基础数据共享，着力在工控系统、智能感知元器件、工业云平台、操作系统和工业软件等核心环节取得突破，加强工业大数据的开发与利用，有效支撑制造业智能化转型，构建开放、共享、协作的智能制造产业生态。2016年4月，工信部、国家发改委、财政部联合发布《机器人产业发展规划（2016—2020年）》，为"十三五"期间我国机器人产业发展描绘了清晰的蓝图。2016年5月23日，发改委、科技部、工信部和网信办联合印发《"互联网+"人工智能三年行动实施方案》。方案中指出，到2018年，中国将基本建立人工智能产业体系、创新服务体系和标准化体系，培育若干全球领先的人工智能骨干企业，形成千亿级的人工智能市场应用规模。方案提出，为降低人工智能创新成本，中国将建设面向社会开放的文献、语音、图像、视频、地图及行业应用数据等多类型人工智能海量训练资源库和标准测试数据集。国家还将建设满足深度学习等智能计算需求的基础资源服务平台，包括新型计算集群共享平台、云端智能分析处理服务平台、算法与技术开放平台等。2016年7月28日，国务院印发《"十三五"国家科技创新规划》。该规划在"新一代信息技术"中提到人工智能：重点发展大数据驱动的类人智能技术方法；突破以人为中心的人机物融合理论方法和关键技术，研制相关设备、工具和平台；在基于大数据分析的类人智能方向取得重要突破，实现类人视觉、类人听觉、类人语言和类人思维，支撑智能产业的发展。2016 年 9 月 1 日，《国家发展改革委办公厅关于请组织申报"互联网+"领域创新能力建设专项的通知》出台，其中提到了人工智能的发展应用问题。为构建"互联网+"领域创新网络，促进人工智能技术的发展，应将人工智能技术纳入专项建设内容。2016 年 12 月 19 日，国务院印发《"十三五"国家战略性新兴产业发展规划》的通知，要求发展人工智能，培育人工智能产业生态，促进人工智能在经济社会重点领域推广应用，打造国际领先的技术体系。2017 年 3 月"人工智能"首次写入政府工作报告。2017 年 7 月，国务院印发《新一代人工智能发展规划》的通知，指出发展人工智能是一项事关全局的复杂系统工程，要按照"构建一个体系、把握双重属性、坚持三位一体、强化四大支撑"进行布局，形成人工智能健康持续发展的战略路径。2017 年 10 月，人工智能写入十九大报告。2017 年 12 月 13 日，工信部印发《促进新一代人工智能产业发展三年行动计划（2018—2020 年）》，明确了人工智能 2018—2020 年在推动战略性新兴产业总体突破、推进供给侧结构性改革、振兴实体经济、建设制造强国和网络强国方面的重大作用和具体目标。

国家政策的强有力支持，促进了人工智能产业的迅速发展。人工智能技术发展速度之快令人惊讶，新的研究内容以及理论方法更新之快令人目不暇接。

本书内容兼顾人工智能的经典知识和前沿技术，着重于基本理论与实际应用相结合，强调内容的新颖性、先进性、实用性和可读性。特别注重算法的编程实现和实际问题的分析与解决。为易于读者理解相关的理论知识，书中简化了相关理论证明，并给出了实际的应用案例分析，增加了学习的趣味性和直观性。

本书注重培养与训练学生的创新思维。在介绍完一个基本算法后，会给出一系列在其基础上的改进算法，一方面可加深学生对基本算法的理解，另一方面可培养学生独立思考与分析算法性能的能力，有利于学生寻找创新点，训练学生的创新思维。

考虑到现有的人工智能类书籍大多是针对计算机应用专业编写的，因此本书在选材方面适当加入了智能控制等方面的知识，可以满足自动化专业的教学要求。同时结合作者的研究经历并参考相关文献，增加了一些人工智能领域的最新研究成果，丰富了本书的内容。

本书共分为 10 章，第 1 章简述人工智能的发展历史、基本流派、研究领域；第 2 章介绍多种知识表示方法和推理技术；第 3 章介绍图搜索技术；第 4 章介绍专家系统的理论知识以及开发工具的使用和设计方法；第 5 章介绍模糊理论的基本知识以及模糊理论在控制和模式识别等方面的应用；第 6 章介绍机器学习的基础理论知识，重点介绍多种神经网络的学习理论和应用方法；第 7 章介绍卷积神经网络的原理及 TensorFlow 的应用；第 8 章介绍混沌的初步理论知识，并介绍混沌神经网络的相关内容；第 9 章介绍多种智能优化算法的原理和实际应用；第 10 章介绍智能体与多智能体系统的相关知识及应用。

本书由修春波主编并统稿，卢少磊、苏雪苗、孟博、王雅君、夏琳琳、张继德、成怡、陈奕梅、田慧欣、李金义、王若思、潘肖楠等多位老师参与了本书的编写工作。本书由北京理工大学张宇河教授主审。

由于编者能力和水平有限，书中不妥与错误之处在所难免，恳请各位专家和读者不吝指导和帮助。对此，我们深表感谢。

编　者

目　录

第1章

绪 论

人工智能（Artificial intelligence，AI）是指研究如何用计算机去模拟、延伸和扩展人的智能，如何使计算机变得更聪敏、更能干，如何设计和制造具有更高智能水平的计算机的理论、方法、技术及应用系统的一门新兴的科学技术。它是涉及认知科学、神经生物学、心理学、计算机科学、数学、信息与控制科学等诸多学科的交叉性、前沿性学科。由于其近年的迅速发展和在诸多领域中的广泛应用，被誉为20世纪70年代以来世界三大尖端技术（空间技术、能源技术、人工智能）之一，也被称为21世纪的三大尖端技术（基因工程、纳米科学、人工智能）之一。

1.1 人工智能的起源与发展

1. 萌芽期

自古以来，人们就不断地探索制造和使用各种机器来代替人的部分脑力劳动，以提高人们在自然环境中的生存能力。《列子·汤问》中，记载了有关西周时期的巧匠偃师制造的能歌舞的机器人的传说故事。公元850年，古希腊传说中有关于利用制造的机器人帮助人们劳动的故事记载。在近代史上，关于制造具有智能行为机器人的记载更是层出不穷。这说明，在人类历史的发展过程中，人们从未间断过对人工智能的探索和研究。

古希腊哲学家亚里士多德（Aristotle）是逻辑学的创始人，他所提出的三段论（大前提、小前提和结论）奠定了演绎推理的基础。

17世纪世界上第一台会演算的机械加法器由法国物理学家、数学家帕斯卡（B. Pascal）研制成功。在此基础上，德国数学家、哲学家莱布尼兹（G. W. Leibniz）研制了能进行四则运算的计算器，并提出了"万能符号"和"推理计算"的思想，成为现代"思考"机器的设计思想萌芽。

进入20世纪后，人工智能领域相继出现若干开创性的工作。其中，英国数学家、计算机逻辑的奠基者图灵（A. M. Truring）对人工智能的发展做出了杰出的贡献。

1936年，年仅24岁的图灵发表了著名的《论数字计算在决断难题中的应用》一文，提出了著名的图灵机的设想。图灵机是一种抽象计算模型，用来精确定义可计算函数。图灵在设计了该模型后提出：凡可计算的函数都可用这样的机器来实现。这就是著名的图灵论题。半个多世纪以来，数学家提出的各种各样的计算模型都被证明是和图灵机等价的。现在图灵论题已被当成公理一样在使用着。

1950年，图灵发表了《计算机能思考吗?》的论文，这篇划时代之作为他赢得了"人工智能之父"的桂冠。为了证明机器是否真的能够思考，他又提出了"图灵测试"。

所谓图灵测试，是一种测试机器是不是具备智能的方法。被测试者中有一个人，另一个是声称具有智能的机器。测试时，测试人与被测试者分开，测试人通过一些装置（如键盘等）向被测试者进行提问。经过一段时间的提问后，如果测试人无法分辨出人和机器，则该机器就通过了图灵测试，可认为该机器具有智能。图灵测试至今仍被沿用。可惜到目前为止，还没有一台机器能够通过图灵测试。不过有些软件可以通过图灵测试的子测试。

1946 年，第一台通用电子数字计算机 ENIAC 由美国数学家莫克利（J. W. Mauchly）和埃克特（J. P. Eckert）合作研制成功。

1947 年，美国数学家维纳（N. Wiener）创立了控制论，揭示了机器中的通信和控制机能与人的神经、感觉机能的共同规律，为现代科学技术研究提供了崭新的科学方法。

1948 年，美国贝尔实验室的数学家香农（C. E. Shannon）创立了信息论，信息论是运用概率论与数理统计的方法研究信息、信息熵、通信系统、数据传输、密码学、数据压缩等问题的应用数学学科。

1952 年，美籍奥地利生物学家贝塔朗菲（L. V. Bertalanffy）创立了系统论。系统论是研究系统的一般模式、结构和规律的学问，它研究各种系统的共同特征，用数学方法定量地描述其功能，寻求并确立适用于一切系统的原理、原则和数学模型，是具有逻辑和数学性质的一门新兴的科学。

这一时期的主要成就是创立数理逻辑、自动机理论、控制论、信息论和系统论，以及通用电子数字计算机的发明。这些成就为人工智能的诞生和迅速发展提供了充足的思想、理论和实验工具等物质技术条件。

2. 形成期

1956 年，达特茅斯会议的召开标志着人工智能学科的正式诞生。该会议由麦卡锡（John McCarthy，1971 年的图灵奖获得者）、明斯基（Marvin L. Minsky，1969 年图灵奖获得者）、香农（Claude Elwood Shannon）、罗切斯特（Nathaniel Rochester）4 个年轻人发起，普林斯顿大学的莫尔（Trenchard More）、IBM 公司的塞缪尔（Arthur Samuel）、麻省理工的索罗蒙夫（Ray Solomonoff）和塞尔夫里奇（Oliver Selfridge）、卡内基梅隆大学的纽厄尔（A. Newell，1975 年图灵奖获得者）和西蒙（Simon，1975 年图灵奖获得者）等共 10 人参加，探讨了用机器模拟智能的各种相关问题，并正式提出了人工智能这一术语。

东道主麦卡锡有一个宏伟的目标：组织十来个人，用两个月的时间共同努力设计出一台具有真正智能的机器。虽然他们没有实现这个目标，但是他们却创立了一个崭新的学科——人工智能。麦卡锡也被誉为人工智能之父。

麦卡锡的主要研究方向是计算机下棋，并发明了著名的 α-β 搜索算法。在该算法中，麦卡锡巧妙地将结点的产生与求评价函数值结合起来，从而使得某些子树节点根本不必产生和搜索。该算法至今仍是人工智能领域中一种高效常用的求解方法。

卡内基梅隆大学的西蒙和纽厄尔在大会上展示了启发式程序"逻辑理论家"，它可以证明数学名著《数学原理》一书第 2 章 52 个定理中的 38 个定理。该程序模拟了人类用数理逻辑证明定理时的思维特点，把认知理论、人机交互等结合起来，建立了一个"智能问题解决和学习"模型，只要事先在机器中存储一组公理和推理规则，该程序就可自己去探索解决方案。这是利用机器对人的高级思维活动实现模拟的第一个重大成果。另外，在开发

"逻辑理论家"的过程中，他们首次提出并成功应用了"链表"（list）作为基本的数据结构，并设计和实现了表处理语言 IPL。IPL 是最早的表处理语言，也是最早使用递归子程序的语言。

明斯基在会议上展示了名为 Snarc 的学习机的雏形。Snarc 是世界上第一个神经网络模拟器，主要用于学习如何穿过迷宫。其组成包括 40 个智能体（agent）和 1 个对成功给予奖励的系统。在 Snarc 的基础上，明斯基解决了如何让机器利用过去的知识实现对当前行为结果的预测这一问题。

塞缪尔在 1952 年运用博弈理论和状态空间搜索技术研制了世界上第一个跳棋程序，经过不断完善，1959 年该程序击败了它的设计者塞缪尔本人，1962 年击败了美国的一个州冠军。该程序具有自学习、自组织和自适应能力，可以像一个真正的棋手那样学习棋谱和积累下棋经验。这是模拟人类学习过程的一次有效尝试。

1956 年，乔姆斯基（N. Chomsky）发表了用形式语言方法研究自然语言的第一篇论文，创立了形式语言。形式语言与自动机结合，用来描述和研究思维过程。在自然语言理解和翻译、计算机语言的描述和编译、社会和自然现象的模拟、语法制导的模式识别等方面有着广泛的应用。

1960 年，西蒙夫妇通过一个有趣的心理学实验表明，人类解决问题的过程是一个搜索的过程，其效率取决于启发式函数。在这个实验的基础上，西蒙、纽厄尔和肖（J·Shaw）等人成功地开发了"通用问题求解系统"GPS（General Problem Solver）。GPS 是根据人在解题中的共同思维规律编制而成的，可以求解 11 种不同类型的问题，从而使启发式程序有了更普遍的意义。

1959 年，麦卡锡开发了著名的表处理语言 LISP，LISP 是一种函数式的符号处理语言，其程序由一些函数子程序组成。LISP 语言还具有自编译能力。该语言成为人工智能界第一个最广泛流行的语言。

这一时期的主要成就是人工智能学科的正式诞生，并在定理证明、问题求解、博弈和 LISP 语言以及模式识别等许多领域取得众多突破成果，人工智能作为一门新兴学科迅速受到人们的关注。

3. 发展期

20 世纪 60 年代以来，人工智能的研究活动越来越受到国内外专家学者的重视。其不但在问题求解、博弈、定理证明、程序设计、机器视觉、自然语言理解等领域的研究取得深入进展，而且开始走向实用化的应用研究。人工智能的理论和成果广泛地被应用于化学、医疗、气象、地质、军事、教学等诸多领域中。

1972 年，法国马赛大学的科麦瑞尔（A. Comerauer）提出并实现了逻辑程序设计语言 PROLOG。同年，斯坦福大学的肖特利夫（E. H. Shortliffe）等人开始研制 MYCIN 专家系统。该专家系统是用于诊断和治疗细菌感染性疾病的系统，该系统能够识别 51 种病菌，处理 23 种抗菌素，能够为患者提供最佳处方。

1991 年 8 月在悉尼召开的第 12 届国际人工智能联合会议上，IBM 公司研制的"深蓝"（Deep Thought）计算机系统与澳大利亚国际象棋冠军翰森（D. Johansen）举行了一场人机大战，最终以 1∶1 平局结束。1996 年 2 月，IBM 公司邀请国际象棋棋王卡斯帕罗夫（Kasparov）与"深蓝"计算机系统进行人机大战，不过最终棋王卡斯帕罗夫以 4∶2 赢得了比赛。

但一年后，1997 年 5 月，深蓝再次挑战卡斯帕罗夫，并以 3.5：2.5 的成绩击败了卡斯帕罗夫。

2016 年 3 月，AlphaGo 以 4：1 的战绩战胜了韩国棋手李世石。2017 年 5 月，则以 3：0 的战绩击败了围棋排名世界第一的柯杰。

在我国，类人性机器人的研究受到机械和自动控制工作者的重视。中国科学技术大学一直从事两足步行机器人、类人性机器人的研究开发，在 1990 年成功研制出我国第一台两足步行机器人。同时，经过 10 年的辛苦钻研，于 2000 年 11 月，又成功研制出我国第一台类人形机器人，并使其具备了一定的语言能力。它的行走频率从过去的每 6 秒一步，加快到每秒 2 步；从只能平静地静态步行，到能快速自如地动态步行；从只能在已知的环境中步行，到可在小偏差、不确定环境中行走，取得了机器人神经网络系统、生理视觉系统、双手协调系统、手指控制系统等多项重大研究成果。

目前，人工智能技术发展十分迅速，在人脸识别、语音识别、图像理解、步态识别、自动控制等领域得到了成功应用。2017 年 8 月中央电视台综合频道播出了科技挑战类节目——《机智过人》，该节目是由中央电视台和中国科学院共同主办、中央电视台综合频道和北京长江文化股份有限公司联合制作的人工智能现象级节目，该节目向大众展示了我国科技人员在人工智能领域所取得的部分科技成果，既具有良好的趣味性，又具有很好的科普性。在 2017 中国综艺峰会匠心盛典中，《机智过人》获"年度匠心视效节目"奖。

1.2 人工智能学术流派

近年来，对人类智能的理解形成了 3 个学派，分别为符号主义学派、联结主义学派和行为主义学派。

1. 符号主义（Symbolicism）

符号主义又称逻辑主义（Logicism）、心理学派（Psychologist）或计算机主义（Computerism），认为知识的基本元素是符号，智能的基础依赖于知识。该理论倡导以符号形式的知识和信息为基础，主要通过逻辑推理，运用知识进行问题求解。

该学派的代表人物有：纽厄尔和西蒙、费根鲍姆（Feigenbaum）、肖特里菲（Shortliffe）等人。纽厄尔和西蒙提出了著名的物理符号系统假说（Physical Symbol System Hypothesis），提出"a physical system is a machine that is capable of manipulating symbolic data"，认为任何一个物理符号系统如果是有智能的，则肯定能执行对符号的输入、输出、存储、复制、条件转移和建立符号结构这样 6 种操作。反之，能执行这 6 种操作的任何系统，也就一定能够表现出智能。

根据这个假设，我们可以推出以下结论：人是具有智能的，因此人是一个物理符号系统；计算机是一个物理符号系统，因此它必具有智能；计算机能模拟人，或者说能模拟人的大脑功能。

费根鲍姆（Stanford 大学，1994 年图灵奖获得者）曾师从于西蒙教授，其最大的贡献在于最早倡导并率先实践了"知识工程（Knowledge Engineering）"，使之成为 AI 领域中取得实际成果最为丰富、影响也最为深远的一个分支。同时，作为专家系统的创始人，费根鲍姆于 1968 年成功地研制出第一个专家系统 DENDRAL，这是一个化学分析专家系统，其中保存有著名化学家的知识和质谱仪的知识，可以根据给定的有机化合物的分子式和质谱图，从几千种可能的分子结构中挑选出一个正确的分子结构。这次有益的探索，有力地证明了知识工程学说的正确性，其意义远远超过了系统本身在实用上所创造的价值。

随后，大量研究成果不断涌现。1972 年，Stanford 大学的肖特里菲（E. H. Shortliffe）等人成功开发并应用了医疗专家系统 MYCIN，对人工智能从理论分析走向工程实践产生了深刻的影响。

目前，符号主义遇到不少暂时无法解决的困难，如仍然无法用数理逻辑建立一个人工智能的统一理论体系、专家系统热衷于自成体系的封闭式研究，脱离了主流计算（软硬件）环境等。知识工程学派的困境动摇了传统人工智能物理符号系统对于智能行为是必要的也是充分的基本假设，促进了联结主义学派和行为主义学派的兴起。尽管如此，科学界普遍认为，在联结主义学派和行为主义学派出现以后，符号主义仍然是人工智能的主流。

2. 联结主义（Connectionism）

联结主义又称为仿生学学派（Bionicsism）或生理学派（physiologism），是基于生物进化论的人工智能学派，主张人工智能可以通过模拟人脑结构来实现，主要内容就是人工神经网络（ANN）。联结主义认为人工智能源于仿生学，特别是对人脑模型的研究，认为人的思维基元是神经元，而不是符号处理过程，人脑不同于计算机；提出联结主义的大脑工作模式，否定基于符号操作的计算机工作模式。

该学派的代表人物有罗森布莱特（Rosenblatt）、威德罗（Widow）和霍夫（Hoff）、鲁梅尔哈特（Rumelhart）和麦克莱兰（McCelland）、霍普菲尔德（Hopfield）等人。

1943 年，美国神经生理学家麦克洛奇（W. McCulloch）和数学家皮兹（W. Pitts）提出了著名的单神经元 M-P 模型，开创了神经网络研究的时代，人类从此开始探索大脑智能的奥秘。

1958 年，罗森布莱特提出并描述了信息在人脑中存储记忆的数学模型，即著名的感知机模型 Perceptron；威德罗和霍夫于 1962 年首次提出了网络学习训练的算法——δ（Delta）学习规则（又称 LMS 或 Widrow-Hoff 算法），该方法借用梯度下降（又称最速下降）法来实现网络权值矢量的调整，与 Hebb 学习规则一起，并称为 ANN 两种基本的学习方法。鲁梅尔哈特和麦克莱兰对 ANN 的突出贡献在于结合早期韦伯斯（Werbos）的误差反向传播理论，提出了著名的 BP 神经网络，实现了 Minsky 关于多层网络的设想，至今仍是 ANN 中最为重要的网络模型。以发明者命名的 Hopfield 网络是无监督、反馈型网络的典型代表，其明显特征在于与电子线路有一个明显的对应关系，首次实现了硬件对网络结构的模拟。

ANN 在过去的 20 年间获得了重要进展，涉及该领域的专著、期刊和会议论文数量迅速增长，对推动这一思潮起到了重要作用。但是必须看到，尽管对 ANN 的多数研究均集中于网络结构、学习算法、硬件实现和实际应用领域，并且在许多工程领域，如非线性系统方面取得了不错的研究成果，但 ANN 技术本身也有若干问题亟待解决。首先，网络达不到开发多种多样知识的要求，单靠联结机制方法很难解决人工智能中的全部问题。其次，Hebb 学习规则缺少降低权值的调整机制、Delta 学习规则具有容易陷入局部极小等严重缺陷，缺少可操作的理论来保证学习过程的收敛性。不过仍可以确信的是，ANN 是个很有希望的发展方向，计算机技术为其发展提供了坚实的技术基础，ANN 自身也有很多适合于控制的突出特性，特别是大规模人工神经网络硬件也取得了较大的进展。

3. 行为主义（Actionism）

行为主义又称为进化主义（Evolutionism）或控制论学派（Cyberneticsism）。目前，人工智能界对行为主义的研究方兴未艾。该学派源于控制论，倡导智能取决于感知和行为，不需要知识，不需要表示，亦不需要推理，即智能行为只能通过现实世界中与周围环境交互作用而表现出来。

该学派的代表人物是 MIT 的罗德尼·布鲁克斯（Rodney A. Brooks），他于 1991 年、1992 年分别提出了"没有表达的智能""没有推理的智能"，颠覆了符号→知识工程→专家系统，或节点→结构→神经网络的智能脉络。行为主义甚至认为：符号主义和联结主义对真实世界客观事物的描述及其智能行为工作模式是过于简化的抽象，因而是不能真实地反映客观存在的。目前，布鲁克斯创建了一系列著名的机器人昆虫和类人机器人，不断诠释着反应式 Agent 的特性——对环境主动进行监视（所谓感知），并做出必要的反应（所谓动作）。

诚然，这一学派尚未形成完整的理论体系，有待进一步研究，但它与人们的传统看法完全相左，引起了人工智能界的注意。同时，行为主义学派的兴起，也表明了控制论、系统工程的思想将进一步影响人工智能的发展。

同其他学科的不同流派一样，符号主义、联结主义和行为主义在理论方法和技术路线等方面的争论，从来也没有停止过。

在理论方法方面，符号主义着重于功能模拟，提倡用计算机模拟人类认知系统所具备的功能和机能；联结主义着重于结构模拟，通过模拟人的生理网络来实现智能；行为主义着重于行为模拟，依赖感知和行为来实现智能。

在技术路线方面，符号主义依赖于软件路线，通过启发性程序设计，实现知识工程和各种智能算法；联结主义依赖于硬件设计，如 VLSI（超大规模集成电路）、脑模型和智能机器人等；行为主义利用一些相对独立的功能单元，组成分层异步分布式网络，为机器人的研究开创了新的方法。

以上三个学派将长期共存。人工智能界普遍认为，未来的发展应立足于各学派之间求同存异、相互融合。同时，还要有效地集成数学、生物学、心理学、哲学、计算机学、机器人学、控制科学以及信息学等，促进人工智能从软件到硬件、从理论分析到工程应用的完备统一。

1.3 人工智能的研究与应用领域

目前，随着人工智能技术的迅猛发展，几乎各种技术领域的发展都涉及人工智能技术，可以说人工智能已经广泛应用到许多实际领域中。其典型的应用包括：专家知识系统、机器学习、模式识别、自动定理证明、自然语言理解、智能决策支持系统、人工神经网络及博弈等。

1. 专家系统（Expert Systems）

通常，专家系统是指一个智能程序，它能够对某些需要专家知识才能解决的应用问题给出具有专家水平的解答。

20 世纪 60 年代，专家系统逐渐发展起来，它是人工智能研究中开展较早、最活跃、成效最多的领域。1977 年，费根鲍姆提出"知识工程"，把实用的人工智能称为知识工程，标志着人工智能研究进入实际应用的阶段。之后，雨后春笋般地出现了一大批应用于各领域的专家系统，涉及医学、化学、法律、农业、商业、生物、工程、教育、军事等领域，产生了很好的社会与经济效益。

专家系统是依靠人类专家已有的知识建立起来的知识系统，是一种具有特定领域内大量知识与经验的程序系统。

与传统的计算机程序相比，专家系统是以知识为中心，注重知识本身而不是确定的算法。根据专家的理论知识和实际经验，对人们还没有进行精确描述和严格分析的问题，在不确定或不精确的信息基础上做出判断。标准的计算机程序能精确地区分出每一任务应该如何完成，而专家系统则是告诉计算机做什么。它应用人工智能技术、模拟人类专家解决问题时的思维过程，来求解特定领域内的各种问题，达到或接近专家的水平。

专家系统突出了知识的价值，大大减少了知识传授和应用的代价，使专家的知识迅速变成社会的财富。另外，专家系统采用的是人工智能的原理和技术，如符号表示、符号推理、启发式搜索等，与一般的数据处理系统不同。

随着人工智能的不断发展和提高，各种新型的高级专家系统正在积极地开发应用中。所谓的高级专家系统是指为了克服传统专家系统的缺陷，不仅采用基于规则的方法，而且还采用基于框架的技术和基于模型的原理的新型专家系统。它包括分布式专家系统、协同式专家系统、模糊专家系统、神经网络专家系统和基于 Web 的专家系统等。

2. 机器学习（Machine Learning）

人类具有智能的一个重要标志就是人类拥有学习能力。同样，机器的智能性也可通过机器学习来体现。作为人工智能的一个重要研究领域，机器学习就是研究如何使计算机模拟或实现人类的学习行为，以获得新的知识或技能，从而实现自身的不断完善。

机器学习的研究与认知科学、神经心理学、逻辑学等学科都有着密切的联系，并对人工智能的其他分支，如专家系统、自然语言理解、自动推理、智能机器人、计算机视觉、计算机听觉等方面，起到重要的推动作用。

机器学习根据生理学、认知科学等对人的学习机理的理解，建立人类学习过程的计算模型，发展各种学习理论和学习方法，开发通用的学习算法，建立面向任务的具有一定应用性的学习系统。

机器学习经过多年的发展，已经形成了许多学习方法，如：监督学习、非监督学习、传授学习、机械学习、发现学习、类比学习、事例学习、连接学习、遗传学习等。而目前，人工智能领域最热门的科目之一是深度学习。深度学习已在笔迹识别、面部识别、语音识别、自动驾驶、自然语言处理、生物信息数据分析等方面取得成功应用。AlphaGo 中也应用了深度学习。AlphaGo 的优势之一就是能够进行自我学习，也就是说，AlphaGo 能够和不同版本的"自己"进行下棋，从而每次都可以获得一点小小的进步，由此，AlphaGo 获得了"思维"能力。具体来说，AlphaGo 具有一套针对围棋而设计的深度学习系统，将增强学习、深度神经网络、策略网络、快速走子、估值网络和蒙特卡洛树搜索进行整合，同时利用 Google 强大的硬件支撑和云计算资源，依靠 CPU+GPU 运算，通过增强学习和自我博弈学习不断提高自身水平。因此，AlphaGo 也可看做机器学习的一个成功案例。

3. 模式识别（Pattern Recognition）

模式识别是根据研究对象的特征或属性，利用以计算机为中心的机器系统运用一定的分析算法认定它的类别，系统应使分类识别的结果尽可能地符合真实。模式识别是一门综合性、交叉性学科。在理论上涉及代数、矩阵论、概率论、图论、模糊数学、最优化理论等众多学科的知识，在应用上又与其他许多领域的工程技术密切相关，其内涵可以概括为信息处理、分析与决策，它既是人工智能研究领域的重要分支，又是实现机器智能必不可少的技术手段。

目前，模式识别理论和技术已成功地应用于工业、农业、国防、科研、公安、生物医学、气象、天文学等许多领域，如信件自动分检、指纹识别、生物医学的细胞或组织分析、遥感图片的机器判读、系统的故障诊断以及文字与语言的识别等，并且正不断扩展到许多其他领域。

尽管现在机器识别的水平还远不如人脑，但随着模式识别理论以及其他相关学科的发展，可以预言，它的功能将会越来越强，应用也会越来越广泛。

4. 自动定理证明（Automatic Theorem Proving）

定理证明是最典型的逻辑推理问题，它对人工智能的发展曾经产生过重要影响。在数学领域中对已测得定理寻求一个证明或者反证，是一项艰巨的智能任务。定理证明过程中，不仅要根据假设进行演绎，还需要某些直觉的技巧。例如，为了证明一个定理，数学家要设想需要先证明哪些引理，并运用他的判断力推测出已证明的哪些结论会在这个定理的证明中起作用，并把主要问题分解成若干子问题，然后再对各个子问题进行求解。

自动定理证明是让计算机自动地进行推理和证明数学定理，自动模拟人类证明非数值符号的演算过程。很多非数值领域的任务如医疗诊断、信息检索、规划制度和难题求解等方面都可以转化成一个定理证明的问题，因此自动定理证明的研究在人工智能领域具有普遍意义。

5. 自然语言理解（Natural Language Understanding）

自然语言是人类相互之间进行信息交流的主要媒介，人们之所以能够轻松自如地进行交流，是因为人类有很强的自然语言理解能力。自然语言充满歧义、结构复杂多样、语义表达千变万化、结构和语义之间有着千丝万缕、错综复杂的联系，这使得计算机系统与人类的交互只能限制在各种非自然语言上。

自然语言理解研究用计算机模拟人的语言交际过程，使计算机能理解和运用人类社会的自然语言如汉语、英语等，实现人机之间的自然语言通信，以代替人的部分脑力劳动，包括查询资料、解答问题、摘录文献、汇编资料以及一切有关自然语言信息的加工处理。这在当前新技术革命的浪潮中占有十分重要的地位。研制第 5 代计算机的主要目标之一，就是要使计算机具有理解和运用自然语言的功能。

与自然语言理解密切相关的另一个领域是机器翻译，即用计算机把一种语言翻译成另一种语言。20 世纪 60 年代，国外对机器翻译曾有大规模的研究工作，耗费了巨额费用，但人们当时显然是低估了自然语言的复杂性，语言处理的理论和技术均不成熟，所以进展不大。

近年来，尽管自然语言理解和机器翻译都已取得一定进展，但要真正建立一个能够生成和理解自然语言的计算机处理系统是相当困难的，这离计算机完全理解人类自然语言的目标还相差甚远。因此，对自然语言理解的研究就成为人工智能研究的一个非常重要的课题。

6. 人工神经网络（Artificial Neural Network）

人工神经网络是指用大量的简单计算单元（即神经元）构成的非线性系统，在一定程度和层次上模仿了人脑神经系统的信息处理、存储及检索功能，因而具有学习、记忆和计算等智能处理功能。

人工神经网络的研究内容相当广泛，反映了多学科交叉技术领域的特点。目前，主要的研究工作集中在以下几个方面：

（1）生物原型研究。从生理学、心理学、解剖学、脑科学、病理学等生物科学方面研究神经细胞、神经网络、神经系统的生物原型结构及其功能机理。

（2）建立理论模型。根据生物原型的研究，建立神经元、神经网络的理论模型。其中包括概念模型、知识模型、物理化学模型、数学模型等。

（3）网络模型与算法研究。在理论模型研究的基础上构建具体的神经网络模型，以实现计算机模拟或硬件化实现。这方面的研究也包括网络动力学特性分析、学习算法构建等内容的研究。近年来，忆阻器件的出现对神经网络硬件化实现开辟了新的研究方向。

（4）人工神经网络应用系统。在网络模型与算法研究的基础上，利用人工神经网络组成实际的应用系统，例如，完成某种信号处理或模式识别的功能、实现系统推理决策或作为自动化系统的控制器等。特别是最近几年，卷积神经网络在模式识别等领域中的应用取得了令人瞩目的效果。

7. 智能决策支持系统（Intelligent Decision Support System）

决策系统是管理科学的一个分支，把人工智能中的专家系统和决策系统有机地结合就形成了智能决策系统。它是近年来新兴的一个研究领域。它既充分发挥了传统决策支持系统中的数值分析优势，也充分发挥了专家系统中知识及知识处理的特长，既可以进行定量分析，又可以进行定性分析，能有效地解决半结构化的问题，从而扩大了决策支持系统的应用范围，提高了决策支持系统的能力。

8. 博弈（Game Playing）

博弈就是在多决策主体之间的行为具有相互作用时，各主体根据所掌握信息及对自身能力的认知，做出有利于自己的决策的一种行为。

博弈论是二人或多人在平等的对局中各自利用对方的策略变换自己的对抗策略，达到取胜目标的理论，是研究互动决策的理论。博弈可以分析自己与对手的利弊关系，从而确立自己在博弈中的优势，因此有不少博弈理论，可以帮助对弈者分析局势，从而采取相应策略，最终达到取胜的目的。

博弈的类型分为：合作博弈、非合作博弈、完全信息博弈、非完全信息博弈、静态博弈、动态博弈等。

在机器博弈方面，1956 年，人工智能的先驱之一——塞缪尔就研制出跳棋程序，这个程序能够从棋谱中进行学习，并能从实战中总结经验。当时最轰动的一条新闻是塞缪尔的跳棋程序下赢了美国一个州的跳棋冠军。

1997 年，IBM 的"深蓝"计算机以 2 胜 3 平 1 负的战绩击败了蝉联 12 年之久的世界国际象棋冠军。2001 年，德国的"更弗里茨"国际象棋软件击败了当时世界排名前 10 位棋手中的 9 位。2004 年，仅配备一个 CPU（AMD Athlon64 3400+）的紫光之星笔记本电脑以 2：0 战胜棋后。这些事实说明机器在博弈上已具有一定的智能性。

与象棋不同，围棋的棋盘空间更大，变化也更加复杂，因此，在 AlphaGo 出现以前，一直没有与围棋高手相抗衡的计算机软件。AlphaGo 的开发团队是 DeepMind，DeepMind 是由人工智能程序师兼神经科学家戴密斯·哈萨比斯（Demis Hassabis）等人于 2010 年 9 月在英国创立的人工智能企业，它将机器学习和系统神经科学的最先进技术结合起来，建立了强大的通用学习算法。2014 年，Google 公司以将近 4 亿美元的价格收购了该公司，在不到 6 年的时间里，DeepMind 开发出了能够战胜人类专业围棋选手的 AlphaGo，展示了人工智能不可抵挡的发展趋势。

9. 智能机器人（Intelligent Robot）

智能机器人是指具有人类所特有的某种智能行为的机器，它是在电子学、人工智能、控制理论、系统工程、机械工程、仿生学以及心理学等各个学科基础上发展起来的综合性学科。由于它是直接面向应用的，社会效益强，所以发展非常迅速，显示出其强大的生命力。

智能机器人按照智能化程度的高低，可以分为外部受控机器人、半自主机器人和全自主机器人。从行业应用的角度来讲，机器人可分为工业机器人和服务娱乐机器人。工业机器人包括工作在点焊、弧焊、喷漆、搬运、码垛等工业现场中的机器人。在不同的应用场合下，又有水下机器人，空间机器人和农业、林业、牧业、医用机器人等。按移动机器人的运动方式，机器人又可分为轮式移动机器人、步行移动机器人、履带式机器人、爬行式机器人和空气推进、水下推进机器人等。

目前，尽管智能机器人的研究取得了显著的成绩，但控制论专家们认为它可以具备的智能水平的极限并未达到。问题不只在于计算机的运算速度不够和感知传感器种类少，而且在于其他方面，如缺乏编制机器人理智行为程序的设计思想等。

10. 数据挖掘与知识发现（Data Mining &Knowledge Discovering）

随着数据库技术的成熟和数据应用的普及，人类积累的数据量正在以指数速度迅速增长。但是浩瀚无垠的信息海洋，数据洪水正向人们滚滚涌来。当数据量极度增长时，如果没有有效的方法提取有用的信息和知识，人们处理问题时会像大海捞针一样。相对于"数据过剩"和"信息爆炸"，人们反会感到信息贫乏。于是数据挖掘与知识发现就应运而生，帮助人们在数据汪洋中去粗存精、去伪存真。

数据挖掘就是从大量的、不完全的、有噪声的、模糊的、随机的数据中，提取隐含在其中的、人们事先不知道的但又是潜在有用的信息和知识的过程。数据挖掘提取的知识可以表示为概念、规律、模式、约束、可视化。数据挖掘算法的好坏将直接影响所发现知识的好坏。

知识发现是所谓数据挖掘的一种更广义的说法，即从各种媒体表示的信息中，根据不同的需求获得知识。知识发现的目的是向使用者屏蔽原始数据的繁琐细节，从原始数据中提炼出有意义的、简洁的知识，直接向使用者报告。

知识发现过程由以下三个阶段组成：①数据准备；②数据挖掘；③结果表达和解释。

目前，数据挖掘和知识发现的应用十分广泛。政府管理、商业经营、工业企业决策支持、市场销售预测、金融投资、社会保险、医学、天文、地质以及科学研究等各个领域都会用到数据挖掘和知识发现技术。

习　题

1. 什么是人工智能？它涉及哪些学科？
2. 人工智能有哪些学派？
3. 人工智能的主要研究内容有哪些？
4. 人工智能的主要应用领域有哪些？

第2章

知识表示和推理

知识及推理是智能的基础。人类的主要智能活动就是获取知识，并进行基于知识的推理。为了使机器具有智能，就必须让它拥有知识，并完成基于知识的推理。西蒙于1976年提出了著名的物理符号系统（PSSH）假说，指出知识的基本元素是符号，智能的基础依赖于知识。专家系统就是一类包含知识库和推理机的智能计算机程序，正是其蕴含了领域专家的经验和知识，才具有了解决专门问题的能力。不同于符号主义对知识的显示表示，联结主义从微观功能和结构上对人脑结构进行抽象和简化，通过并行信息处理，来模拟人类智能，联结主义所设计的网络中，知识采用隐式的方式进行表示，即将某一问题的若干知识在同一网络中进行表示。

人们希望对人类智能行为的描述通过计算机来完成。在此意义下，就需要将知识用适当的形式表示并存储到计算机中，即所谓知识的表示问题。并且为了使计算机能够实现辨识、分类和解释等过程，还要使其具有思维能力，即所谓的能够运用知识求解问题，完成推理过程。

2.1　知识和知识表示的基本概念

1. 知识

关于"知识"的定义，不同学科和理论体系看法不同。在心理学上，将个体通过与环境相互作用后获得的信息及其组织定义为知识。而在一般意义上，知识可理解为人们对客观事物及其规律的认识。

纵横古今，不乏关于"知识"的名言。英国哲学家培根（Bacon）曾说过："Knowledge is power"，人工智能大师费根鲍姆（Feigenbaum）有一句关于知识的名言："In the Knowledge lies the power"。美国思想家爱默生（Emerson）认为："Knowledge is the fear of drug treatment"。英国哲学家赫·斯宾塞（Hesibinse）谈到："Science is systematized knowledge"；在我国，早在东汉时期，大思想家王充在其《论衡·效力》中就曾指出："人有知学，则有力矣"；我国宋代理学家朱熹也认为："当务之急，不求难知；力行所知，不惮所难为"。

在人工智能领域，关于知识，比较有代表性的定义有：

Feigenbaum：知识是经过裁剪、塑造、解释、选择和转换了的信息；

Bernstein：知识由特定领域的描述、关系和过程组成；

Heyes-Roth：知识＝事实＋信念＋启发式。

一般来说，人工智能领域中知识的含义是指把有关信息关联在一起所形成的信息结构。信息之间的关联形式有多种，例如，信息之间某种因果关系的关联形式可表示为："如果……，那么……"。比如，在北方，当冬天来临时，大雁就会向南方飞去。这样，将"大雁向南飞"和"冬天来临了"两个信息按照因果关系进行关联，即可得到"如果大雁向南飞，那么冬天来临了"这样的知识。这样关联起来所形成的知识也成为"规则"。

通常，知识具有相对正确性、不确定性、可表示性以及可利用性等特点。

相对正确性是指知识必须是在特定条件和特定环境下才是正确的。例如，"1+1=2"是在满足十进制运算的条件下才是正确的，如果是其他进制的运算，则不一定正确。在人工智能领域中，为了提高计算效率，通常根据实际问题的需求，减少不必要的知识规则，此时，知识的正确性只要满足所求解问题的需求即可。例如，某小型动物园中只有"狮子、老虎、豹子、熊、鹿、狐狸、企鹅、鸵鸟、信天翁"等几种有限的动物，那么，"IF 该动物会飞，THEN 该动物是信天翁"这条知识就是正确的。

知识的不确定性是指知识由于存在一定的模糊性和随机性，从而造成不一定只有"真"和"假"两种确定状态。例如，"如果流鼻涕、头疼、发烧，则可能感冒了"这条知识中的"有可能"就是一种不确定性因果关系的表达。在现实世界中，许多事件自身就是随机事件，例如，掉落在地面上的硬币的朝向。还有些概念客观存在模糊性，例如，"大苹果""比较好""寒冷的天气"等。因此，事件发生的随机性、概念的模糊性可以引起知识的不确定性。另外，知识一般是由特定领域的专家提供的，而专家的知识具有经验性，经验性本身就蕴含着模糊性和不精确性。同时，人类对客观世界的认识是通过感性认识的逐渐积累，慢慢升华到理性认识，并形成知识。因此，知识具有逐渐完善的特点，也就是人们对知识的表述具有不完全性和不准确性，这也导致了知识的不确定性。因此，专家的经验性以及人们认识知识的不完全性也会引起知识的不确定性。

另外，知识必须能够以某种适当的形式进行表示，这样才能够被存储、记忆、传播和利用。而知识的可利用性是指只有可以被利用，知识才能够用于解决各种工程或实际问题。

按照不同的规则，知识可以从多个角度进行分类。

（1）按作用范围分，知识可分为常识性知识和领域性知识。

常识性知识泛指普遍存在且被普遍认识了的客观事实，即人们的共有知识。如：在候机厅，持登机牌乘机；春天大地复苏；适当的体育锻炼有益身体健康等。

领域性知识特指某个具体领域的知识，如数学、自然科学、人文科学等特定领域的专门知识，只有该领域的专业人员才能掌握和运用的知识。如：对偶四元数由对偶数和对偶向量组成、经典控制包括开环控制和确定性反馈控制、1GB = 1024MB 等。

（2）按作用及表示分，知识可分为事实性知识、过程性知识和控制性知识。

事实性知识又称叙述性知识（Declarative Knowledge），是描述客观事物或问题的概念、性质、关系及条件等情况的知识。如圆的周长为 $2\pi R$（R 为圆的半径）、一天是 24 个小时、海水是咸的、吉林省位于我国东北地区等，其表示方法主要有"命题"或"一阶谓词"形式等。在知识库中属于最底层知识。

过程性知识（Procedural Knowledge）是有关系统过程变化、问题求解过程的操作、演算和行动的知识。一般由与所求解的问题有关的规则、定律、定理及经验构成。其表示方法主要有"产生式规则""语义网络"等。

控制性知识又称元知识（MetaKnowledge）或超知识。元（Meta）表示"在其中，在之后"之义，故为关于知识的知识，是知识库中的高层知识。例如，问题求解中的推理策略（正向推理、逆向推理、双向混合推理）、不确定的推理策略（主观 Bayes、可信度、D-S 理论）等。

例如，学生结束"人工智能"课程后，考试是早些考还是晚些考问题。有关的知识如下：

叙述性知识："人工智能"课程、考试、早些、晚些。

过程性知识：早些考、晚些考。

控制性知识：早考较前进行，复习时间不充足；晚考较后进行，容易遗忘。

（3）按确定性程度分，知识可分为确定性知识和不确定性知识。

确定性知识就是真值为"真"或"假"的知识，可以精确表示的知识。

不确定知识就是经验的、直觉的或启发性的知识。这种不确定性体现为多种多样的，具有随机性、模糊性等。前者可以通过概率理论描述，后者可以通过模糊理论描述。

（4）按知识的层次分，知识可分为表层知识和深层知识。

表层知识是指客观事实的表象及其结构之间的关系，其不能反映事物的本质，如经验性知识、感性知识。目前，绝大多数专家系统所拥有的知识都是表层知识。如：IF 炉温偏低 AND 温度变化的系数为负，THEN 增加燃料量，属于经验性的知识。树木发出新芽，则春天来了，属于感性认识。

深层知识是事物的本质、因果关系的内涵、基本原理等类型的知识。如理论知识、理性知识。如：牛顿第二定律、万有引力等。

还有一些分类方法，如：就表现形式而言，知识分为逻辑性知识和形象性知识；就内容而言，知识可分为（客观）原理性知识和（主观）方法性知识；就形式而言，知识可分为显式和隐式的。按现代认知心理学的理解，知识还有广义和狭义之分。广义知识又可分为陈述性知识和程序性知识。在此，不再累述。

2．知识的表示

知识表示（Knowledge Representation）是人工智能研究中最活跃的领域。它是将人类知识形式化或者模型化，实际上就是对知识的一种描述，或者说是一组约定，一种计算机可以接受的用于描述知识的数据结构。

正如前面所述，符号主义倡导知识的"符号表示法"，用各种不同的方式和次序将各种含有具体含义的符号组合起来表示知识，是一种显式表示法。如：英文单词、数学公式中的字母或化学方程式的符号等；"连接机制表示法"主要采用神经网络技术，将各种含有具体意义的信息通过不同的方式或次序连接起来，以此表示知识，是一种隐式表示法。

总结起来，知识表示方法应遵循的原则包括：

（1）充分表示领域知识；

（2）有利于对知识的利用；

（3）便于对知识的组织、维护和管理；

（4）便于理解与实现。

目前，比较常用的知识的表示方法有 10 余种，主要为一阶谓词逻辑（First-order Predicate Logic）表示法、产生式（Production）表示法、框架（Frame）表示法、语义网络

（Semantic Web）表示法、过程（Procedural）表示法、脚本（剧本，Script）表示法、状态空间（State Space）表示法和面向对象（Object-oriented）的表示法等。

对于同一个知识，可以用不同的方法对其表示，有时还需要将几种表示方法融合使用，作为一个整体来表示领域知识。以下重点探讨经典二值逻辑中命题逻辑、一阶谓词逻辑的语法和语义。

2.2　命题逻辑

人工智能中用到的逻辑可划分为两类：一类是经典二值逻辑，特指命题逻辑或一阶谓词逻辑，其真值或者为真（True）或者为假（False），再无其他；另一类泛指经典二值逻辑之外的那些逻辑，主要包括三值逻辑、多值逻辑（多于两个可能真值）、模糊逻辑（多值逻辑的扩展）、模态逻辑、时态逻辑等，统称为非经典逻辑。

所谓命题就是具有真假意义的陈述句。因此，要判断一个句子是否是命题，首先应该判断它是否是陈述句，再判断它是否有唯一的真值。若命题的意义为真，称它的真值为真，记作 T（True）。例如，"英语是国际官方语言""水是生命之源"，真值为 T；若命题的意义为假，称它的真值为假，记作 F（False）。例如，"太阳从西边升起""北京是个沿海城市""一斤铁要重于一斤棉花"，真值为 F。

一个命题的真值为真或者为假是互斥的关系，不能同时存在，但可以在一定条件下为真，在另一条件下为假。例如，"$1+1=10$"在二进制系统中是真值为 T 的命题，但在十进制系统中是真值为 F 的命题。

注意，我们这里关于命题的定义，不包含"悖论（Paradox）"或"自指"的情况。"我在说谎"是古希腊最早的悖论，如果他在说谎，那么"我在说谎"就是一个谎，因此他说的是实话，但是如果这是实话，他又在说谎，矛盾在此不可避免。其另一个翻版是"这句话是错的"。

我们再来看它的一个通俗版本，叫"理发师悖论"。在一个小镇内，只有一名理发师，他在理发店门外公布了这样一个原则：只为不会自己理发的人理发。那么，问题出现了，他的头发谁理呢？要是他自己理的话，他就会自己理发了，而根据他的原则，他不应该为自己理发；要是他不给自己理发的话，根据他的原则，他倒是应该给自己理发。逻辑似乎在这里失效了。所以，像这类的句子都不是命题。

实际上，"悖论"是属于领域广阔、定义严格的数学分支的一个组成部分，这一分支以"趣味数学"知名于世。

命题逻辑是研究命题与命题之间关系的符号（Symbol）逻辑系统，通常用大写字母 P、Q 等表示。如：

P：重庆是一个直辖市。

P 就表示"重庆是一个直辖市"这个命题的名，称为命题常量。也可以是一个抽象的命题，称为命题变元，只有把确定的命题代入后，它才有明确的真值。

2.2.1　语法

命题可划分为两种类型：一是不能再进行分解的最简单的陈述句（最小单位），称为

"原子命题"。二是由原子命题、连接词、一系列标点符号等复合构成的命题，以表示一个比较复杂的含义，称为"复合命题"。

1. 连接词

命题逻辑主要使用以下5个连接词，分别为1个一元连接词和4个二元连接词。

（1）¬：称为"否定"（Negation）或"非"。表示否定位于它后面的命题。当命题 P 为真时，¬ P 为假；当 P 为假时，¬ P 为真。

（2）∨：称为"析取"（Disjunction）。表示所连接的两个命题具有"或"（or）的关系。记作" $P \lor Q$ "。

（3）∧：称为"合取"（Conjunction）。表示所连接的两个命题具有"与"（and）的关系。记作" $P \land Q$ "。

（4）→：称为"蕴含"（Implication）或者"条件"（Condition）。记作" $P \to Q$ "，表示" P 蕴含 Q "，即"如果 P ，则 Q "。其中，P 称为条件的前件，又称前项（Antecedent）、左部、前提条件（Premise）；Q 称为条件的后件，又称后项（Consequent）、右部、结论（Conclusion）。今后我们将不加区分地使用这些术语，不再做单独说明。这里，"蕴含"与汉语中的"如果……，则……"有区别，汉语中前后要有条件联系，而命题中可以毫无联系。例如，如果"你是教师"，则"秋天是收获的季节"是一个真值为真（T）的命题。

（5）↔：称为"等价"（Equivalence）或"双条件"（Bicondition）。$P \leftrightarrow Q$ 表示" P 当且仅当 Q "。例如，"我在中国，当且仅当我的头在中国"。

2. 命题逻辑合成公式（Well-Formed Formulas，WFF）

可按下述规则得到命题逻辑合成公式：

（1）任何原子命题都是命题逻辑合成公式；

（2）若 P 是命题逻辑合成公式，则¬ P 也是命题逻辑合成公式；

（3）若 P、Q 是命题逻辑合成公式，则 $P \lor Q$、$P \land Q$、$P \to Q$ 及 $P \leftrightarrow Q$ 也是命题逻辑合成公式；

（4）经过有限次的使用（1）、（2）和（3），得到的由原子命题、连接词和括号所组成的符号串，也是命题逻辑合成公式。

在命题逻辑合成公式中，连接词的优先级别（从高到低）是：

$$¬ \text{、} \land \text{、} \lor \text{、} \to \text{、} \leftrightarrow$$

如句子 $P \to ¬ Q \leftrightarrow S \land T$ 等价于 $(P \to (¬ Q)) \leftrightarrow (S \land T)$

2.2.2 语义（Semantics）

语法中所定义的连接词的语义定义如下：

（1）¬ P 为真，当且仅当 P 为假；

（2）$P \lor Q$ 为真，当且仅当 P 为真，或 Q 为真，或 P 和 Q 均为真；

（3）$P \land Q$ 为真，当且仅当 P 和 Q 均为真；

（4）$P \to Q$ 为真，当且仅当 P 和 Q 均为真、或 P 为假，Q 为真、或 P 为假，Q 为假；

（5）$P \leftrightarrow Q$，当且仅当 $P \to Q$ 为真，并且 $Q \to P$ 为真。

上述关系的真值表（Truth table）如表2-1所示。

表 2-1　命题逻辑真值表

P	Q	$\neg P$	$P \vee Q$	$P \wedge Q$	$P \rightarrow Q$	$P \leftrightarrow Q$
T	T	F	T	T	T	T
T	F	F	T	F	F	F
F	T	T	T	F	T	F
F	F	T	F	F	T	T

注意：如果后项真值为 T（不论其前项的真值如何），或者前项真值为 F（不论其后项真值如何），则蕴含取值为 T，否则取值为 F。即只有前项为 T，后项为 F 时，蕴含真值才为 F。

2.2.3　命题演算（Calculas）形式系统

一个命题符号对应于对世界的一种陈述。为命题语句赋真值被称为解释（Interpretation），即关于它们对世界的一个断言。命题公式中各个命题变元的一次真值指派对应一个解释，命题公式就可以得到一个真值（T 或 F）。

【例 2-1】　给出公式 $G = (P \vee Q) \rightarrow (\neg S)$ 的一个解释，并给出该公式的真值。

对集合 $\{P, Q, S\}$ 分别赋予真值，如集合 $\{F, F, T\}$ 就是对公式 G 的一个解释，公式 G 共有 $C_2^1 \cdot C_2^1 \cdot C_2^1 = 8$ 种解释。表 2-2 给出了公式 G 全部 8 种解释下的真值，称为 G 的真值表。

表 2-2　G 的真值表

P	Q	S	$P \vee Q$	$\neg S$	$(P \vee Q) \rightarrow (\neg S)$
T	T	T	T	F	F
T	T	F	T	T	T
T	F	T	T	F	F
T	F	F	T	T	T
F	T	T	T	F	F
F	T	F	T	T	T
F	F	T	F	F	T
F	F	F	F	T	T

在命题演算中，两个表达式 P、Q 等价的条件是对于任何赋值（任何一个解释），两者真值均相同，记作 $P \Leftrightarrow Q$。可以使用真值来证明这种等价性。

对于命题表达式 P、Q 和 R，以下列出一些主要等价式：

（1）双重否定律

$$\neg \neg P \Leftrightarrow P$$

（2）德·摩根（De. Morgen）定律

$$\neg (P \vee Q) \Leftrightarrow \neg P \wedge \neg Q$$

$$\neg (P \wedge Q) \Leftrightarrow \neg P \vee \neg Q$$

（3）逆否律

$$P{\rightarrow}Q{\Leftrightarrow}\neg\ Q{\rightarrow}\neg\ P$$

（4）连接词化归律

$$P{\rightarrow}Q{\Leftrightarrow}\neg\ P{\vee}Q$$
$$P{\leftrightarrow}Q{\Leftrightarrow}(P{\rightarrow}Q){\wedge}(Q{\rightarrow}P)$$
$$P{\leftrightarrow}Q{\Leftrightarrow}(P{\wedge}Q){\vee}(\neg\ P{\wedge}\neg\ Q)$$

（5）吸收律

$$P{\vee}(P{\wedge}Q){\Leftrightarrow}P$$
$$P{\wedge}(P{\vee}Q){\Leftrightarrow}P$$

（6）补余律

$$P{\vee}\neg\ P{\Leftrightarrow}T(真)$$
$$P{\wedge}\neg\ P{\Leftrightarrow}F(假)$$

（7）交换律

$$P{\vee}Q{\Leftrightarrow}Q{\vee}P$$
$$P{\wedge}Q{\Leftrightarrow}Q{\wedge}P$$

（8）结合律

$$(P{\vee}Q){\vee}R{\Leftrightarrow}P{\vee}(Q{\vee}R)$$
$$(P{\wedge}Q){\wedge}R{\Leftrightarrow}P{\wedge}(Q{\wedge}R)$$

（9）分配律

$$P{\vee}(Q{\wedge}R){\Leftrightarrow}(P{\vee}Q){\wedge}(P{\vee}R)$$
$$P{\wedge}(Q{\vee}R){\Leftrightarrow}(P{\wedge}Q){\vee}(P{\wedge}R)$$

可以利用上述等价表达式把命题演算变换成语法不同，但逻辑等价的形式。也可以利用这些等价式代替真值来证明两个表达式的等价性。

诚然，命题逻辑表示法存在很大的局限性，如，若 P、Q 表示某种复杂度的命题，我们无法访问断言的各个部分。例如，希望不再利用一个符号 P 表示"星期天去爬山"，而是创建一个谓词 $Climb$（$Mountain$，$Sunday$）描述动作、对象和时间的关系，从此可以通过推理规则操纵谓词演算表达式，访问它的每个组成部分，进一步推理出新的语句。

同时，命题逻辑不能将所描述事物的结构或逻辑特征表示出来，亦不能将不同事物的共同特征表述出来。如，"西蒙是费根鲍姆的老师"用一个字母 P 表示时，不能体现两人的师生关系，又如"西蒙是图灵奖得主""费根鲍姆也是图灵奖得主"这两个命题，若用字母 P、Q 分别表示，也无法将两人的共同特征（都是图灵奖得主）从形式上表示出来。同时，谓词逻辑还允许含有变量（见谓词逻辑）。正是基于这些原因，在命题逻辑的基础上发展起来了谓词逻辑，成为 AI 中知识表示的方法中研究得最深入、理解得最全面的方法。

2.3　谓词逻辑

谓词逻辑以数理逻辑为基础，是可以准确表达人类思维和推理的形式语言。谓词逻辑的表现方式与人类语言十分接近，并能被计算机精确推理。谓词逻辑是基于命题逻辑中谓词分析的一种逻辑。

2.3.1 语法

一个谓词（Predicate）可分为谓词名与个体两个部分。个体表示某个独立存在的事物或者某个抽象的概念；谓词名用于刻画个体的性质、状态或个体间的关系。

谓词的一般形式为：

$$P(x_1, x_2, \cdots, x_n)$$

其中，P 是谓词名，x_1，x_2，$\cdots$，x_n 是个体，其个数称为谓词的元数。$P(x)$ 是一元谓词，$P(x, y)$ 是二元谓词，$P(x_1, x_2, \cdots, x_n)$ 则是 n 元谓词。

谓词名是由使用者根据需要人为定义的，一般选用有意义的英文单词表示，或者英文大写缩写，也可以采用其他符号，甚至可以是中文。如，使用谓词 $I(Andrew, Mary)$ 和 $Likes(Andrew, Mary)$ 用来表示"安德鲁喜欢玛丽"在形式上是等价的，只不过后者更有助于指出表达式的含义。又如，谓词 $T(Zhang)$ 表示"$Zhang$ 是一个老师"，也可以定义为 $Teacher(Zhang)$。

对于"西蒙是图灵奖得主""费根鲍姆也是图灵奖得主"这两个命题，可建立谓词 $Turing(Simon)$、$Turing(Feigenbaum)$。其中，$Turing$ 是谓词名，$Simon$ 和 $Feigenbaum$ 都是个体。"$Turing$"刻画了"$Simon$"和"$Feigenbaum$"是图灵奖得主的共同特性。

在谓词逻辑中，个体可以是一个常量（Constant），也可以是一个变元（Variable），亦可为一个函数（Function）。

当个体是一个常量时，表示指定的一个或者一组个体。如，"5>3"可以表示为二元谓词 $Greater(5, 3)$，其中的 5 和 3 就是个体。

当个体是变元时，表示尚无指定的一个或者一组个体。如，"5<x"可以表示为 $Less(5, x)$。其中，x 就是变元。当变元被一个具体的个体名字替代时，即被常量化时，谓词就有一个确定的真值，T 或 F。

当个体是函数时，表示一个个体到另一个个体的映射。"我的父母是同学"可表示为二元谓词 $Student(Father(I), Mother(I))$。其中，$Father(I)$ 和 $Mother(I)$ 是函数。

注意：尽管与谓词形式相类似，这里 $Father(I)$ 和 $Mother(I)$ 是函数，而不是谓词。谓词具有真值（T 或 F），而函数无真值可言，只是每个输入值对应唯一输出值的一种对应关系。

在谓词 $P(x_1, x_2, \cdots, x_n)$ 中，若每一个 $x_i(i=1, 2, \cdots, n)$ 都是个体变量、变元或函数，称其为一阶谓词（First-order Predicate）。如果某个 x_i 本身又是一个一阶谓词，则称其为二阶谓词，以此类推。本书讨论的均为一阶谓词，不再做特殊说明。

1. 连接词

谓词逻辑中所使用的连接词与命题逻辑中所使用的一样，下面，进行简单举例说明：

（1）¬：称为"否定"（Negation）或"非"。表示否定位于它后面的命题。

例如，"自适应控制不属于经典控制"，可表示为

$$\neg Belong(Adaptive\ control, Classic\ control)$$

（2）∨：称为"析取"（Disjunction）。表示所连接的两个命题具有"或"（or）的关系。记作"$P \lor Q$"。

例如，"*Dennis* 练羽毛球或者练游泳"，可表示为

$$Plays(Dennis, badmintion) \lor Plays(Dennis, swimming)$$

（3）∧：称为"合取"（Conjunction）。表示所连接的两个命题具有"与"（and）的关系。记作"$P \land Q$"。

例如，"*George* 是公司的主席和经理"，可表示为

$$Chief(George) \land Manager(George)$$

也可以表示为二元谓词：

$$Is\text{-}a(George, chief) \land Is\text{-}a(George, manager)$$

（4）→：称为"蕴含"（Implication）或者"条件"（Condition）。记作"$P \to Q$"，表示"P 蕴含 Q"，即"如果 P，则 Q"。

例如，"如果你是教师"，则"秋天是收获的季节"可以表示为

$$Is\text{-}a(You, teacher) \to Is\text{-}a(Autumn, harvest\ season)$$

（5）↔：称为"等价"（Equivalence）或"双条件"（Biconditon）。$P \leftrightarrow Q$ 表示"P 当且仅当 Q"。

2. 量词（Quantifier）

为刻画谓词和个体间的关系，在谓词逻辑中引入了两个量词：全称量词（Universal Quantifier）和存在量词（Existential Quantifier）。

（1）全称量词，表示"对个体域中所有（或任意一个）个体 x"，记作"$(\forall x)$"。

例如，"所有的客人都是物理老师"，可表示为

$$(\forall x)[Quest(x) \to Teacher(x, Physics)]$$

"每一条河流都流向低处"，可表示为

$$(\forall x)[River(x) \to Flows(x, downwards)]$$

"任一艺术都来源于生活"，可表示为

$$(\forall x)[Art(x) \to Form(x, real\ life)]$$

（2）存在量词，表示"在个体域中存在个体 x"，记作"$(\exists x)$"。

例如，"某个作家要来这"，可表示为

$$(\exists x)[Writer(x) \to Come(x, here)]$$

"5 号房间里有个物体"，可表示为

$$(\exists x)Inroom(x, room5)$$

这里，$\forall$ 和 $\exists$ 后面的 x 叫做量词的指导变元或作用变元。

全称量词和存在量词可同时出现在一个谓词逻辑中。这时，需考虑量词的辖域（详见4）。量词出现的次序将影响谓词逻辑的意思。例如，设一元谓词 $P(x)$ 表示"x 是舞蹈机器人"，二元谓词 $Q(x, y)$ 表示"x 和 y 是同事"，则

$(\forall x)P(x)$ 表示个体域中所有 x 都是舞蹈机器人。

$(\forall x)(\exists y)Q(x, y)$ 表示对个体域中所有个体 x，都存在个体 y，x 与 y 是同事。

$(\forall x)(\forall y)Q(x, y)$ 表示对个体域中所有 x 和 y，x 与 y 都是同事。

$(\exists x)(\forall y)Q(x, y)$ 表示在个体域中存在个体 x，与个体域中所有个体 y 都是同事。

$(\exists x)(\exists y)Q(x, y)$ 表示对个体域中存在 x 和 y，x 与 y 是同事。

又如，设一阶谓词 $Teacher(x)$ 表示"x 是老师"，$Student(y, x)$ 表示"y 是 x 的学

生"，则

（∀x）（∃y）[Teacher(x)→Student(y,x)] 表示"所有的老师都有一个学生"。

（∃y）（∀x）[Teacher(x)→Student(y,x)] 表示"有一个人是所有老师的学生"。

3. 谓词公式

谓词公式的概念：谓词演算由谓词符号、常量符号、变量符号、函数符号以及括号、逗号等一串按一定语法规则组成的字符串的表达式。可递归定义如下：

（1）单个谓词是谓词公式，称为原子谓词公式；

（2）若 P、Q 是谓词公式，则 $\neg P$、$P \wedge Q$、$P \vee Q$、$P \rightarrow Q$、$P \leftrightarrow Q$ 都是谓词公式；

（3）若 P 是谓词公式，x 是任意个体变元，则 $(\forall x)P$、$(\exists x)P$ 是谓词公式；

（4）谓词公式由有限次地应用（1）、（2）和（3）产生。

在谓词公式中，连接词的优先级别（从高到低）仍是

$$\neg \text{、} \wedge \text{、} \vee \text{、} \rightarrow \text{、} \leftrightarrow \text{。}$$

4. 量词的辖域

位于量词后面的单个谓词或用括号括起来的谓词公式称为量词的辖域，辖域内与量词中同名的指导变元（或作用变元）称为约束变元，不受约束的变元称为自由变元。

例如，

$$(\forall x)(P(x,y) \rightarrow (\exists y)(Q(x,y) \leftrightarrow R(x,y)))$$

$(\forall x)$ 的辖域为 $(P(x,y) \rightarrow (\exists y)(Q(x,y) \leftrightarrow R(x,y)))$，其中，$x$ 是约束变元，$P(x,y)$ 中的 y 为自由变元；$(\exists y)$ 的辖域为 $(Q(x,y) \leftrightarrow R(x,y))$，其中，$y$ 是约束变元，所有 x 都是约束变元。

又如

$$(\forall z)((\exists y)((\exists t)(P(z,t) \vee Q(y,t))) \wedge R(z,y))$$

其中，$(\forall z)$ 的辖域为 $((\exists y)((\exists t)(P(z,t) \vee Q(y,t))) \wedge R(z,y))$，$(\exists y)$ 的辖域为 $((\exists t)(P(z,t) \vee Q(y,t)))$，$(\exists t)$ 的辖域为 $(P(z,t) \vee Q(y,t))$，z、y 与 t 均为约束变元。

在谓词公式中，指导变元的名称符号是无关紧要的，可以将其改为另一个名称符号。需要注意的是，当对量词辖域内的约束变元更名时，必须把对应的约束变元都改为统一的名字，且不能与自由变元同名；当对量词辖域内的自由变元更名时，也不能改为与约束变元相同的名称符号。如对谓词公式 $(\exists x)(P(x) \rightarrow Q(y))$，可改名为 $(\exists z)(P(z) \rightarrow Q(t))$，这里，将约束变元 x 改为了 z，将自由变元 y 改为了 t。

5. 用谓词公式表示知识

以下给出利用谓词公式进行知识表示的一般步骤：

（1）定义谓词及个体，确定每个谓词及个体的确切定义；

（2）根据要表达的事物或概念，为谓词中的变元赋以特定的值；

（3）根据语义用适当的连接符号将各个谓词连接起来，形成谓词公式。

【例 2-2】 用谓词公式表示以下一组知识：

（1）人人爱学习；

（2）所有数不是实数就是虚数；

（3）有的人喜欢下雪，有的人喜欢下雨，有的人则既喜欢下雪又喜欢下雨；

（4）喜欢表演的人必然喜欢艺术；

（5）没有人喜欢被骗。

求解：

（1）定义谓词：$Man(x)$：x 是人；

$Loves(x,y)$：x 爱 y；

表示为：$(\forall x)(Man(x) \rightarrow Loves(x, Learning))$

（2）定义谓词：$N(x)$：x 是数；

$R(x)$：x 是偶数；

$I(x)$：x 是奇数；

表示为：$(\forall x)(N(x) \rightarrow R(x) \vee I(x))$

（3）定义谓词：$Likes(x,y)$：x 喜欢 y；

表示为：

$(\exists x)(Likes(x,snow)) \vee (\exists x)(Likes(x,rain)) \vee (\exists x)(Likes(x,snow) \wedge Likes(x,rain))$

（4）表示为：

$$(\forall x)(Likes(x,acting) \rightarrow Likes(x,art))$$

（5）表示为：

$$\neg (\exists x)(Likes(x,Being\ cheated))$$

2.3.2 语义

前述关于命题逻辑的语义，完全适用于一阶谓词逻辑，在此不再累述。仅给出以下重要概念：

1. 谓词公式的等价性

设 P、Q 是两个谓词公式，D 是它们共同的个体域，如果对 D 上的任何一个解释，P 和 Q 都有相同的真值，则称公式 P 和 Q 在 D 上是等价的；如果 D 是任意个体域，则称 P 和 Q 是等价的，记作 $P \Leftrightarrow Q$。

这些重要的等价式和命题中的重要等价式相同，只追加以下等价式。

（1）量词转化律

$$\neg (\exists x)P \Leftrightarrow (\forall x)(\neg P)$$

$$\neg (\forall x)P \Leftrightarrow (\exists x)(\neg P)$$

（2）量词分配律

$$(\forall x)(P \wedge Q) \Leftrightarrow (\forall x)P \wedge (\forall x)Q$$

$$(\exists x)(P \vee Q) \Leftrightarrow (\exists x)P \vee (\exists x)Q$$

2. 谓词公式的解释

前面已经提到，对命题中各个命题变元的一次真值指派对应一个解释，一旦命题确定后，根据连接词的定义就可以求出命题公式的真值（T 或 F）。在谓词逻辑中，由于公式中存在个体常量、个体变元和函数，不能直接通过真值指派给出解释，必须首先考虑个体变量和函数在个体域中的取值，然后再针对变量或函数的具体取值为谓词分别指派真值。由于存在多个组合情况，因此一个谓词公式的解释可以是多个，相应地，对应一个解释，谓词公式就获得一个真值（T 或 F）。

【例 2-3】 设个体域 $D = \{1, 2\}$，已知谓词公式 $(\exists y)(\forall x)(P(x,y) \rightarrow Q(x,y))$，请给出其在 D 上的某一个解释，并指出在此解释下，该谓词公式的真值。

对于此谓词公式，由于存在变元 x、y 和两个谓词 $P(x,y)$ 和 $Q(x,y)$，根据个体域 D，对两个谓词指派真值，设真值如下：

$$P(1,1) = F, \quad P(1,2) = T, \quad P(2,1) = F, \quad P(2,2) = T$$
$$Q(1,1) = T, \quad Q(1,2) = F, \quad Q(2,1) = F, \quad Q(2,2) = T$$

上述指派就是对题目中给出的谓词公式的一个解释，在此解释下

当 $x = 1$，$y = 1$ 时，有 $P(1, 1) = F$，$Q(1, 1) = T$，则 $P(x, y) \rightarrow Q(x, y)$ 真值为 T；

当 $x = 2$，$y = 1$ 时，有 $P(2, 1) = T$，$Q(2, 1) = F$，则 $P(x, y) \rightarrow Q(x, y)$ 真值为 F；

当 $x = 1$，$y = 2$ 时，有 $P(1, 2) = F$，$Q(1, 2) = F$，则 $P(x, y) \rightarrow Q(x, y)$ 真值为 T；

当 $x = 2$，$y = 2$ 时，有 $P(2, 2) = T$，$Q(2, 2) = T$，则 $P(x, y) \rightarrow Q(x, y)$ 真值为 T；

即对个体域 D 中所有 x，存在 y 使得 $P(x, y) \rightarrow Q(x, y)$ 的真值为 T，所以谓词公式 $(\exists y)(\forall x)(P(x,y) \rightarrow Q(x,y))$ 在此解释下的真值为 T。

3. 谓词公式的永真性、永假性

如果谓词公式 P 对个体域 D 上的任何一个解释都取得真值 T，则称 P 在 D 上是永真的；如果 P 在每个非空个体域上均永真，则称 P 永真。

相应地，如果谓词公式 P 对个体域 D 上的任何一个解释都取得真值 F，则称 P 在 D 上是永假的；如果 P 在每个非空个体域上均永假，则称 P 永假。

可见，若要判定某个谓词公式永真，必须对每个个体域上的每个解释逐个判定。当解释的个数为无限时，公式的永真性就很难判定了。

4. 谓词公式的可满足性、不可满足性

对于谓词公式 P，如果至少存在一个解释，使得 P 在此解释下的真值为 T，则称公式 P 是可满足的，否则，称公式 P 是不可满足的。

对于**【例 2-3】**，谓词公式 $(\exists y)(\forall x)(P(x,y) \rightarrow Q(x,y))$ 是可满足的。

5. 谓词公式的永真蕴含

设 P、Q 是两个谓词公式，如果 $P \rightarrow Q$ 永真，则称公式 P 永真蕴含 Q，记作 $P \Rightarrow Q$，且称 Q 为 P 的逻辑结论，P 为 Q 的前提。以下给出一些重要永真蕴含式：

（1）化简式

$$P \wedge Q \Rightarrow P$$
$$P \wedge Q \Rightarrow Q$$

即由 $P \wedge Q$ 为真，可推出 P 为真；由 $P \wedge Q$ 为真，可推出 Q 为真。

（2）附加式

$$P \Rightarrow P \vee Q$$
$$Q \Rightarrow P \vee Q$$

即由 P 为真，可推出 $P \vee Q$ 为真；由 Q 为真，可推出 $P \vee Q$ 为真。

（3）假言推理

$$P, P \rightarrow Q \Rightarrow Q$$

即由 P 为真及 $P \rightarrow Q$ 为真，可推出 Q 为真。例如：

"如果 x 是金属，则 x 能导电"及"银是金属"可推出"银能导电"的结论。

（4）拒取式推理

$$\neg Q, P \rightarrow Q \Rightarrow \neg P$$

即由 Q 为假，及 $P \rightarrow Q$ 为真，可推出 P 为假。例如：

"如果下雨，则地上就湿"，及 "地上不湿" 可推出 "没有下雨" 的结论。

对于拒取式推理，要注意避免两类错误：一是肯定后件（Q）；一是否定前件（P）。肯定后件是指，当 $P \rightarrow Q$ 为真时，希望肯定后件 Q 为真，来推出前件 P 为真。对于本例，

① 如果下雨，则地上就湿；

② 地上湿了（肯定后件）；

③ 所以，下雨了；

这显然是错误的，因为地上湿了，可以是洒水了。

否定前件是指，当 $P \rightarrow Q$ 为真时，希望否定前件 P，来推出后件 Q 为假。对于本例，

① 如果下雨，则地上是湿的；

② 没有下雨（否定前件）；

③ 所以，地上不湿；

这显然也是错误的，因为地上洒水时，地上也会湿。

仔细分析 $P \rightarrow Q$ 的含义，可知 $P \rightarrow Q$ 为真时，肯定后件或否定前件所得到的结论，既可能为真，也可能为假，不能确定。

（5）假言三段论

$$P \rightarrow Q, Q \rightarrow R \Rightarrow P \rightarrow R$$

即由 $P \rightarrow Q$，$Q \rightarrow R$ 为真，可推出 $P \rightarrow R$ 为真。例如：

"如果一个人有图书证，则他可以在计算机书库借书"，"如果一个人可以在计算机书库借书，则他可以借阅图书 2 个月"，则可推出 "一个人有图书证，则他可以借阅图书 2 个月"。

（6）析取式推理

$$\neg P, P \vee Q \Rightarrow Q$$

即由 P 为假，及 $P \vee Q$ 为真，可推出 Q 为真。

（7）二难推理

$$P \vee Q, P \rightarrow R, Q \rightarrow R \Rightarrow R$$

即由 $P \vee Q$ 为真、$P \rightarrow R$ 为真及 $Q \rightarrow R$ 为真，可推出 R 为真。

（8）全称固化

$$(\forall x) P(x) \Rightarrow P(y)$$

其中，y 为个体域中的任一个体，利用此永真蕴含式可以消去公式中的全称量词。

（9）存在固化

其中，y 是个体域中某一个可使 $P(y)$ 为真的个体。利用此永真蕴含式可以消去公式中的存在量词。

上述等价式和永真蕴含式是进行演绎推理（Deductive Reasoning）的重要依据，又可以称为推理规则。此外，谓词逻辑中还有一些重要的推理规则：

（1）P 规则　在推理的任何步骤都可以引入前提。

（2）T 规则　在推理过程中，如果前面步骤中有一个或多个公式永真蕴含公式 S，则可将 S 引入到推理过程中。

（3）*CP* 规则　如果能从 *R* 和前提集合中推出 *S* 来，则可从前提集合推出 $R \rightarrow S$ 来。其中，*R* 为任意引入的命题。

（4）反证法　$P \Rightarrow Q$，当且仅当 $P \wedge \neg Q \Leftrightarrow F$（假），即 *Q* 为 *P* 的逻辑结论，当且仅当 $P \wedge \neg Q$ 是不可满足的。因此，有下述归结反演定理：

Q 为 P_1，P_2，$\cdots$，P_n 的逻辑结论，当且仅当 $(P_1 \wedge P_2 \wedge \cdots \wedge P_n) \wedge \neg Q$ 是不可满足的。该定理是归结反演的重要理论依据。

6. 利用演绎推理解决问题

演绎推理是从全称判断推导出单称判断的过程，即由一般性知识推出适合于某一具体情况的结论，是一种从一般到个别的推理。

【例 2-4】 设已知如下事实：*R*，*S*，$R \rightarrow T$，$S \wedge T \rightarrow P$，$P \rightarrow Q$。求证：*Q* 为真。

证明：由 *P* 规则和假言推理，则 *R*，$R \rightarrow T \Rightarrow T$

引入"合取"词，则 *S*，$T \Rightarrow S \wedge T$

由 *T* 规则和假言推理，则 $S \wedge T$，$S \wedge T \rightarrow P \Rightarrow P$（推理过程中引入 $S \wedge T$）

由 *T* 规则和假言推理，则 *P*，$P \rightarrow Q \Rightarrow Q$（推理过程中引入 *P*）

Q 为真得证。

【例 2-5】 设已知如下事实：凡人都要死，Socrates（苏格拉底）是人。求证：Socrates 是要死的。

证明：定义谓词：*Man*(*x*) 表示"*x* 是人"，*Mortal*(*x*) 表示"*x* 是要死的"，则上述知识可表示为：

① $(\forall x)[Man(x) \rightarrow Mortal(x)]$

② *Man*(*Socrates*)

设 *I* 为任一解释，它满足①和②。因为对所有 *x*，*I* 都满足 $Man(x) \rightarrow Mortal(x)$，则 *I* 也满足：

$$Man(Socrates) \rightarrow Mortal(Socrates)$$

由连接词化归律，即 *I* 满足

$$\neg Man(Socrates) \vee Mortal(Socrates)$$

但是由于 *I* 满足 *Man*(*Socrates*)，所以 *I* 必然使 $\neg Man(Socrates)$ 为假，所以 *I* 满足 *Mortal*(*Socrates*)。故 *Mortal*(*Socrates*) 是①和②的结论，即 Socrates 是要死的。

这就是著名的 Aristotle "三段论"。

演绎推理是许多智能系统采用的推理方式，成为 AI 中一种重要的推理方式，其中经常用到的形式就是三段论式，它包括：

① 大前提：已知的一般性知识或假设；

② 小前提：关于所研究的具体情况或个别事实的判断；

③ 结论：由大前提推出的适合于小前提所示情况的新判断。

例如，有如下三个判断：

① 我校计算机系的学生都要学习人工智能课程；

② *Zhang* 是我校计算机系的学生；

③ *Zhang* 要学习人工智能课程。

【例 2-6】 设已知如下事实：

① 凡是涉及中国文化的讲座，*Jack* 都感兴趣；

②《百家讲坛》中的讲座都是涉及中国文化的；

③《易经》是《百家讲坛》中的讲座；

求证：*Jack* 对《易经》感兴趣。

证明：首先，定义谓词如下：

Culture Rostrum(*x*)：*x* 是涉及中国文化的讲座；

Intrested(*y*, *x*)：*y* 对 *x* 感兴趣；

Lecture Room(*x*)：*x* 是《百家讲坛》中的讲座；

其次，将已知知识和待求证的问题用谓词公式表示出来：

$(\forall x)[$ *Culture Rostrum*(*x*)$\rightarrow$*Intrested*(*Jack*, *x*)$]$ 凡是涉及中国文化的讲座，*Jack* 都感兴趣；

$(\forall x)[$ *Lecture Room*(*x*)$\rightarrow$*Culture Rostrum*(*x*)$]$《百家讲坛》中的讲座都是涉及中国文化的；

Lecture Room(*The Book of Changes*)《易经》是《百家讲坛》中的讲座；

Intrested(*Jack*, *The Book of Changes*) *Jack* 对《易经》感兴趣。

推理过程：

对于谓词公式 $(\forall x)[$ *Culture Rostrum*(*x*)$\rightarrow$*Intrested*(*Jack*, *x*)$]$，由全称固化，有：

$$\text{Culture Rostrum}(z)\rightarrow\text{Intrested}(Jack, z)$$

同理，由全称固化，

$$\text{Lecture Room}(y)\rightarrow\text{Culture Rostrum}(y)$$

由 *P* 规则及假言推理得：

$$\text{Lecture Room}(\text{The Book of Changes}), \text{Lecture Room}(y)\rightarrow\text{Culture Rostrum}(y)$$
$$\Rightarrow\text{Culture Rostrum}(\text{The Book of Changes})$$

因为有一个公式永真蕴含 *Culture Rostrum*(*The Book of Changes*)，应用 *T* 规则，可以再将其引入推理过程，则由 *T* 规则及假言推理得：

$$\text{Culture Rostrum}(\text{The Book of Changes}), \text{Culture Rostrum}(z)\rightarrow\text{Intrested}(Jack, z)$$
$$\Rightarrow\text{Intrested}(Jack, \text{The Book of Changes})$$

即 *Jack* 对《易经》感兴趣。

一般来说，由已知事实推出的结论可能有多个，但只要其中包含了待证明的结论，问题就得到了证明。

自然演绎推理的首要问题是组合爆炸问题，即随着问题中知识的加入，推理过程中得到的中间结论剧烈增加，以指数级的方式增长，这对于一个大的推理问题来说十分不利，甚至是不可能实现。组合爆炸问题也成为 20 世纪 60 年代 AI 面临的瓶颈问题之一。

2.4 归结推理

在 AI 中，几乎所有的问题都可以转化为一个定理证明问题，其实质是对前提 *P* 和结论 *Q*，证明 *P*→*Q* 的永真性。由"永真性"的定义，欲证明 *P*→*Q* 在每个非空个体域上处处永真，要对每个非空个体域上的任何一个解释和解释下的真值情况做出考察，这一过程是相当困难的，有些时候甚至是不可能实现的。

借助于数学上"反证法"的思想，提出一种基于逻辑的"反证法"。即要证明 $P \rightarrow Q$ 永真，只要证明 $\neg P \rightarrow Q$ 永假。

由 $P \rightarrow Q \Leftrightarrow \neg P \vee Q$，知 $\neg P \rightarrow Q \Leftrightarrow \neg (\neg P \vee Q) \Leftrightarrow P \wedge \neg Q$，由"永假性"和"不可满足性"的定义，即要证明 $P \wedge \neg Q$ 的不可满足性（永假性）。

类似这样，从 $P \wedge \neg Q$ 出发，使用推理规则找出矛盾，从而证明 $P \rightarrow Q$ 是定理的方法，称为"归结（Resolution）演绎推理"。归结是 PROLOG（逻辑设计语言，Programming in Logic）中的主要推理规则。

关于谓词公式的不可满足性证明，海伯伦（Herbrand）和鲁宾逊（Robinson）先后做出了大量卓有成效的研究，本节 2.4.2 和 2.4.3 将分别做出详细讲解。

2.4.1　子句集及其简化

1. 子句与子句集

一般地，归结推理所应用的对象是命题或谓词公式的一种特殊形式，称为"子句"（Clause）。

单个谓词公式称为原子（atom）谓词公式，如 $P(x)$、$\neg P(x)$ 等。

在谓词逻辑中，将原子谓词公式及其否定形式统称为"文字"（literal）。$P(x)$ 为正文字，$\neg P(x)$ 为负文字，$P(x)$ 与 $\neg P(x)$ 为互补文字。

任何文字的析取式称为"子句"。如 $P(x) \vee Q(x) \vee \neg R(x)$。

不包含任何文字的子句称为"空子句"。因为其不包含文字，不能被任何解释满足，所以是"永假"的，是"不可满足"的。空子句记为"□"或"NIL"。

由子句或空子句所构成的集合称为"子句集"（S）。

2. 范式

在谓词演算中，一般地，有两种范式，一种叫"前束型范式"，一种叫 Skolem 范式。

（1）前束型范式　对于一个谓词公式，如果其所有量词（全称量词、存在量词）均非否定地出现在公式的最前面，且它的辖域一直延伸到公式之末，同时公式中不出现蕴含连接词"→"和等价连接词"↔"，这种形式的公式称为前束型范式。例如：

$$(\forall x)(\exists y)(\forall z)[P(x) \wedge \neg Q(y,x) \vee F(y,z)]$$

即是一个前束型范式。

前束型范式的优点在于其中的量词全部位于公式的最前面，称为公式的"首标"，而公式的其余部分实际上是一个谓词演算公式。该形式的缺点在于首标杂乱无章，全称量词和存在量词的排列没有一定的规则。

（2）Skolem 范式　L. Skolem（斯格林）对上述前束型范式进行了改进，使其首标中不出现存在量词（∃），从前束型范式中消去全部存在量词得到的公式称为"Skolem 范式"，或称为"Skolem 标准型"。

这种变换存在两种情况：

1）当存在量词不出现在全称量词的辖域内时，如谓词公式 $(\exists x)(\forall y)[P(x) \vee Q(x,y)]$，只需用一个新的个体常量代替受该存在量词约束的变元，即可消去存在量词。这是因为，若

谓词公式真值为 T，总能找到一个个体常量，替换后使公式的真值为 T。注意：新替换的个体常量一定是原谓词公式中没有出现过的量。即：

$$(\exists x)(\forall y)[P(x) \lor Q(y)] \text{ 替换为 } (\forall y)[P(t) \lor Q(t,y)]$$

2）当存在量词出现在全称量词的辖域内时，如谓词公式 $(\forall x)(\exists y)[P(x) \lor Q(x,y)]$，此时，对于每一个 x，都存在一个 y 与之对应，y 的取值依赖于 x，记为 $f(x)$，称为 Skolem 函数，用 Skolem 函数代替每一个存在量词量化的过程，称为"Skolem 标准化"，则有

$$(\forall x)(\exists y)[P(x) \lor Q(x,y)] \text{ 替换为 } (\forall x)[P(x) \lor Q(x,f(x))]$$

注意：不同变元对应的 Skolem 函数的函数符号要有所不同。如谓词公式：

$$(\forall x)(\exists y)(\exists z)[P(x) \lor Q(x,y) \lor F(y,z)]$$

引入 Skolem 函数 $f(x)$、$g(x)$，分别替换 y 和 z，则有

$(\forall x)(\exists y)(\exists z)[P(x) \lor Q(x,y) \lor F(y,z)]$ 替换为 $(\forall x)[P(x) \lor Q(x,f(x)) \lor F(f(x),g(x))]$，得到 Skolem 范式。

更为一般的形式：当存在量词位于多个全称量词的辖域内时，如谓词公式：

$$(\forall x_1)(\forall x_2)\cdots(\forall x_n)(\exists y)[P(x_1,x_2,\cdots,x_n) \lor Q(x_1,x_2,\cdots,x_n,y)]$$

此时，需要用 Skolem 函数 $f(x_1, x_2, \cdots, x_n)$ 替换受该存在量词约束的变元，消去存在量词，即

$$(\forall x_1)(\forall x_2)\cdots(\forall x_n)[P(x_1,x_2,\cdots,x_n) \lor Q(x_1,x_2,\cdots,x_n,f(x_1,x_2,\cdots,x_n))]$$

Skolem 范式的一般形式表示为：

$$(\forall x_1)(\forall x_2)\cdots(\forall x_n)M(x_1,x_2,\cdots,x_n)$$

其中，$M(x_1, x_2, \cdots, x_n)$ 是一个合取范式，称为 Skolem 范式的母式。

3. 子句集的简化

在谓词逻辑中，任何一个谓词公式都可以通过应用等价关系或推理规则化为相应的子句集，从而能够比较容易地判定谓词公式的不可满足性。

下面结合具体实例，说明将谓词公式化为子句集的一般步骤。

【例 2-7】 将谓词公式 $(\forall x)((\forall y)P(x,y) \to \neg (\forall y)(Q(x,y) \to F(x,y)))$ 化为子句集。

（1）消去谓词公式中的连接词符号"$\to$"和"$\leftrightarrow$"

利用谓词公式的等价关系

连接词化归律

$$P \to Q \Leftrightarrow \neg P \lor Q$$
$$P \leftrightarrow Q \Leftrightarrow (P \land Q) \lor (\neg P \land \neg Q)$$

上式等价变换为

$$(\forall x)(\neg (\forall y)P(x,y) \lor \neg (\forall y)(\neg Q(x,y) \lor F(x,y)))$$

（2）把否定符号移到紧靠谓词的位置上，减少否定符号的辖域

利用谓词公式的等价关系

双重否定律 $\qquad\qquad\qquad \neg \neg P \Leftrightarrow P$

德·摩根定律 $\qquad\qquad \neg (P \lor Q) \Leftrightarrow \neg P \land \neg Q$

$\qquad\qquad\qquad\qquad\quad \neg (P \land Q) \Leftrightarrow \neg P \lor \neg Q$

量词转化律 $\qquad\qquad \neg (\exists x)P \Leftrightarrow (\forall x)(\neg P)$

$\qquad\qquad\qquad\qquad\quad \neg (\forall x)P \Leftrightarrow (\exists x)(\neg P)$

上式等价变换为

$$(\forall x)((\exists y)\neg P(x,y)\vee(\exists y)(Q(x,y)\wedge\neg F(x,y)))$$

（3）变量标准化　即重新命名变元，使每个量词采用不同的变元，使得不同量词的约束变元有不同的名字。则上式等价变换为

$$(\forall x)((\exists y)\neg P(x,y)\vee(\exists z)(Q(x,z)\wedge\neg F(x,z)))$$

（4）消去存在量词　利用上述化为"Skolem 范式"的方法，对于此例，由于（$\exists y$）和（$\exists z$）都位于全称量词（$\forall x$）的辖域内，要用 Skolem 函数替换受该存在量词约束的变元，设替换函数分别为 $f(x)$ 和 $g(x)$，则上式等价变换为

$$(\forall x)(\neg P(x,f(x))\vee(Q(x,g(x))\wedge\neg F(x,g(x))))$$

（5）化为前束型范式　即所有全称量词均非否定地出现在公式的最前面，且它的辖域一直延伸到公式之末，对于此例，因为只有一个全称量词，并且已经位于公式的最前面，这一步不需要做任何工作。

（6）化为 Skolem 范式　即化为标准形式：

$$(\forall x_1)(\forall x_2)\cdots(\forall x_n)M(x_1,x_2,\cdots,x_n)$$

母式 $M(x_1,x_2,\cdots,x_n)$ 为一个合取范式。

利用谓词公式的等价关系

分配律

$$P\vee(Q\wedge R)\Leftrightarrow(P\vee Q)\wedge(P\vee R)$$

$$P\wedge(Q\vee R)\Leftrightarrow(P\wedge Q)\vee(P\wedge R)$$

则上式等价变换为

$$(\forall x)((\neg P(x,f(x))\vee Q(x,g(x)))\wedge(\neg P(x,f(x))\vee\neg F(x,g(x))))$$

到此，实际上是将谓词公式化为 Skolem 范式的一般步骤。但对于化为子句集，还要有以下操作：

（7）略去全称量词　由于公式中所有变量都是全称量词量化的变量，因此，可以省略全称量词，母式中的变量仍然认为是全称量词量化的变量。则有

$$(\neg P(x,f(x))\vee Q(x,g(x)))\wedge(\neg P(x,f(x))\vee\neg F(x,g(x)))$$

（8）消去合取词　把母式用子句集表示，即用逗号","代替合取符号"$\wedge$"有

$$\{\neg P(x,f(x))\vee Q(x,g(x)),\neg P(x,f(x))\vee\neg F(x,g(x))\}$$

（9）子句变量标准化　即使得每个子句中的变量符号不同

借助谓词公式的性质

$$(\forall x)[P(x)\wedge Q(x)]\Leftrightarrow(\forall x)P(x)\wedge(\forall y)Q(y)$$

因此有

$$\{\neg P(x,f(x))\vee Q(x,g(x)),\neg P(y,f(y))\vee\neg F(y,g(y))\}$$

到此，得到子句集 S。由于子句集中的每一个子句都是一些文字的析取，处理起来比较方便，较容易地证明谓词公式的不可满足性问题。

4. 不可满足意义上的一致性

设有谓词公式 G，其对应的子句集为 S，则 G 是不可满足的充要条件是：S 是不可满足的。这里要注意，谓词公式 G 与其子句集为 S 并不等值（真值同为 T 或 F），但两者在不满足性上是一致的。

【例 2-8】 设有一个谓词公式 $G = (\exists x)(\neg P(x))$，设 G 的个体域为 $D = \{1, 2\}$，则 $G = (\exists x)(\neg P(x)) = \neg P(1) \lor \neg P(2)$

设有一解释 I_G：$P(1) = T$，$P(2) = F$，则在此解释下，$G|I_G = \neg P(1) \lor \neg Q(1) = T$

而 G 的 Skolem 范式表示为 $\neg P(x)$，而 x 是个体域上的某个值，若取 $x = 1$，此时，$\neg P(1) = F$，则公式 G 与其 Skolem 范式并不等值，即公式 G 与其子句集 $S = \{\neg P(x)\}$ 并不等值。

2.4.2 海伯伦定理

由上述分析，一个谓词公式 G 与其对应的子句集 S 在不可满足意义上具有一致性，从而将 G 的不可满足性分析转化为对其子句集 S 的不可满足性判断。相应地，判定子句集的不可满足性，就需要对集合中的子句逐一进行判定，而为了判定某个子句的不可满足性，就需证明该子句对非空个体域上的任何一个解释都是不可满足的，由于个体域 D 的任意性和解释个数的无限性，这是一件非常困难的工作。

能否针对一个具体的谓词公式，找到一个比较简单的特殊域，只要使该谓词公式在该特殊域上是不可满足的，就能保证其在任一域上也是不可满足的呢？海伯伦（Herbrand）就构造了这样一个特殊的域，称为 Herbrand 域（或 H 域），并证明只要对子句在 H 域上的一切解释进行判定，就可以获得原谓词公式的不可满足性，从而使问题得到简化。

1. H 域

设谓词公式 G 的子句集为 S，则按下述方法构造的个体变元域 H_∞ 称为公式 G 或子句集 S 的 Herbrand 域，简称 H 域。

（1）令 H_0 是 S 中所出现的常量的集合。若 S 中没有常量出现，则任取一个常量 $a \in D$（D 为谓词公式 G 的个体域），规定 $H_0 = \{a\}$。

（2）令

$$H_{i+1} = H_i \cup \{S \text{ 中所有的形如 } f(t_1, \cdots, t_n) \text{ 中的元素}\} \quad (i = 0, 1, 2, \cdots, n)$$

其中，$f(t_1, \cdots, t_n)$ 是 G 中出现的任一函数符号，而 $t_1, \cdots, t_n$ 是 H_i 中的元素。

下面给出求 H 域的例子，以说明 H 域的构造方法。

【例 2-9】 求子句集 $S = \{\neg P(x) \lor Q(x), T(f(y))\}$ 的 H 域。

这个例子中，S 中没有出现个体常量，则应任取一个常量 a 作为个体常量；出现一个函数 $f(y)$，则根据 H 域的定义，有

$$H_0 = \{a\}$$
$$H_1 = \{a, f(a)\}$$
$$H_2 = \{a, f(a), f(f(a))\}$$
$$\vdots$$
$$H_\infty = \{a, f(a), f(f(a)), f(f(f(a))), \cdots\}$$

【例 2-10】 求子句集 $S = \{P(x), Q(y) \lor \neg R(z)\}$ 的 H 域。

这个例子中，S 中既没有出现个体常量，也没有出现函数，则应任取一个常量 a 作为个体常量，有

$$H_0 = \{a\}$$
$$H_1 = H_0 \cup \Phi = H_0$$
$$H_2 = H_1$$
$$\vdots$$
$$H_\infty = \{a\}$$

【例 2-11】 求子句集 $S = \{a, b, P(f(x)), Q(y) \vee \neg R(g(y))\}$ 的 H 域。

这个例子中，S 中有两个个体常量 a 和 b，两个函数 $f(x)$、$g(y)$，根据 H 域的定义，有

$$H_0 = \{a, b\}$$
$$H_1 = \{a, b, f(a), f(b), g(a), g(b)\}$$
$$H_2 = \{a, b, f(a), f(b), g(a), g(b), f(f(a)), f(f(b)), f(g(a)), f(g(b)), g(f(a)),$$
$$g(f(b)), g(g(a)), g(g(b))\}$$
$$\vdots$$
$$H_\infty = H_0 \cup H_1 \cup H_2 \cdots$$

2. 原子集

除了引入 H 域，还要讨论 H 域上子句集 S 的真值，为此，引入原子集的概念。

定义下列集合为子句集 S 的原子集：

$$A = \{\text{所有形如 } P(t_1, t_2, \cdots, t_n) \text{ 的元素}\}$$

其中，$P(t_1, t_2, \cdots, t_n)$ 是出现在 S 中的任一谓词符号，而 $t_1, t_2, \cdots, t_n$ 则是 S 的 H 域上的任意元素。

【例 2-12】 求子句集 $S = \{P(a), \neg Q(x) \vee R(g(x))\}$ 的原子集。

应先求取其 H 域，由 H 域的定义：

$$H = \{a, g(a), g(g(a)), \cdots\}$$

由于在子句集中，出现了 P、Q 和 R 三个谓词，所以 S 的原子集为：

$$A = \{P(a), Q(a), R(a), P(g(a)), Q(g(a)), R(g(a)), P(g(g(a))), Q(g(g(a))),$$
$$R(g(g(a))), \cdots\}$$

由于 S 中的谓词个数是有限的，而 H 域是可数的无穷集合，所以原子集 A 也是可数集。这一点很重要，为后面的证明提供了有利的帮助。

再给出下列一组定义：

将没有变元出现的原子、文字、子句和子句集分别称为"基原子""基文字""基子句"和"基子句集"。如果子句 C 中的所有变元符号均用 H 域中的元素替换，所得到的基子句称为 C 的一个"基例"。例如：

$$\text{子句集 } S = \{P(a), \neg Q(x) \vee R(g(x))\}$$

由 H 域的定义，得到

$$H = \{a, g(a), g(g(a)), \cdots\}$$

对于子句 $P(a)$，因为其已经不含有变元，故为一个基子句，并且 $a \in H$，所以其也是一个基例。

对于子句 $\neg Q(x) \vee R(g(x))$，先任取一个常量 $b \in D$ 且 $b \notin H$，将 b 替换变元 x，得到 $\neg Q(b) \vee R(g(b))$，然后，以 H 域中的某个元素，如 $g(a)$ 替换所有变元 b，得到

$\neg Q(g(a)) \vee R(g(g(a)))$，就称为子句 $\neg Q(x) \vee R(g(x))$ 的一个基例。

3. S 在 H 域上的解释

给出以下定理：设 I 是子句集 S 在个体域 D 上的一个解释，则总存在对应于 I 的 H 域的解释 I'，使得若 $S|_I = T$，就必有 $S|_{I'} = T$。这里，设子句集的原子集为 A，则对 A 中各元素真值（T 或 F）指派都是 S 的一个 H 解释。

【例 2-13】 已知一个子句集 $S = \{P(a), \neg Q(x) \vee R(g(x))\}$

由 H 域的定义，得到

$$H = \{a, g(a), g(g(a)), \cdots\}$$

S 的原子集为：

$A = \{P(a), Q(a), R(a), P(g(a)), Q(g(a)), R(g(a)), P(g(g(a))), Q(g(g(a))), R(g(g(a))), \cdots\}$

则下列每一个解释都是子句集 S 的一个 H 解释：

$I'_1 = \{P(a), Q(a), R(a), P(g(a)), Q(g(a)), R(g(a)), P(g(g(a))), Q(g(g(a))), R(g(g(a))), \cdots\}$

$I'_2 = \{P(a), \neg Q(a), R(a), \neg P(g(a)), Q(g(a)), R(g(a)), \neg P(g(g(a))), Q(g(g(a))), R(g(g(a))), \cdots\}$

$\vdots$

因为原子集 A 也是可数集，所以 S 的 H 解释也是可数的。

引入一个例子，以说明如何应用个体域 D 上的一个解释 I，来构造其对应 H 域上的一个解释 I'。设子句集 $S = \{\neg P(x) \vee Q(x), R(g(y))\}$，其对应的谓词公式的个体域为 $D = \{1, 2\}$。

由 H 域和原子集的定义，得到

$$H = \{a, g(a), g(g(a)), \cdots\}$$
$$A = \{P(a), Q(a), R(a), P(g(a)), Q(g(a)), R(g(a)), \cdots\}$$

由 $D = \{1, 2\}$，设 I 是 D 上的一个解释，做如下设定：

$g(1)$	$g(2)$	$P(1)$	$P(2)$	$Q(1)$	$Q(2)$	$R(1)$	$R(2)$
2	2	F	T	T	F	T	T

将上述各值代入，便有 $S|_I = T$，即已经找到 D 上的一个解释 I，使得 $S|_I = T$。下面，我们试图构造其对应 H 域上的一个解释 I'，使得 $S|_{I'} = T$。

$H = \{a, g(a), g(g(a)), \cdots\}$，这里，$H$ 中的常量为 a，其并未在 D 中设定给定值，所以，可以设定为 $a = 1$ 或 $a = 2$。假设此处令 $a = 1$，结合 I 中的取值，则

$g(a) \to g(1) \to 2$

$g(g(a)) \to g(2) \to 2$

$g(g(g(a))) \to g(2) \to 2$

$\vdots$

再确定原子集 A 中的取值，即

$P(a) \to P(1) \to F$

$Q(a) \to Q(1) \to T$

$R(a) \to R(1) \to T$

$P(g(a)) \to P(g(1)) \to P(2) \to T$

$$Q(g(a)) \rightarrow Q(g(1)) \rightarrow Q(2) \rightarrow F$$
$$R(g(a)) \rightarrow R(g(1)) \rightarrow R(2) \rightarrow T$$
$$\vdots$$

于是，便构造 D 上的解释 I 相对应的 H 域上的一个解释 I'：

$$I' = \{\neg P(a), Q(a), R(a), P(g(a)), \neg Q(g(a)), R(g(a)), \cdots\}$$

同理，若取 $a = 2$，结合 I 中的取值，则

$$g(a) \rightarrow g(2) \rightarrow 2$$
$$g(g(a)) \rightarrow g(2) \rightarrow 2$$
$$g(g(g(a))) \rightarrow g(2) \rightarrow 2$$
$$\vdots$$

再确定原子集 A 中的取值，即

$$P(a) \rightarrow P(2) \rightarrow T$$
$$Q(a) \rightarrow Q(2) \rightarrow F$$
$$R(a) \rightarrow R(2) \rightarrow T$$
$$P(g(a)) \rightarrow P(g(2)) \rightarrow P(2) \rightarrow T$$
$$Q(g(a)) \rightarrow Q(g(2)) \rightarrow Q(2) \rightarrow F$$
$$R(g(a)) \rightarrow R(g(2)) \rightarrow R(2) \rightarrow T$$
$$\vdots$$

于是，便构造 D 上的解释 I 相对应的 H 域上的一个解释 I'：

$$I' = \{P(a), \neg Q(a), R(a), P(g(a)), \neg Q(g(a)), R(g(a)), \cdots\}$$

说明：只要存在子句集 S 在个体域 D 上的一个解释 I，则总存在对应于 I 的 H 域的解释 I'，使得若 $S|_I = T$，就必有 $S|_{I'} = T$。

根据上述讨论，有以下定理：

【定理 2-1】　子句集 S 不可满足的充要条件是：S 对 H 域上的一切解释都为假。

证明：

充分性：如子句集 S 在个体域 D 上具有不满足性，则必然在 H 域上具有不满足性，从而对 H 域上的一切解释都为假（根据不满足性的定义）。

必要性：如 S 在 H 域的一切解释都为假，则必然会使其在 D 上的一切解释都为假。否则，如存在 D 上一个解释 I_0 使 S 为真（$S|_{I_0} = T$），那么，根据上述定理，必存在 S 在 H 域上的一个解释 I'_0，使得 $S|_{I'_0} = T$，这与已知（S 在 H 域的一切解释都为假）矛盾，故必要性得证。

证毕。

4. Herbrand 定理

【定理 2-2】　子句集 S 不可满足的充要条件是：存在一个有限的不可满足的基例集 S'。

证明：

充分性：设子句集 S 有一个不可满足的基例集 S'，因为它是不可满足的，所以一定存在一个解释 I'，使得 S' 为假（$S'|_{I'} = F$）。根据 H 域上的解释与 D 上的解释的对应关系，可知 D 上一定存在一个解释 I，使 S 不可满足（$S|_I = F$）。根据不满足性的定义，可知子句集 S 是不可满足的。

必要性：设子句集 S 不可满足，由子句集 S 不可满足的充要条件是：S 对 H 域上的一切解释都为假，知 S 对 H 域上的一切解释都为假。那么，就至少存在一个 S 中的某子句 C_i 的基例 C_i' 为假，因而 S 的基例集 S' 是不可满足的。并且，由于 S 中的子句是有限的，则 S 的不可满足的基例数也是有限的。

证毕。

诚然，Herbrand 定理只是在理论上给出证明子句集不可满足性的可行性和方法，利用计算机实现定理自动证明问题仍比较困难，直到 1965 年，Robinson 提出了归结原理，才真正使机器定理证明变为现实，以下探讨 Robinson 归结原理。

2.4.3　Robinson 归结原理

Robinson 归结原理又称为"消解原理"，是 Robinson 提出的一种通过证明子句集不可满足性，从而实现定理证明的一种理论和方法，成为机器定理证明的基础。

前面已经谈到，对于一个子句集来说，因为子句之间是一种合取关系，只要一个子句是不可满足的，则子句集就是不可满足的。由于空子句是不可满足的，那么，若有一个包含空子句的子句集，则称这个子句集是不可满足的。Robinson 归结原理正是基于这一思想而提出的。即：检查子句集 S 中是否有空子句，若有，表明该子句集 S 是不可满足的；若没有，就在子句间选择合适的子句进行归结，一旦通过归结得到空子句，就表明该子句集 S 是不可满足的。

下面，针对命题逻辑和谓词逻辑，分别给出归结的定义。

1. 命题逻辑中的归结原理

（1）归结与归结式

定义：设 C_1 与 C_2 是某子句集中的任意两个子句，如果 C_1 中的文字 L_1 与 C_2 中的文字 L_2 互补，那么从 C_1 和 C_2 中分别消去 L_1 和 L_2，并将两个子句中余下的部分析取，构成一个新的子句，这一过程称为"归结"；所得到的子句 C_{12} 称为 C_1 和 C_2 的归结式（Resolvent），称 C_1 和 C_2 为 C_{12} 的亲本子句。

举例对上述定义进行解释。

【例 2-14】 设两个子句 $C_1 = P \vee C_1'$、$C_2 = \neg P \vee C_2'$，求两子句的归结式 C_{12}。

由于 P 与 $\neg P$ 是互补文字，消去后，得到

$$C_{12} = C_1' \vee C_2'$$

则 C_{12} 就是 C_1 和 C_2 两个子句的归结式，这一消去互补子句的过程即为归结。可以用归结树（语义树，Semantic Tree）给出其直观表示，如图 2-1 所示：

又如，设 $C_1 = P \vee Q$，$C_2 = \neg Q \vee R$，$C_3 = \neg P$，对其进行归结时，可首先对 C_1 和 C_2 归结，得到

$$C_{12} = P \vee R$$

然后将 C_{12} 和 C_3 进行归结，得到

$$C_{123} = R$$

这一归结过程如图 2-2 所示：

当然，如果首先对 C_1 和 C_3 进行归结，再将归结式与 C_2 归结，会得到相同的结果。

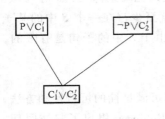

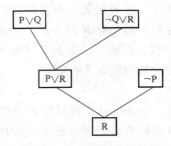

图 2-1 归结过程树形表示   图 2-2 归结过程树形表示

【定理 2-3】 归结式 C_{12} 是其亲本子句 C_1 和 C_2 的逻辑结论。

证明：设 $C_1 = L \lor C_1'$，$C_2 = \neg L \lor C_2'$，则

$$C_{12} = C_1' \lor C_2'$$

由连接词化归律 $C_1' \lor L \Leftrightarrow \neg C_1' \to L$

$$\neg L \lor C_2' \Leftrightarrow L \to C_2'$$

则 $C_1 \land C_2 = (\neg C_1' \to L) \land (L \to C_2')$

根据假言三段论，得到

$$(\neg C_1' \to L) \land (L \to C_2') \Rightarrow \neg C_1' \to C_2'$$

再次根据连接词化归律

$$\neg C_1' \to C_2' \Leftrightarrow C_1' \lor C_2' = C_{12}$$

所以，$C_1 \land C_2 \Rightarrow C_{12}$

即如果 C_1 和 C_2 为真，则 C_{12} 为真，归结式 C_{12} 是其亲本子句 C_1 和 C_2 的逻辑结论。

这是归结原理中的一个很重要定理，由它可以得出两个重要的推论：

【推论 2-1】 设 C_1 与 C_2 是子句集 S 中的两个子句，C_{12} 是 C_1 和 C_2 的归结式，若用 C_{12} 代替 C_1 和 C_2 后得到新子句集 S_1，则由 S_1 的不可满足性可推出 S 的不可满足性，即

$$S_1 \text{ 的不可满足性} \Rightarrow S \text{ 的不可满足性}$$

【推论 2-2】 设 C_1 与 C_2 是子句集 S 中的两个子句，C_{12} 是 C_1 和 C_2 的归结式，若将 C_{12} 加入到原子句集中，得到新的子句集 S_2，则 S 与 S_2 在不可满足的意义上是等价的，即

$$S_2 \text{ 的不可满足性} \Leftrightarrow S \text{ 的不可满足性}$$

这两个推论表明：若要证明子句集 S 的不可满足性，只要对其中可进行归结的子句进行归结，并将归结式加入 S 中，或者将归结式替换它的亲本子句，然后对新的子句集（S_1 或 S_2）证明不可满足性就可以了。因为空子句是不可满足的，因此若经过归结，最终获得空子句，就可以得到原子句集是不可满足的。这就是应用归结原理证明子句集不可满足性的思想。

（2）归结推理过程   在命题逻辑中，应用归结进行推理的过程如下：

① 对原子句集 S 中可归结的子句进行归结；

② 将归结得到的归结式加入到 S 中，得到新的子句集 S'；

③ 检查新的子句集 S' 是否有空子句，如有，则停止推理；否则，转步骤④；

④ 置 $S: = S'$，转步骤①。

引入下例，以说明命题逻辑的归结推理过程。

【例 2-15】 证明子句集 $S = \{P \vee \neg Q, Q, \neg P\}$ 是不可满足的。

证明：按照上述归结推理的过程，则

① $P \vee \neg Q$

② Q

③ $\neg P$

④ P　　　　①和②进行归结。

⑤ NIL　　　③和④进行归结。

由于 S 中出现了空子句 NIL，从而证明了 S 的不可满足性。

（3）归结原理的完备性　在命题逻辑中，对不可满足的子句集 S，归结原理是完备的。即若子句集 S 不可满足，则必然存在一个从 S 到空子句集的归结演绎；若存在一个从 S 到空子句集的归结演绎，则 S 一定是不可满足的。但是，对于那些可满足的子句集 S，使用归结原理则得不到任何结果。

2. 一阶谓词逻辑中的归结原理

在一阶谓词逻辑中，由于子句中含有变元，所以不能像命题逻辑那样可直接消去互补文字进行子句归结，而是先使用置换与合一的思想，对子句中的某些变元进行合一置换，对置换后的新子句再次使用归结原理。

（1）先给出置换与合一的理论

1）置换的概念。置换是形如 $\{t_1/x_1, t_2/x_2, \cdots, t_n/x_n\}$ 的一个有限集。其中，x_i 是变量，t_i 是不同于 x_i 的项，可以是常量、变量或者函数，t_i/x_i 表示用 t_i 代换公式中的 x_i，且 $x_i \neq x_j (i \neq j)$，$i, j = 1, 2, \cdots, n$。

如有限集 $\{a/x, f(b)/y, w/z\}$ 是一个置换，而有限集 $\{g(y)/x, f(x)/y\}$ 不是一个置换，因为这个 $f(x)/y$ 代换导致 $g(f(x))/x$，这不符合置换的定义。而有限集 $\{g(a)/x, f(x)/y\}$ 是一个置换，其中，x 用 $g(a)$ 代换，y 用 $f(g(a))$ 代换。

不含任何元素的置换称为空置换，表示为 ε。

置换可以作用于谓词公式上，也可以作用于某一项上。若令置换 $\theta = \{t_1/x_1, t_2/x_2, \cdots, t_n/x_n\}$，$P$ 为一个谓词公式，那么 θ 作用于 P，就是将 P 中出现的变量 x_i 以 t_i 代入（$i = 1, 2, \cdots, n$），结果以 $P\theta$ 表示，称之为 P 的一个特例（instance）。如：

$\theta = \{a/x, f(b)/y, t/z\}$，$P = F(x, y, z)$，则

$$P\theta = F(a, f(b), t)$$

当 θ 作用于某一项 u 时，就是将该项中出现的变量 x_i 以 t_i 代入（$i = 1, 2, \cdots, n$），结果以 $u\theta$ 表示，如

$\theta = \{a/x, f(b)/y, t/z\}$，$u = g(x, z)$，则

$$u\theta = g(a, t)$$

一般地，置换并不是唯一的。

2）置换乘法。置换乘法的作用是将两个置换合成为一个置换。以具体实例说明置换乘法的实现。

设有两个置换 $\theta = \{t_1/x_1, t_2/x_2, \cdots, t_n/x_n\}$，$\lambda = \{s_1/y_1, s_2/y_2, \cdots, s_m/y_m\}$，则二者的乘积为一个新的置换，表示为 $\theta \cdot \lambda$，将其作用于谓词公式 G，相当于先 θ 后 λ 对 G 的作用，定义为：

先做置换 $\{t_1 \cdot \lambda/x_1, t_2 \cdot \lambda/x_2, \cdots, t_n \cdot \lambda/x_n, s_1/y_1, s_2/y_2, \cdots, s_m/y_m\}$，若 $y_i \in \{x_1, \cdots, x_n\}$，则从上述集合中删去 s_i/y_i，若 $t_i \cdot \lambda = x_i$ 时，从上述集合中删去 $t_i \cdot \lambda/x_i$，删去上述部分，剩余的元素所构成的集合称为 θ 与 λ 的乘积，记为 $\theta \cdot \lambda$。

例如，设置换 $\theta = \{f(y)/x, z/y\}$，$\lambda = \{a/x, b/y, y/z\}$，求 $\theta \cdot \lambda$。

先做置换 $\{f(y) \cdot \lambda/x, z \cdot \lambda/y, a/x, b/y, y/z\} = \{f(b)/x, y/y, a/x, b/y, y/z\}$，

删除 a/x 和 b/y，

再删除 y/y，得到

$$\theta \cdot \lambda = \{f(b)/x, y/z\}$$

3）合一的概念。设有谓词公式集 $\{G_1, G_2, \cdots, G_n\}$ 和置换 θ，使 $G_1\theta = G_2\theta = \cdots = G_n\theta$，则称 $G_1, G_2, \cdots G_n$ 是可合一的，且 θ 称为合一置换。

设有公式集 $G = \{P(x, y, f(y)), P(a, g(x), z)\}$，则下式为它的一个合一置换：

$$\theta = \{a/x, g(a)/y, f(g(a))/z\}$$

一般地，一个公式集的合一置换是不唯一的。

4）最一般合一置换。若 $G_1, G_2, \cdots G_n$ 有合一置换 σ，且对 $G_1, G_2, \cdots G_n$ 的任一置换 θ 都存在一个置换 λ，使 $\theta = \sigma \cdot \lambda$，则称 σ 是 $G_1, G_2, \cdots G_n$ 的最一般合一置换（most general unifier），记为 mgu。

例如，设 $G_1 = Q(a, f(y))$，$G_2 = Q(x, b)$ 是可合一的，其合一置换是 $\theta = \{a/x, b/f(y)\}$，它也是 G_1 和 G_2 的最一般合一置换 mgu。

又如，设 $G_1 = Q(y)$，$G_2 = Q(f(x))$ 是可合一的，其合一置换是 $\theta = \{f(a)/y, a/x\}$，但 θ 不是 G_1 和 G_2 的 mgu，$\sigma = \{f(x)/y\}$ 才是 mgu，即 mgu 是 G_1 和 G_2 的最简单的合一置换。

根据上述合一置换的思想，设有如下两个子句：

$$C_1 = \neg P(x) \vee Q(x)$$
$$C_2 = P(a) \vee R(y)$$

由于 $P(x)$ 和 $P(a)$ 不同，不是互补文字，不能对 C_1 和 C_2 直接进行归结，作如下合一置换：$\sigma = \{a/x\}$，σ 是 mgu，对两个子句分别进行置换：

$$C_1\sigma = \neg P(a) \vee Q(a)$$
$$C_2\sigma = P(a) \vee R(y)$$

对其进行归结，消去 $\neg P(a)$ 与 $P(a)$，得到如下归结式

$$Q(a) \vee R(y)$$

以下给出谓词逻辑中，归结的定义。

（2）归结的定义

设 C_1 和 C_2 是两个没有相同变元的子句，L_1 和 L_2 分别是 C_1 和 C_2 中的文字，若 σ 是 L_1 和 $\neg L_2$ 的最一般合一置换（mgu），则称

$$C_{12} = (C_1\sigma - \{L_1\sigma\}) \vee (C_2\sigma - \{L_2\sigma\})$$

为 C_1 和 C_2 的二元归结式。L_1 和 L_2 是被归结的文字。

【例 2-16】 设 $C_1 = \neg P(a) \vee Q(x) \vee \neg R(x)$，$C_2 = P(y) \vee \neg Q(b)$，求其二元归结式。

若选取 $L_1 = \neg P(a)$，$L_2 = P(y)$，则 $\sigma = \{a/y\}$ 为 L_1 和 L_2 的 mgu，得到

$$C_1\sigma = \neg P(a) \vee Q(x) \vee \neg R(x)$$
$$C_2 = P(a) \vee \neg Q(b)$$

根据归结的定义，得到

$$C_{12} = (C_1\sigma - \{L_1\sigma\}) \vee (C_2\sigma - \{L_2\sigma\})$$
$$= (\{\neg P(a), Q(x), \neg R(x)\} - \{\neg P(a)\}) \vee (\{P(a), \neg Q(b)\} - \{P(a)\})$$
$$= (\{Q(x), \neg R(x)\}) \vee (\{\neg Q(b)\})$$
$$= \{Q(x), \neg R(x), \neg Q(b)\}$$
$$= Q(x) \vee \neg R(x) \vee \neg Q(b)$$

若选取 $L_1 = Q(x)$，$L_2 = \neg Q(b)$，则 $\sigma = \{b/x\}$，得

$$C_1\sigma = \neg P(a) \vee Q(b) \vee \neg R(b)$$
$$C_2 = P(y) \vee \neg Q(b)$$

$$C_{12} = (C_1\sigma - \{L_1\sigma\}) \vee (C_2\sigma - \{L_2\sigma\})$$
$$= (\{\neg P(a), Q(b), \neg R(b)\} - \{Q(b)\}) \vee (\{P(y), \neg Q(b)\} - \{\neg Q(b)\})$$
$$= (\{\neg P(a), \neg R(b)\}) \vee (\{P(y)\})$$
$$= \{\neg P(a), \neg R(b), P(y)\}$$
$$= \neg P(a) \vee \neg R(b) \vee P(y)$$

对于一阶谓词逻辑，子句进行归结推理时，应注意以下几个问题：

1）若被归结的子句 C_1 和 C_2 中具有相同的变元时，需要修改其中一个子句的变元名字，否则无法进行合一置换，从而无法进行归结。

例如，设子句 $C_1 = \neg P(x) \vee Q(a)$，$C_2 = P(c) \vee R(x)$，由于 C_1 和 C_2 具有相同的变元，不能直接进行归结，此时，如令 $C_2 = P(c) \vee R(y)$，则，$L_1 = \neg P(x)$，$L_2 = P(c)$，取 $\sigma = \{c/x\}$（C_1 和 C_2 的 mgu），则

$$C_{12} = (\{\neg P(c), Q(a)\} - \{\neg P(c)\}) \vee (\{P(c), R(y)\} - \{P(c)\})$$
$$= \{Q(a), R(y)\}$$
$$= Q(a) \vee R(y)$$

2）如果在参加归结的子句内部有可合一的文字，则在归结之前应对这些文字先进行合一，以实现这些子句内部的化简。

【例 2-17】 已知子句 $C_1 = Q(x) \vee Q(f(a)) \vee P(x)$，$C_2 = \neg Q(y) \vee R(b)$，求其二元归结式。

由于在子句 C_1 中有可合一的文字 $Q(x)$ 和 $Q(f(a))$，若用最一般合一 $\theta = \{f(a)/x\}$ 进行置换，可得

$$C_1\theta = Q(f(a)) \vee P(f(a))$$

再对 $C_1\theta$ 和 C_2 进行归结。选取 $\sigma = f(a)/y$（$C_1\theta$ 和 C_2 的 mgu），则

$$L_1 = Q(f(a)), \quad L_2 = \neg Q(y)$$

得到

$$C_{12} = P(f(a)) \vee R(b)$$

这里，称 $C_1\theta$ 为 C_1 的因子。一般情况下，若子句 C 中有两个或两个以上的文字具有最一般的合一置换 σ，则称 $C\sigma$ 为子句 C 的因子。如果 $C\sigma$ 为一个单文字，则称它为 C 的单元因子。

应用因子的概念，可对一阶谓词逻辑中的归结原理定义如下：

定义：设 C_1 和 C_2 是没有相同变元的子句，则下列 4 种二元归结式称为 C_1 和 C_2 的归结式，记为 C_{12}。

① C_1 与 C_2 的二元归结式；

② C_1 的因子 $C_1\sigma$ 与 C_2 的二元归结式；

③ C_1 与 C_2 的因子 $C_2\sigma$ 的二元归结式；

④ C_1 的因子 $C_1\sigma$ 与 C_2 的因子 $C_2\sigma$ 的二元归结式。

对于谓词逻辑，上述命题逻辑中关于"归结式是其亲本子句的逻辑结论"仍适用。将两个子句的归结式加入到原子句集 S 中，所得到的新子句集 S_1 和 S 的不可满足性是一致的。

（3）归结原理的完备性　对于一阶谓词逻辑，从不可满足意义上说，归结原理是完备的。即若子句集 S 不可满足，则必然存在一个从 S 到空子句集的归结演绎；若存在一个从 S 到空子句集的归结演绎，则 S 一定是不可满足的。

2.4.4　利用 Robinson 归结原理实现定理证明

Robinson 归结原理给出了证明子句集不可满足的方法。一般地，在定理证明中，常见的形式为：

$$P_1 \wedge P_2 \wedge \cdots \wedge P_n \rightarrow Q$$

这里，$P_1 \wedge P_2 \wedge \cdots \wedge P_n$ 是前提条件，Q 是逻辑结论。根据反证法延伸的归结反演理论，只需证明，$(P_1 \wedge P_2 \wedge \cdots \wedge P_n) \wedge \neg Q$ 是不可满足的。又根据本节关于一阶谓词公式的不可满足性，只需证明该谓词公式的子句集的不可满足性即可。因此，若要证明一个用谓词公式所表示的定理，只需按照以下步骤：

① 将待证明的定理用一阶谓词公式表示，形如 $P_1 \wedge P_2 \wedge \cdots \wedge P_n \rightarrow Q$；

② 否定逻辑结论 Q，并将该否定式 $\neg Q$ 与前提重组为以下形式的谓词公式：

$$G = P_1 \wedge P_2 \wedge \cdots \wedge P_n \wedge \neg Q$$

③ 求谓词公式 G 的子句集 S；

④ 应用归结原理对子句集 S 中的子句进行归结，并把每次归结得到的归结式加入到 S 中，如此反复执行，若出现了空子句 NIL，停止归结，证明了子句集 S 的不可满足性，进而证明谓词公式 G 的不可满足性。说明对结论 Q 的否定是错误的，推出定理的正确性。

应用归结原理证明定理的过程称为归结反演。

【例 2-18】　已知两个谓词公式：

A：$(\forall x)((\exists y)(P(x,y) \wedge Q(y)) \rightarrow (\exists y)(R(y) \wedge T(x,y)))$

B：$\neg(\exists x)(R(x) \rightarrow (\forall x)(\forall y)(P(x,y) \rightarrow \neg Q(y)))$

求证：B 是 A 的逻辑结论。

证明：首先，将 A 化为子句集：

由连接词化归律，消去蕴含 $\rightarrow$，得到：

$$(\forall x)(\neg(\exists y)(P(x,y) \wedge Q(y)) \vee (\exists y)(R(y) \wedge T(x,y)))$$

将否定移到谓词前面，得到

$$(\forall x)((\forall y)(\neg P(x,y) \vee \neg Q(y)) \vee (\exists y)(R(y) \wedge T(x,y)))$$

由于存在量词出现在全称量词的辖域内时，引入 Skolem 函数 $f(x)$ 替换 y，则有

$$(\forall x)((\forall y)(\neg P(x,y) \vee \neg Q(y)) \vee (R(f(x)) \wedge T(x,f(x))))$$

化为 Skolem 范式

$$(\forall x)((\forall y)(\neg P(x,y) \vee \neg Q(y) \vee R(f(x))) \wedge (\neg P(x,y) \vee \neg Q(y) \vee T(x,f(x))))$$

其子句集为

$$S_1 = \{\neg P(x,y) \vee \neg Q(y) \vee R(f(x))\}$$
$$S_2 = \{\neg P(x,y) \vee \neg Q(y) \vee T(x,f(x))\}$$

类似地，将 $\neg B$ 化为子句集：

$$\neg (\neg (\exists x)(R(x) \rightarrow (\forall x)(\forall y)(P(x,y) \rightarrow \neg Q(y))))$$
$$\neg (\neg (\exists x)(R(x) \rightarrow (\forall x)(\forall y)(\neg P(x,y) \vee \neg Q(y))))$$
$$\neg ((\forall z)(R(z) \vee (\forall x)(\forall y)(\neg P(x,y) \vee \neg Q(y))))$$
$$(\exists z)(\neg R(z) \wedge (\exists x)(\exists y)(P(x,y) \wedge Q(y)))$$

其子句集为：

$$S'_1 = \{\neg R(a)\}$$
$$S'_2 = \{P(b,c)\}$$
$$S'_3 = \{Q(c)\}$$

则子句集 S 为

① $\neg P(x,y) \vee \neg Q(y) \vee R(f(x))$

② $\neg P(x,y) \vee \neg Q(y) \vee T(x,f(x))$

③ $\neg R(a)$

④ $P(b,c)$

⑤ $Q(c)$

下面进行归结：

⑥ $\neg P(x,y) \vee \neg Q(y)$ 　　　　①与③归结，$\sigma = \{f(x)/a\}$

⑦ $\neg Q(c)$ 　　　　　　　　　　④与⑥归结，$\sigma = \{b/x, c/y\}$

⑧ NIL 　　　　　　　　　　　　⑤与⑦归结

可证明子句集 S 的不可满足性，B 是 A 的逻辑结论。

证毕。

【例 2-19】 利用归结原理证明

$$(\forall x)(P(x) \rightarrow (Q(x) \wedge R(x))) \wedge (\exists x)(P(x) \wedge T(x)) \rightarrow (\exists x)(T(x) \wedge R(x))$$

证明：

否定逻辑结论 $(\exists x)(T(x) \wedge R(x))$，并将该否定式与前提重组为以下谓词公式：

$$G = (\forall x)(P(x) \rightarrow (Q(x) \wedge R(x))) \wedge (\exists x)(P(x) \wedge T(x)) \wedge \neg (\exists x)(T(x) \wedge R(x))$$

由于谓词公式 G 可看作三项的合取，可对每一项分别求子句集：

$$(\forall x)(P(x) \rightarrow (Q(x) \wedge R(x)))$$

$$G_1 : = (\forall x)(\neg P(x) \vee (Q(x) \wedge R(x)))$$
$$= (\forall x)(\neg P(x) \vee Q(x)) \wedge (\neg P(x) \vee R(x))$$

G_2：$(\exists x)(P(x) \land T(x))$

G_3：$\lnot(\exists x)(T(x) \land R(x)) = (\forall x)(\lnot T(x) \lor \lnot R(x))$

子句集分别为：

$$S_1 = \{\lnot P(x) \lor Q(x), \lnot P(x) \lor R(x)\}$$

$$S_2 = \{P(a), T(a)\}$$

$$S_3 = \{\lnot T(x) \lor \lnot R(x)\}$$

得到谓词公式 G 的子句集为：

$$S = S_1 \cup S_2 \cup S_3 = \{\lnot P(x) \lor Q(x), \lnot P(x) \lor R(x), P(a), T(a), \lnot T(x) \lor \lnot R(x)\}$$

归结推理过程为：

① $\lnot P(x) \lor Q(x)$

② $\lnot P(x) \lor R(x)$

③ $P(a)$

④ $T(a)$

⑤ $\lnot T(x) \lor \lnot R(x)$

⑥ $R(a)$ ②和③归结，$\sigma = \{a/x\}$

⑦ $\lnot R(a)$ ④和⑤归结，$\sigma = \{a/x\}$

⑧ NIL ⑥和⑦归结

故子句集 S 是不可满足的，则谓词公式 G 为不可满足的，命题得证。

证毕。

【例 2-20】 设有如下知识：

（1）能编程的是懂程序语言的；

（2）大象不懂程序语言；

（3）有些大象是很聪明的；

用归结策略证明：有些很聪明的并不能编程。

证明：首先，定义如下谓词：

$P(x)$：x 能编程；$I(x)$：x 懂程序语言；$S(x)$：x 是聪明的；$M(x)$：x 是大象。

其次，将已知知识和待求证的问题用谓词公式表示出来：

$(\forall x)(P(x) \to I(x))$ 能编程的是懂程序语言的；

$(\forall x)(M(x) \to \lnot I(x))$ 大象不懂程序语言；

$(\exists x)(M(x) \land S(x))$ 有些大象是很聪明的；

$(\exists x)(S(x) \land \lnot P(x))$ 有些很聪明的并不能编程。

否定逻辑结论，将上述谓词公式化为子句集，则

$$S_1 = \{\lnot P(x) \lor I(x)\}$$

$$S_2 = \{\lnot M(x) \lor \lnot I(x)\}$$

$$S_3 = \{M(a), S(a)\}$$

$$S_4 = \{\lnot S(z) \lor P(z)\}$$

得到子句集 S 为：

$S = S_1 \cup S_2 \cup S_3 \cup S_4 = \{ \neg P(x) \vee I(x), \neg M(x) \vee \neg I(x), M(a), S(a), \neg S(z) \vee P(z) \}$

应用归结原理进行归结：

① $\neg P(x) \vee I(x)$

② $\neg M(x) \vee \neg I(x)$

③ $M(a)$

④ $S(a)$

⑤ $\neg S(z) \vee P(z)$

⑥ $\neg I(a)$ ②和③归结，$\sigma = \{a/x\}$

⑦ $\neg P(a)$ ①和⑥归结，$\sigma = \{a/x\}$

⑧ $P(a)$ ④和⑤归结，$\sigma = \{a/z\}$

⑨ NIL ⑦和⑧归结

故子句集 S 是不可满足的，命题得证。

证毕。

【例 2-21】 试证明理发师悖论：若每个理发师都为不能给自己理发的人理发，且每个理发师都不为能给自己理发的人理发，则不存在任何理发师。

证明：首先，定义如下谓词：

$HC(x)$：x 是理发师；$C(x, y)$：x 给 y 理发；$S(x)$：x 能给自己理发；

其次，将已知知识和待求证的问题用谓词公式表示出来：

$(\forall x)(HC(x) \rightarrow (C(x, y) \wedge \neg S(y)))$ 每个理发师都为不能给自己理发的人理发；

$(\forall x)(HC(x) \rightarrow (\neg C(x, y) \wedge S(y)))$ 每个理发师都不为能给自己理发的人理发；

$\neg (\exists x)HC(x)$ 不存在任何理发师；

否定逻辑结论，将上述谓词公式化为子句集，则

$$S_1 = \{ \neg HC(x) \vee C(x, y), \neg HC(x) \vee \neg S(y) \}$$
$$S_2 = \{ \neg HC(x) \vee \neg C(x, y), \neg HC(x) \vee S(y) \}$$
$$S_3 = \{ HC(a) \}$$

得到子句集 S 为：

$$S = S_1 \cup S_2 \cup S_3$$

应用归结原理进行归结：

① $\neg HC(x) \vee C(x, y)$

② $\neg HC(x) \vee \neg S(y)$

③ $\neg HC(x) \vee \neg C(x, y)$

④ $\neg HC(x) \vee S(y)$

⑤ $HC(a)$

⑥ $\neg S(y)$ ②和⑤归结，$\sigma = \{a/x\}$

⑦ $S(y)$ ④和⑤归结，$\sigma = \{a/x\}$

⑧ NIL ⑥和⑦归结

故子句集 S 是不可满足的，命题得证。

证毕。

2.4.5 应用归结原理求解问题

应用归结原理不仅可以实现定理证明，还可以用来求解问题的答案，其思想与定理证明相类似。以下给出应用归结原理求解问题答案的步骤：

1）把已知前提用谓词公式表示出来，并且化为相应的子句集，设该子句集为 S；

2）把待求解的问题用谓词公式表示出来，然后把它否定，并与谓词 $ANSWER$ 构成析取式，$ANSWER$ 是一个为求解问题而专设的谓词，其变元必须与问题公式中的变元完全一致；

3）把 2）中得到的析取式化为子句集，并把该子句集并入到子句集 S 中，得到子句集 S'；

4）应用归结原理对 S' 进行归结；

5）若得到归结式 $ANSWER$，则答案就在 $ANSWER$ 中。

【例 2-22】 已知下列事实：

1）$Mark$ 是 $Anne$ 的导师；

2）$Anne$ 是 $John$ 的同门；

3）如果 x 与 y 是同门，则 x 的导师也是 y 的导师。

试求：$John$ 的导师是谁？

解： 首先，定义如下谓词：

$T(x,y)$：x 是 y 的导师；$S(x,y)$：x 和 y 是同门；

其次，将已知知识用谓词公式表示出来：

$T(Mark, Anne)$ $Mark$ 是 $Anne$ 的导师；

$C(Anne, John)$ $Anne$ 是 $John$ 的同门；

$(\forall x)(\forall y)(\forall z)(C(x,y) \wedge T(z,x) \rightarrow T(z,y))$ 如果 x 与 y 是同门，则 x 的导师也是 y 的导师；

将上述谓词公式化为子句集：

$$S_1 = \{\neg C(x,y) \vee \neg T(z,x) \vee T(z,y), T(Mark, Anne), C(Anne, John)\}$$

将待求证的问题用谓词公式表示出来，并将其否定与谓词 $ANSWER$ 作析取：

$$\neg (\exists x) T(x, John) \vee ANSWER(x)$$

化为子句集：

$$S_2 = \{\neg T(a, John) \vee ANSWER(a)\}$$

将 S_1 和 S_2 合并到 S，则

$$S = S_1 \cup S_2$$

应用归结原理进行归结：

① $\neg C(x, y) \vee \neg T(z, x) \vee T(z, y)$

② $T(Mark, Anne)$

③ $C(Anne, John)$

④ $\neg T(a, John) \vee ANSWER(a)$

⑤ $\neg C(Anne, y) \vee T(Mark, y)$ ①和②归结，$\sigma = \{Mark/z, Anne/x\}$

⑥ ¬ *C*（*Anne*，*John*）∨ *ANSWER*（*Mark*）　　④和⑤归结，$\sigma = \{John/y, Mark/a\}$

⑦ *ANSWER*（*Mark*）　　　　　　　　　　　　③和⑥归结

即得到了归结式 *ANSWER*（*Mark*），知 *John* 的导师是 *Mark*。

上述过程的归结树表示如图 2-3 所示。

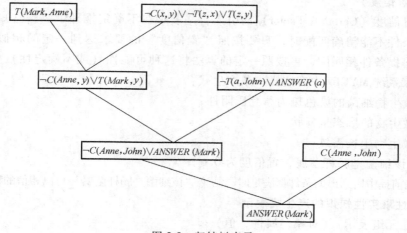

图 2-3　归结树表示

2.5　产生式系统

产生式系统（Production System）是美国数学家波斯特（E. Post）于 1943 年首次提出的，其将一组表示知识的产生式放在一起，让它们互相配合、协同作用，其中一个产生式的结论可以供另一个产生式作为已知事实使用，以求得问题的解，称为"产生式系统"。

产生式表示法又称为产生式规则（Production Rule）表示法，是一个以"如果满足这个条件，就应当采取某些操作"的语句。目前，这一方法已经成为 AI 中应用最多的一种知识表示模型，许多成功的专家系统都采用这种方法来实现知识的表示。如 Stanford 大学费根鲍姆等人研制的化学分子结构专家系统 DENDRAL，Stanford 大学肖特里菲等人研制的诊断传染性疾病的专家系统 MYCIN。

产生式表示法适合于表示事实性和规则性知识，具体地，可划分为：

1. 确定性规则知识的产生式表示：

基本形式为：

IF　*P*　　THEN　　*Q*

或者：

P→*Q*

其中，*P* 是产生式的前提，用于指出该产生式是否可用的条件；*Q* 是一组结论或操作，用于指出当前提条件 *P* 所示的条件被满足时，应该得出的结论或应执行的操作。整个产生式的含义为：如果前提 *P* 被满足，则可 *Q* 或执行 *Q* 所规定的动作。例如：

rule：IF　该动物有毛发　　THEN　　该动物是哺乳动物

这里，"该动物有毛发"是前提 *P*，"该动物是哺乳动物"是结论 *Q*。

2. 不确定性规则知识的产生式表示：

基本形式为：

IF　　*P*　　THEN　　　　*Q*　　　（置信度）

或者：

P→*Q*（置信度）

这里，置信度（Certainty Factor）的引入，是表示在不确定推理中，当已知事实与前提中所规定的条件不能精确匹配时，只要按照"置信度"的要求达到一定的相似度，就认为已知事实和前提条件相匹配，再按照一定的算法将这种可能性（或不确定性）传递到结论。例如，在专家系统 MYCIN 中有这样一条产生式：

IF　　本微生物细菌的染色斑为革兰氏阴性；

　　　　本微生物的形态呈杆状；

　　　　本微生物生长需氧；

THEN　　该细菌是肠杆菌属，置信度为 0.6

它表示当前提中所列出的条件都满足时，结论"该细菌是肠杆菌属"可以相信的程度是 0.6。

3. 确定性事实性知识的产生式表示

一般用三元组表示：（对象，属性，值）

或者：（关系，对象 1，对象 2）

例如，电脑 5000 元钱，表示为（*Computer*，*Price*，5000）。

Mary 和 *Ben* 是朋友，表示为（*Friend*，*Mary*，*Ben*）。

4. 不确定性事实性知识的产生式表示

一般用四元组表示：（对象，属性，值，置信度）

或者：（关系，对象 1，对象 2，置信度）

例如上例，电脑可能是 5000 元钱，表示为（*Computer*，*Price*，5000，0.8）。

Mary 和 *Ben* 不太可能是朋友，表示为（*Friend*，*Mary*，*Ben*，0.1）。

产生式与谓词逻辑中的蕴含式的基本形式相同，但两者有明显的区别：①蕴含式只能表示精确性的知识，其真值或者为真，或者为假。而产生式还可以表示不精确性的知识，没有真值。即，蕴含式只是产生式的一个特殊情况；②当决定一条知识是否可用时，需要检查当前是否存在已知事实与前提所规定的条件相匹配。对于蕴含式，要求匹配总是要精确的。但对于产生式，匹配还可以是不精确的，只要按某种算法求出的相似度落在预先指定的范围内就认为是可匹配的。

2.5.1　产生式系统的组成部分

如前所述，把产生式当作 AI 系统中的一个基本的知识单元，将一组这样的知识单元放在一起，让它们互相配合、协同作用，构成产生式系统，成为问题求解的一种模式。

一般来说，产生式系统由三部分组成，即全局数据库（Global Database）、产生式规则（Sets of Rules）和控制策略（Control Strategies）组成。各部分的关系如图 2-4 所示。

图 2-4　产生式系统的组成

1. 全局数据库

全局数据库又称为综合数据库、事实库、上下文、黑板等，用于存放求解过程中各种当前信息的数据结构，如问题的初始状态、事实或证据、中间推理结论和最后结果等。当产生式规则中某条规则的前提与全局数据库中的某些事实相匹配时，该规则就被激活，并把结论作为新的事实存入全局数据库。

2. 产生式规则

产生式规则是一个规则库，用于存放与求解问题有关的某个领域知识规则的集合及其交换规则。

3. 控制策略

控制策略为一个推理机构，由一组解释程序组成，其作用是用来控制产生式系统的运行，决定问题求解过程的推理线路。通常情况下，从选择规则到执行操作分 3 步完成，即匹配、冲突解决和操作。

2.5.2 产生式系统的控制策略

1. 匹配

所谓匹配就是把规则的前提条件与全局数据库中的已知事实进行比较，如果两者一致，或者近似一致，则称为匹配成功，相应的规则可以被使用；否则称为匹配不成功。当按规则的操作部分去执行时，称这条规则为启用规则。

2. 冲突解决

被触发的规则不一定总是启用规则，因为可能匹配的规则不只一条，这种情况称为发生了冲突。该选择并执行哪一条规则，就称为"规则冲突解决"。冲突解决策略包括：

（1）专一性排序（Specificity Ordering）　如果某一规则中条件部分规定的情况，比另一规则中条件部分规定的情况更有针对性，则这条规则有较高的优先级。例如：

某高校对博士毕业生发表论文的要求：

R_1：　IF　　至少在国内核心刊物上发表（或录用）3 篇学术论文

　　　　　　　且至少被 SCI 或 EI 收录 1 篇学术论文

　　　　THEN 视为满足博士毕业发表学术论文条件

R_2：　IF　　至少在国内核心刊物上发表（或录用）3 篇学术论文

　　　　　　　且至少被 SCI 或 EI 收录 1 篇学术论文

　　　　　　　且 3 篇学术论文中，EI 检索的国际会议文章多于 1 篇时，仅视为 1 篇

　　　　THEN 视为满足博士毕业发表学术论文条件

如果当前数据库中包含事实：如果至少在国内核心刊物上发表（或录用）3 篇学术论文，且至少被 SCI 或 EI 收录 1 篇学术论文，则上述两条规则都被触发，这就需要用冲突解决来决定首先使用哪一条规则。由于 R_2 的条件部分包括了更多的限制，因此规定了一个更为特殊的情况。根据专一性排序规则，R_2 具有较高的优先级。

（2）规则排序（Rule Ordering）　如果规则编排的顺序就表示了启用的优先级，则称之为规则排序。

（3）规模排序（Scale Ordering）　按规则的条件部分的规模排列优先级，优先使用被满足的条件较多的规则。

（4）就近排序（Nearby Ordering）　把最近使用的规则放在最优先的位置。这和人类的行为有相似之处。如果某一规则经常被使用，则人们倾向于更多地使用这条规则。

（5）数据排序（Data Ordering）　把规则中条件部分的所有条件按优先级次序编排起来，运行时首先使用在条件部分包含较高优先级数据的规则。

（6）上下文限制　把产生式规则按它们所描述的上下文分组，也就是说按上下文对规则分组。在某种上下文条件下，只能从与其相对应的那组规则中选择可应用的规则。

对于 AI 系统，如何选择冲突解决策略完全是启发式的。

3. 操作

操作就是执行规则的操作部分，经过操作后，当前数据库将被修改，其他的规则有可能成为启用规则。

2.5.3　产生式系统的推理方式

按照搜索方向，产生式系统的推理方式包括正向推理、反向（逆向）推理和双向推理3 种。

1. 正向推理

正向推理又称为事实（或数据）推理、前向链接推理等。正向推理从一组表示事实的谓词或命题出发，通过使用一组产生式，用以证明该谓词公式或命题是否成立。例如，有规则集 $R_1 \sim R_3$：

R_1：$Q_1 \rightarrow Q_2$

R_2：$Q_2 \rightarrow Q_3$

R_3：$Q_3 \rightarrow Q_4$

其中，$Q_1 \sim Q_4$ 为谓词公式或命题。假设全局数据库已经存在事实 Q_1，则可应用规则 R_1、R_2 和 R_3 进行正向推理，其过程如图 2-5 所示。

图 2-5　正向推理过程

2. 反向推理

反向推理又称为目标驱动推理、逆向链接推理。反向推理从表示目标的谓词或命题出发，使用一组产生式规则证明事实谓词或命题成立，即首先提出一批假设目标，然后逐一验证这些假设。仍利用上述规则 R_1、R_2 和 R_3，其过程如图 2-6 所示。

3. 双向推理

双向推理又称为正反向混合推理。其推理策略是同时以反向从目标向事实推理和以正向从事实向目标推理，并在推理过程中的某个步骤，实现事实和目标的匹配。双向推理的过程如图 2-7 所示。

图 2-6　反向推理过程

美国 Stanford 研究所 AI 中心研制的基于规则的专家系统工具 KAS，就是采用双向推理的产生式系统的一个典型例子。

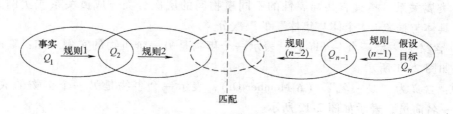

图 2-7　双向推理过程

2.6　语义网络表示法

语义网络是 1968 年奎联（J. R. Quaillian）在研究人类联想记忆时提出的一个心理学模型。1972 年，Simon 正式提出语义网络的概念，讨论了它与一阶谓词的关系，并将语义网络表示法用于自然语言理解系统。

2.6.1　语义网络的结构

语义网络是知识的一种结构化图解表示，由节点和弧线（链线）组成。一个最简单的语义网络可由一个三元组（节点 1，弧，节点 2）表示，其图形如图 2-8 所示。

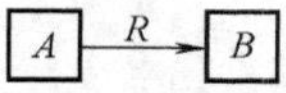

$$A \xrightarrow{R} B$$

图 2-8　基本网元

把多个基本网元用相应的语义联系关联在一起时，就得到一个语义网络，如图 2-9 所示。

一个三元组（节点 1，弧，节点 2）可写成 P（个体 1，个体 2），其中个体 1、个体 2 分别对应节点 1、节点 2，而弧及其上标注的节点 1 和节点 2 的关系由谓词 P 来体现，如：知识"安德鲁和玛丽是朋友"可以表示为一阶谓词形式：$Friends$（$Andrew$，$Mary$），对应的语义网络如图 2-10 所示。

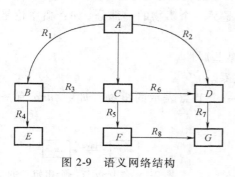

图 2-9　语义网络结构

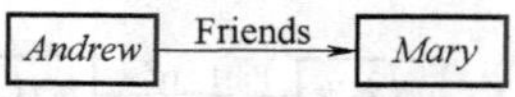

$$Andrew \xrightarrow{Friends} Mary$$

图 2-10　"安德鲁和玛丽是朋友"
的语义网络表示

2.6.2　基本命题的语义网络表示

语义联系的种类多种多样，内容广泛丰富，以下给出一些经常使用、已被普遍接受的基本语义联系。

（1）类属关系　指具有共同属性的不同事物间的层次分类、成员关系或实例关系。体现的是"具体与抽象""个体与集体"的层次分类。

ISA：含义为"是一个"（is-a），表示一个事物是另一个事物的实例。如：鹦鹉是一只鸟，表示如图 2-11 所示。

AMO：含义为"是一名"（A-Member-Of），表示一个事物是另一个事物的成员。如：*Lyman* 是一名演员，表示如图 2-12 所示。

图 2-11　"鹦鹉是一只鸟"的语义网络表示 　　　　图 2-12　"*Lyman* 是一名演员"的语义网络表示

AKO：含义为"是一种"（A-Kind-Of），表示一种事物是另一种事物的类型。如图 2-13 所示动物分类系统。

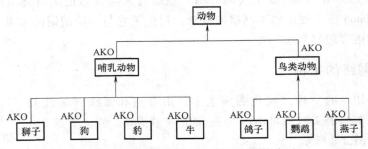

图 2-13　"动物分类系统"的语义网络表示

在属性关系中，具体结点具有抽象结点的所有属性，这些共享属性不在节点上重复，减少了对存储的要求。还可以增加一些自己的个性，甚至能够对抽象层节点的某些属性加以修改。

（2）包含关系　也叫聚类关系，或聚集关系，是指具有组织或结构特征的"部分与整体"之间的关系。与类属关系的主要区别为：不具备属性的继承性。

Part-of：含义为"是一部分"，表示一个事物是另一个事物的一部分。如：概率论是统计学的一部分。表示如图 2-14 所示。

其中，"概率论"不一定具有"统计学"的某些属性。

（3）占有关系　事物或属性间的"具有"关系。

Have：含义为"有"，表示一个节点拥有另一个节点表示的事物。如：*Anna* 有一个姐姐。表示如图 2-15 所示。

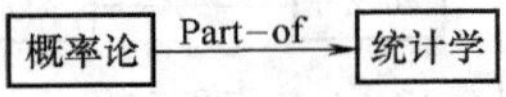

图 2-14　"概率论是统计学的一部分"
的语义网络表示

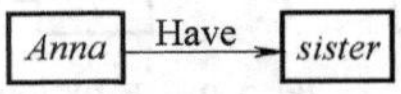

图 2-15　"*Anna* 有一个姐姐"的
语义网络表示

（4）时间关系　指不同事物在其发生时间方面的先后次序关系，节点的属性不具有继承性，常用的时间关系有三种：

Before：含义为"在前"，表示一个事物在另一个事物之前发生；如：*Li* 比 *Zhang* 先毕业，表示如图 2-16 所示。

　　After：含义为"在后"，表示一个事物在另一个事物之后发生；如 *Zhang* 比 *Li* 后到教室，表示如图 2-17 所示。

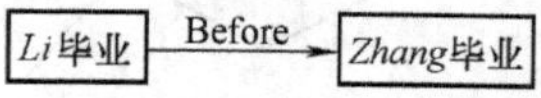

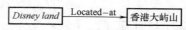

图 2-16　"*Li* 比 *Zhang* 先毕业"　　　　图 2-17　"*Zhang* 比 *Li* 后到教室"
　　　　的语义网络表示　　　　　　　　　　　　的语义网络表示

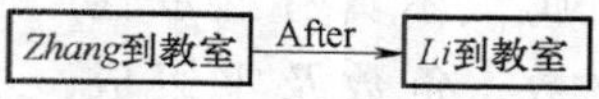

　　During：含义为"在…期间"，表示某一事物或动作在某时间段内发生；如：*Linda* 在读研期间结婚，表示如图 2-18 所示。

　　（5）位置关系　指不同事物位置方面的关系，节点的属性不具有继承性，常用的位置关系有：

　　Located-on：含义为"在上"，表示某一物体在另一个物体之上；

　　Located-at：含义为"在"，表示某一物体在某一位置；

　　Located-under：含义为"在下"，表示某一物体在另一个物体之下；

　　Located-inside：含义为"在内"，表示某一物体在另一个物体之内；

　　Located-outside：含义为"在外"，表示某一物体在另一个物体之外；

　　如：迪斯尼乐园位于香港大屿山，表示如图 2-19 所示。

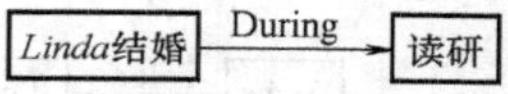

图 2-18　"*Linda* 在读研期间结　　　　图 2-19　"迪斯尼乐园位于香港大
　　婚"的语义网络表示　　　　　　　　　　　屿山"的语义网络表示

　　（6）相近关系　指不同事物在形状、内容方面相似或接近，常用的相近关系有两种：

　　Similar-to：含义为"相似"，表示一个事物与另一个事物相似；如：猫似虎，表示如图 2-20 所示。

　　Near-to：含义为"接近"，表示一个事物与另一个事物接近；如：办公楼接近江边，表示如图 2-21 所示。

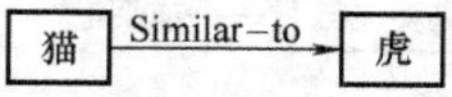

图 2-20　"猫似虎"的语义网络表示 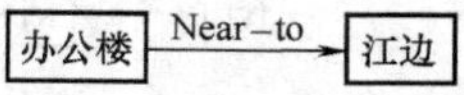　　　图 2-21　"办公楼接近江边"的语义网络表示

　　（7）推论关系　指从一个概念推出另一个概念的语义联系，如：早上上课经常迟到可推出晚上休息晚，表示如图 2-22 所示。

　　（8）因果关系　指由某一事物的发生而导致另一事物的发生，适于表示规则性知识，常用 If-then 联系表示两个节点间的因果关系，含义为"如果 *A*，那么 *B*"，表示如图 2-23 所示。

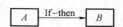

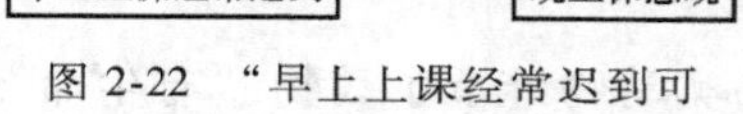

图 2-22　"早上上课经常迟到可　　　　图 2-23　"如果 *A*，那么 *B*"
推出晚上休息晚"的语义网络表示　　　　　　的语义网络表示

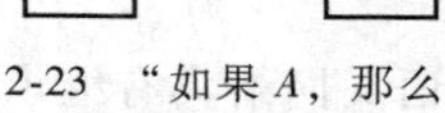

（9）组成关系 是一种一对多的语义联系，表示某一事物由其他一些事物构成，通常用"Composed-of"联系表示，节点间属性不具有继承性。如：整数由正整数、负数及零组成，表示如图 2-24 所示。

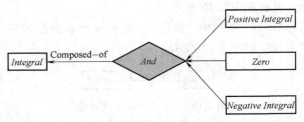

图 2-24 "整数由正整数、负数及零组成"的语义网络表示

（10）属性关系 表示一个节点是另一个节点的属性，常用"IS"联系表示。如：雪是白色的。表示如图 2-25 所示。

语义联系不局限于上述 10 种，在使用语义网络时，可以根据具体需要，对事物间的各种语义联系人为定义。

2.6.3 语义网络的知识表示方法

从下述三个方面，对语义网络的知识表示方法进行讨论，分别是：事实性知识的表示、情况和动作的表示以及逻辑关系的表示。

（1）事实性知识的表示 事实性是指有关领域内的概念、事实、事物的属性、状态及其关系的描述。如：雪是白色的，其语义网络除了可以用类属关系描述外，还可以表示为如图 2-26 形式。

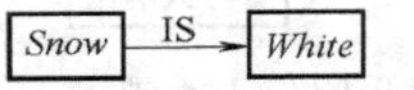

| Snow | IS | White |

图 2-25 "雪是白色的"的语义网络表示

| Snow | Color | White |

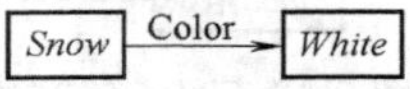

图 2-26 "雪是白色的"的语义网络表示

又如关于"动物的语义网络"，如图 2-27 所示。

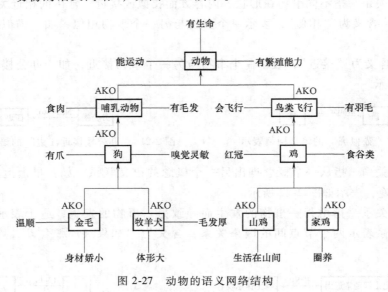

图 2-27 动物的语义网络结构

概念的语义网络具有继承性，即哺乳动物和鸟类动物继承了动物"有生命""能运动"和"有繁殖能力"的属性，两者还具有自身的特性，如哺乳动物具有"食肉"和"有毛

发"的属性，鸟类动物具有"会飞行"和"有羽毛"的属性。类似地，狗作为哺乳动物的下层概念，继承了后者的所有属性，下层的金毛和牧羊犬继承了狗的所有属性，并分别具有自身的特性。鸡作为鸟类动物的下层概念，继承了后者的所有属性，下层的山鸡和家鸡继承了鸡的所有属性，并分别具有自身的特性。

（2）情况和动作的表示　对于某些复杂的知识（含有情况或动作），仅靠节点表示一个事物很难完成知识的表示，Simon 提出增加表示情况或动作的节点，即节点不仅可以表示一个物体或一组物体，还允许其表示情况或动作。

1）情况的表示。例如，应用具有情况节点的网络表示知识"王老师从 2 月到 7 月讲'网络技术'课程"，如图 2-28 所示。

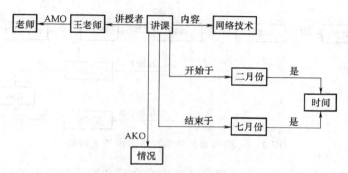

图 2-28　具有情况节点的语义网络

图中设立了"讲课"节点，表示一个特定的情况（Situation）。从该节点向外引出一组弧，用于指出讲授者、讲课内容、开始时间（Start-time）、结束时间（End-time）和 AKO 属性。如果没能将"讲课"作为一个节点，而只是将其标注于一条弧上，如图 2-29 所示的语义网络，则无法将开始时间和结束时间在网络中表示出来。

2）动作和事件的表示。当所要表示的知识中，既有动作的主语，又有直接宾语和间接宾语时，可以将动作设立成一个节点，也可以把发生的动作作为一个事件，设立为一个事件节点。例如，知识"王老师给计算机应用专业讲'网络技术'课程"，可表示为如图 2-30 所示。

图 2-29　不具有情况节点的语义网络　　　　图 2-30　带有动作节点的语义网络

如果将"王老师给计算机应用专业讲'网络技术'课程"作为一个事件，在语义网络中增加一个"事件"节点，则表示如图 2-31 所示。

综合上述两种类型，表示知识"王老师从 2 月到 7 月给计算机应用专业讲'网络技术'课程"，如图 2-32 所示。

图中设立了"讲课"节点，表示一个特定的情况和动作。从该节点向外引出一组弧，用于指出讲课的主体（Subject）、客体 1（Recipient，直接宾语）、客体 2（Object，间接宾语）、开始时间（Start-time）、结束时间（End-time）。

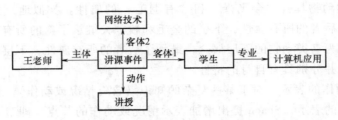

图 2-31　带有事件节点的语义网络

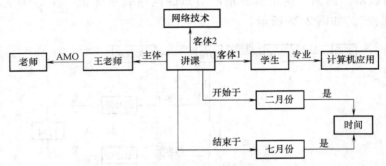

图 2-32　带有事件和情况节点的语义网络

（3）谓词逻辑关系的表示　语义网络还可实现命题和谓词逻辑中关于"合取""析取""否定"及"蕴含"等关系的表示。

1）合取。在语义网络中，合取命题通过引入"与"节点来表示。例如：*Helen* 给学生讲授人工智能和学生学习人工智能，其谓词公式为：

$$Teach（Helen，Student，AI）\land Learn（Stuedent，AI）$$

可以表示为图 2-33 所示的带有"与"节点的语义网络。

2）析取。析取命题通过引入"或"节点来表示。例如：*Dennis* 打篮球或者 *John* 练游泳，其谓词公式为：

$$Plays（Dennis，basketball）\lor Plays（John，swimming）$$

可以表示为图 2-34 所示的带有"或"节点的语义网络。

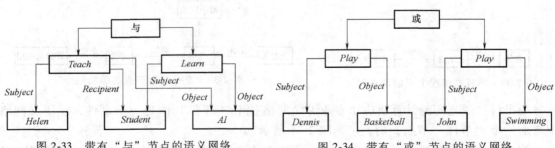

图 2-33　带有"与"节点的语义网络　　　图 2-34　带有"或"节点的语义网络

3）否定。在语义网络中，对于类属关系或包含关系，可以直接采用¬ ISA、¬ AKO、¬ AMO 及¬ Part-of 的有向弧来标注。对于更一般的情况，则引入"非"节点来表示。例如：*Helen* 给学生讲授人工智能和学生不学习人工智能，其谓词公式表示为

Teach（*Helen*，*Student*，*AI*）∧¬ *Learn*

（*Stuedent*，*AI*）

可以表示为如图 2-35 所示的语义网络。

4）蕴含。通过引入"蕴含"节点表示规则中前提条件 *A* 和结论 *B* 之间的因果关系，含义为"如果 *A*…，那么 *B*…"。蕴含节点引出两条弧，一条弧指向命题中的前提条件，记为ANTE，另一条弧指向该规则结论，记为CONSE。例如：如果 *Helen* 周末缺席，那么或者*Rose* 代替，或者 *Lala* 代替。

其语义网络表示如图 2-36 所示。

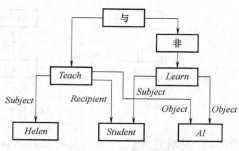

图 2-35 带有"非"节点的语义网络

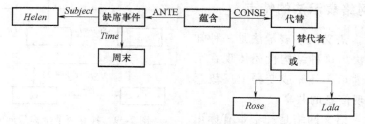

图 2-36 带有"蕴含"节点的语义网络

（4）存在量词和全称量词的表示

1）存在量词。存在量词在语义网络中的表示方法相对简单，可以直接用 ISA、AMO、AKO 或 Part-of 等弧表示，例如命题

该学生学习了一门程序设计语言

这是一个含有存在量词的命题，图 2-37 给出了相应的语义网络表示。

在该图中，网络中的 *S* 节点、*L* 节点、*P* 节点均是一个存在变量，分别表示一个特定的学生、一个特定的学习事件、一个特定的程序设计语言。而学习事件包括两个部分：主体

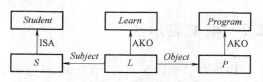

图 2-37 具有存在量词的语义网络

Subject 和客体 *Object*。节点 *S*、*L* 和 *P* 都用 ISA 弧与概念节点 *Student*、*Learn* 和 *Program* 相连，表示存在量词。

2）全称变量。对于全称变量，其语义网络表示相对复杂，在此引入 G. G. Hendrix 提出的网络分区技术。其基本思想为：把一个复杂的命题拆分为若干个子命题，每个子命题用一个较简单的语义网络表示，称为一个子空间，多个子空间构成一个大空间，每个子空间可以看作大空间的一个节点，称为超节点。空间可以逐层嵌套，子空间之间用弧进行连接。例如命题

每个学生都学习了一门程序设计语言

图 2-38 给出了相应的语义网络表示。

在该图中，*Gs* 是一个概念节点，表示具有全称量化的一般事件，*G* 是一个实例节点，表示它为 *Gs* 中的一个具体实例。从节点 *G* 引出的三条弧中，弧"ISA"是说明节点、弧

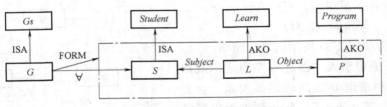

图 2-38　具有一个全称量词的语义网络

"FORM" 说明它所代表的子空间及其具体形式、弧 "∀" 说明它所代表的全称量词，并且，每一个全称量词都需要一条这样的弧，对应几个全称变量，就存在几条这样的弧。又如

　　每个学生都学习了所有的程序设计语言
　　其相应的语义网络表示如图 2-39 所示。

2.6.4　语义网络表示法的特点

　　（1）结构性　语义网络表示法是一种知识的显式表示方法。这种结构性还体现在下层概念节点可以继承、补充或变异上层概念的属性，从而实现信息的共享。

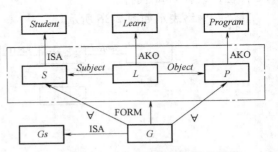

图 2-39　具有两个全称量词的语义网络

　　（2）自然性　语义网络是一个带有标识的有向图，便于理解，可以很容易地实现自然语言和语义网络之间的转换。

　　（3）非严格性　语义网络的缺点之一就是其没有公认的表示形式，表示形式不具有严格性。同时，语义网络表示下的推理过程会出现 "错位" 现象，不能保证推理结果的正确性。

2.7　框架表示法

　　1975 年，美国著名 AI 学者 Minsky 提出了框架（Frame）理论。该理论认为人们对现实世界中各种事物的认识都是以一种类似于框架的结构存储在记忆中的。例如，一个人未走进某火车站候车厅之前，就能根据以往关于对 "候车厅" 的印象，想象到这个候车厅一定有行李安检系统、旅客候车椅、检票口、列车运行指示牌等。尽管他对本候车厅内行李安检系统的具体方位、旅客候车椅的具体数量、检票口的大小、列车运行指示牌的悬挂位置等还不很清楚，但对候车厅的基本结构是可以预见到的，这是因为他通过以往看过的候车厅，已经在记忆中建立了关于候车厅的框架。

　　当面临一个新事物时，就从记忆中找出一个合适的框架，并根据实际情况对其细节加以修改、补充，从而形成对事物的认识。本例中，当他进入了这个候车厅，就可以获知上述未知情况的细节，将它们添加到候车厅框架中，就得到了候车厅框架的一个具体事例。

　　1. 框架的构成
　　框架是一种描述所论对象（一个事物、事件或概念）属性的数据结构。
　　一个框架由框架名、槽（Slot）、侧面（Faced）和值 4 部分组成。框架名用以指定某个概念、对象或事件，其下层由若干个"槽"组成，每个"槽"又可划分为若干个"侧面"。槽和侧面所具有的属性值分别称为槽值和侧面值。

一个框架的一般形式为：

<框架名>

<槽名 1> <侧面名 11> <值 111> …

           <侧面名 12> <值 121> …

                ⋮

<槽名 2><侧面名 21> <值 211> …

           <侧面名 22> <值 221> …

      ⋮

<槽名 n> <侧面名 n1> <值 n11> …

      ⋮   ⋮

2. 知识表示举例

【例 2-23】 若要描述某高校"人工智能课程"这一概念，可以考察其具有的几个属性，如课程类别、课程性质（学分、学时、开课学期、考核方式）、授课方式、授课教师（姓名、性别、年龄、职称、部门、研究方向）、授课对象（年级、人数、专业）等。其中，"课程类别""课程性质""授课方式""授课教师"和"授课对象"为"人工智能课程"的槽，而"课程类别"和"授课方式"没有侧面，"课程性质"有 4 个侧面，"授课教师"有 6 个侧面，"授课对象"有 3 个侧面，如果给各个槽和侧面赋以具体的值，就得到"人工智能课程"这一概念的一个实例框架。

    框架名：<人工智能课程>

    课程类别：学位课

    课程性质：学分：2

              学时：40

              开课学期：第 I 学期后十周

              考核方式：闭卷笔试

    授课方式：多媒体、板书相结合

    授课教师：姓名：*Linda*

              性别：女

              年龄：30

              职称：副教授

              部门：自动化学院

              研究方向：智能控制与人工智能

    授课对象：年级：一年级研究生

              人数：85

              专业：控制理论与控制工程

【例 2-24】 某款"LOREAL 隔离露"产品框架

    框架名：< LOREAL 隔离露>

    商标：LOREAL

商品名称：LOREAL 多重防护隔离露

商品情况：制造商：苏州尚美国际化妆品有限公司

产地：江苏

限期使用日期：2012 年 11 月 16 日

净含量：30ml

颜色：紫色

适用人群：偏黄暗沉肤色

SPF 指数：30+

作用：抵御 UV 紫外线和污染

在这个框架中，"< >"中是框架名，有 3 个槽，槽名分别是"商标""商品名称"和"商品情况"。其中，"商品情况"槽又包含 8 个侧面，侧面名分别是"制造商""产地""限期使用日期""净含量""颜色""适用人群""SPF 指数"和"作用"，每个侧面又有各自的值。

3. 框架系统

框架也可以发展成框架系统，以表示更复杂、更广泛的事件。图 2-40 为自然灾害系统的框架系统结构，其中，自然灾害、山洪、台风和地震都可以用框架表示，用框架联系 ISA 将它们联系起来，形成了一个框架系统。

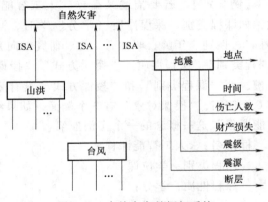

图 2-40　自然灾害的框架系统

4. 框架表示法的特点

（1）结构性　框架表示法的突出特点在于表达结构性的知识，能够把知识的内部结构关系及知识间的联系表示出来，是一种结构化的知识表示方法。

（2）继承性　框架表示法通过将槽值设置为另一个框架的名字而实现框架间的联系，建立其复杂的框架网络。其中，下层框架可以继承上层框架的槽值，也可以补充和修改，从而减少了知识的冗余，并且很好地保证了知识的一致性。

（3）自然性　框架表示法与人们在观察事物时的思维活动相一致。

2.8　状态空间表示法

现实世界中的问题求解过程实际上可以看成是一个搜索或者推理的过程。为了能够有效地求解问题，就要以适当的形式对所求解的问题进行表示。不同的表示方法对同一问题的求解会产生不同的搜索效率。状态空间表示法是一种最基本的问题表示及搜索过程形式化方法，是讨论问题求解技术的基础。

（1）状态　状态是描述问题求解过程中不同时刻状况的数据结构，一般用一组变量的有序集合表示：$Q = (q_0, q_1, \cdots, q_n)$，$i = 0, 1, \cdots, n$，其中 q_i 为状态变量。当每个状态变量得到一个确定值时，就确定了一个具体的状态。

（2）算符　能够引起某些状态变量发生变化，从而使问题由一个状态变为另一个状态的操作称为算符。

（3）状态空间　由表示一个问题的全部状态及一切可用算符构成的集合称为该问题的状态空间。它一般由三部分构成：问题的所有可能状态集合 S；所有算符集合 F；目标状态 D。用一个三元组表示为 (S, F, D)。状态空间的图示形式称为状态空间图，其中节点表示状态；有向边（弧）表示算符。

（4）问题的解　从问题的初始状态 S_0 出发，经过一系列的算符运算，到达目标状态 D，由初始状态到目标状态所有算符的序列就构成了问题的一个解。

用状态空间法表示问题的步骤如下：

Step1：定义状态的描述形式 $Q=(q_0, q_1, \cdots, q_n)$，$i=0, 1, \cdots, n$。

Step2：把问题的所有可能状态用所定义的状态描述形式都表示出来，并确定问题的初始状态描述 S_0 和目标状态描述 D。

Step3：定义一组算符 F，利用这组算符可把问题由一个状态转变为另一个状态。

问题的求解过程是一个不断把算符作用于状态的过程。首先将使用的算符作用于初始状态 S_0，以产生新的状态 S_i，然后再把适用的算符作用于新的状态，这样继续下去，直到产生目标状态 D 为止。从初始状态到目标状态所有算符构成的序列就是所得到的问题的一个解。在所有的解中，通常将适用算符最少的解称为最优解。

状态空间法求解问题的具体实例可参看第3章中的数码问题的求解。

2.9　与或图表示法

与或图是一种超图，通常表达为树的形式，也称为与或树，它是一种系统地将问题分解为互相独立的小问题，然后分而解决的方法。

与或图中有两种代表性的节点："与节点"和"或节点"。"与节点"指所有的后续节点都有解时它才有解；"或节点"指各个后续节点均完全独立，只要其中有一个有解它就有解。

与或图是人们在求解问题时两种思维方法的直接表现。与树是对求解问题的分解，即将复杂的大问题分解为一组简单的小问题，或将总问题分解为若干子问题，如果所有子问题都得到解决，则总问题也就得到解决了。同样，子问题又可继续分解为更小的子问题，由此即可形成问题分解的与树图，如图2-41所示。

或树是将较难的问题变换为若干较简单的等价或等效问题。若其中任何一个转换的问题得到求解，则原来较难的问题也就得到求解。同样，较简单的问题还可继续进一步再等价变换为若干更容易的问题，由此即可形成问题变换的或树图，如图2-42所示。

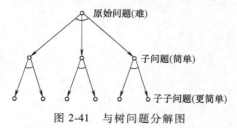

图 2-41　与树问题分解图　　　　图 2-42　或树问题变换图

对于实际问题求解过程中，往往需要兼用分解和变换两种方法，即采用与树和或树相结合的图——与或图表示法。与或图表示法求解问题的具体实例可参看第 3 章中的数码问题的求解。

习　题

1. 什么是知识？知识表示的方法有哪些？
2. 什么是命题？什么是原子命题？什么是复合命题？
3. 谓词的一般形式是怎样的？
4. 产生式系统的基本组成包括哪些部分？
5. 产生式系统的推理方式有哪几种？
6. 简述语义网络表示法的特点。
7. 简述框架表示法的特点。

第3章

图搜索技术

图搜索技术是人工智能的基本研究内容之一，很多实际问题的解决都可以转化为图搜索问题。根据实际问题性质的不同，图搜索又可以分为状态图搜索、与或图搜索以及博弈图搜索等。

3.1 问题的提出

我们通过以下几个例子引入图搜索的概念。

【例3-1】 如图3-1所示的由3×3的方格组成的棋盘，分别放入1~8的数码，剩下的一个格子为空。如果某个数码相邻的格子为空，则可以将该数码移入空格所在的位置。对于给定的如图3-1所示的初始排放顺序，寻找一个数码的移动序列，使得最终的排放顺序如图3-2所示。该问题被称为八数码问题或重排九宫问题。

2	8	3
1	6	4
7		5

图3-1　初始排放顺序

1	2	3
8		4
7	6	5

图3-2　目标排放顺序

对于该问题的所有可能的排放顺序有很多，把每种排放顺序称为该问题的一个节点，如果某个节点 A 可以通过一次数码的移动形成另外一个节点 B，则画上一条由 A 指向 B 的有向边。所有这样的节点和有向边，就构成了一个有向图，把该有向图称为该问题所对应的状态空间图。本例问题的解决可以转化为在状态空间图中寻找一条从初始排放顺序对应的节点到目标排放顺序所对应的节点的路径问题。这就是我们在本章中将要介绍的状态图搜索问题。

【例3-2】 有如图3-3所示的两个四边形 $ABCD$ 和 $A'B'C'D'$，要求证明他们全等。

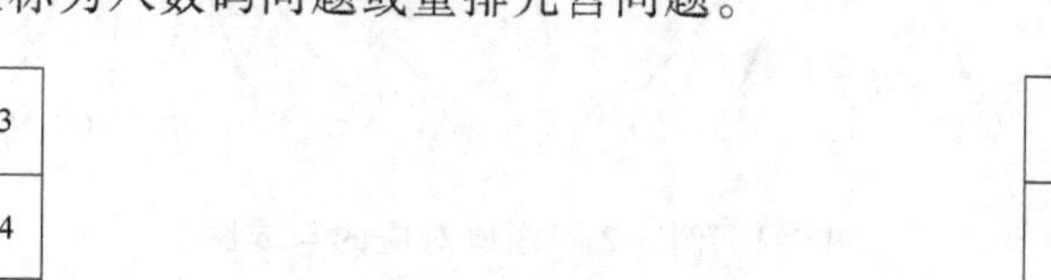

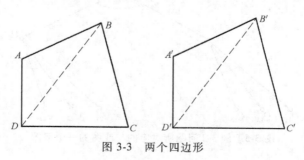

图3-3　两个四边形

我们将本例问题设为 Q。为解决该问题，分别在两个图形中做辅助线 B、D 和 B'、D'，如果能证明问题 Q_1：$\triangle ABD \cong \triangle A'B'D'$，并且能证明问题 Q_2：$\triangle BCD \cong \triangle B'C'D'$，则问题 Q 得到证明。

进一步，为了证明 Q_1 成立，只需要证明 Q_{11}、Q_{12}、Q_{13} 同时成立或者 Q'_{11}、Q'_{12}、Q'_{13} 同时成立。其中：

Q_{11}：证明 $AB = A'B'$ Q_{12}：证明 $AD = A'D'$ Q_{13}：证明 $\angle A = \angle A'$

Q'_{11}：证明 $AB = A'B'$ Q'_{12}：证明 $AD = A'D'$ Q'_{13}：证明 $BD = B'D'$

而为了证明 Q_2 成立，只需要证明 Q_{21}、Q_{22}、Q_{23} 同时成立或者 Q'_{21}、Q'_{22}、Q'_{23} 同时成立。其中

Q_{21}：证明 $BC = B'C'$ Q_{22}：证明 $CD = C'D'$ Q_{23}：证明 $\angle C = \angle C'$

Q'_{21}：证明 $BC = B'C'$ Q'_{22}：证明 $CD = C'D'$ Q'_{23}：证明 $BD = B'D'$

上述思路可用图 3-4 来表示：

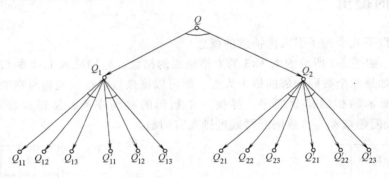

图 3-4   例 3-2 问题所对应的与或图

图中的弧线表示所连边为"与"关系，不带弧线的边为"或"关系。这个图中既有"与"关系又有或关系，因此被称为与或图。但这个与或图是一种特殊的与或图，称为与或树。

图 3-5 是图 3-4 的一个子图。我们假设能够证明此图中 Q_{11}、Q_{12}、Q_{13}、Q_{21}、Q_{22}、Q_{23} 都成立，则根据前面的分析，可知 Q_1、Q_2 都成立，即 Q 成立。我们把图 3-5 称为图 3-4 的一个解图。因此可以将最初的问题转化为在图 3-4 中寻找解图的问题，这就是本章将要介绍的与或图搜索问题。

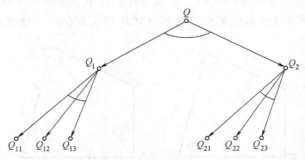

图 3-5   例 3-2 问题所对应的与或图的一个解图

【例3-3】 有一堆钱币（不考虑面值），二人轮流对其进行分堆，要求任一选手每次都把其中的一堆分成数目不等的两堆，直至某一选手不能再按要求分堆则认输。该游戏被称为 Grundy 博弈（或分钱币游戏）。

本例假设共有 7 枚钱币，并且对方先走，所有可能的走步过程可以用图 3-6 表示。

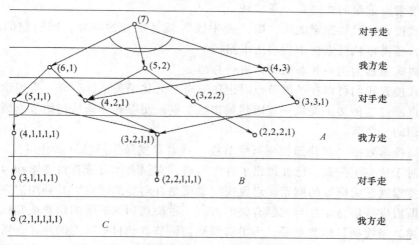

图 3-6　7 枚钱币对手先走时所有可能的走步

我们可以将上图称为该问题所对应的博弈图。可见，假设无论对手如何走步，如果我方都能将棋局走向 B，则我方必胜，因此这相当于在上图中寻找从初始节点到节点 B 的解图的问题。但是实际问题的复杂性使得我们无法得到完整的博弈图，比如西洋跳棋完整的博弈树约有 10^{40} 个节点，这是一个十分庞大的博弈图，利用现有的计算机难以处理，因此试图利用完整的博弈树来进行极小极大分析是困难的。实际上，我们只能随着博弈的进行画出部分博弈图，本章博弈图搜索部分将对博弈图搜索进行较为深入的介绍。

3.2　状态图搜索

状态空间图（状态图）是为解决实际问题而抽象出的一种有向图，这种有向图由节点和有向边组成，其中节点表示问题的某种格局或状态，边表示两节点之间的某种联系，这种联系可以是某种操作、规则、变换、算子、通道或关系等。而问题求解则可转化为在状态图中寻找目标节点或寻找从初始节点到目标节点的一条解路径的问题，因此，研究状态图搜索具有普遍意义。

3.2.1　状态图搜索分类

状态图的搜索就是在状态图中寻找目标节点或路径的基本方法。即从初始节点出发，按照某种规则寻找目标节点的过程（也可以反向进行）。

如果在寻找目标节点的过程中我们记录下所经过的路线，则目标节点找到后，路径也就找到了。所以寻找目标和寻找路径其实是一致的。

状态图搜索有两种最基本的搜索方式：树式搜索和线式搜索。

所谓树式搜索，就是以"画树"的方式进行搜索，即对每个被考察的节点，同时记录下与其相邻的所有其他节点。因此，树式搜索所记录的轨迹是一棵"树"，这棵树就称为搜索树。

所谓线式搜索，就是以"画线"的方式进行搜索。只记录与其相邻的节点中的一个。因此，线式搜索所记录的轨迹是一条"线"。

对于线式搜索，只要搜索成功，则"搜索线"就是所找的路径，即问题的解；而树式搜索成功后，还需再从搜索树中找出所求路径。

本书以树式搜索为例对状态图搜索进行介绍。

对于树式搜索我们可以在扩展节点时记住节点间的父子关系，这样，当搜索成功时，即可从目标节点通过这种父子关系一直回溯到初始节点，便得到一条从初始节点到目标节点的路径，即问题的一个解。

为了提高搜索效率（尽快地找到目标节点）或者寻找最佳路径（最佳解），有必要研究搜索策略。对于状态图搜索，已经提出了许多策略，它们大体可分盲目搜索和启发式搜索两大类。盲目搜索就是无向导的搜索。启发式搜索就是有向导的搜索，是利用启发性信息引导的搜索。所谓启发性信息就是与问题有关的有利于尽快找到问题解的信息或知识。

如前所述，当找到目标节点后，为了得到从初始节点到目标节点的路径，需要在搜索过程中随时记录已经考查过的节点的父节点。为此，我们使用 CLOSED 表来专门记录考查过的节点，CLOSED 表结构如表 3-1 所示。

另外，对于树式搜索来说，还需要不断地把待考查的候选节点组织在一起，并做某种排列，以便控制搜索的方向和顺序。为此，我们采用一个称为 OPEN 表的动态数据结构，来专门登记当前待考查的候选节点，OPEN 表的表结构如表 3-2 所示。

表 3-1　CLOSED 表

编号	节点	父节点编号

表 3-2　OPEN 表

节点	父节点编号

下面给出树式搜索的一般算法。

Step1　把初始节点 S_0 放入 OPEN 表中；

Step2　若 OPEN 表为空，则搜索失败，退出；

Step3　移出 OPEN 表中第一个节点 N 放入 CLOSED 表中，并冠以顺序编号 n；

Step4　若 N 是目标节点，则搜索成功，结束；

Step5　若 N 不可扩展，则转 Step2；

Step6　扩展 N，生成一组子节点，对这组子节点作如下处理：

1）如果某节点是 N 的先辈节点，则删除；

2）对已存在于 OPEN 表的节点（如果有的话）也删除；但删除之前要比较其返回初始节点的新路径与原路径，如果新路径"短"，则修改这些节点在 OPEN 表中的原返回指针，使其沿新路返回；

3）对已存在于 CLOSED 表的节点（如果有的话），作与2）同样的处理，并且再将其移出 CLOSED 表，放入 OPEN 表重新扩展；

4）对其余子节点配上指向 N 的返回指针后放入 $OPEN$ 表中某处，或对 $OPEN$ 表进行重新排序，转 Step2。

算法中提到的扩展，是指生成与当前节点相邻的节点过程，所生成的一组节点称为当前节点的子节点，而当前节点称为这一组子节点的父节点。

3.2.2　穷举式搜索

穷举式搜索属于盲目搜索，不需要与问题有关的启发信息，主要包括广度优先搜索算法和深度优先搜索算法等。

1. 广度优先搜索算法

广度优先搜索算法也叫宽度优先或横向优先算法，其基本思想是先在同一级节点中考查，只有当同一级节点考查完之后，才考查下一级节点。步骤如下：

Step1　把初始节点 S_0 放入 $OPEN$ 表中；

Step2　若 $OPEN$ 表为空，则搜索失败，退出；

Step3　取 $OPEN$ 表中前面第一个节点 N 放在 $CLOSED$ 表中，并冠以顺序编号 n；

Step4　若 N 为目标节点，则搜索成功，结束；

Step5　若 N 不可扩展，则转 Step2；

Step6　扩展 N，将其所有未在 $OPEN$ 及 $CLOSED$ 表中出现过的子节点针依次放入 $OPEN$ 表尾部，转 Step2。

可以看出，在广度优先搜索算法中，$OPEN$ 表的结构是一个先进先出的队列，$CLOSED$ 表是一个顺序表。$CLOSED$ 表中各节点按顺序编号，正被考查的节点在 $CLOSED$ 表中编号最大。如果问题有解，$OPEN$ 表中必出现目标节点 Sg，那么，当搜索到目标节点 Sg 时，算法结束，然后在 $CLOSED$ 表中按照父子关系往回追溯，直至初始节点，所得的路径即为问题的解。

广度优先搜索亦称为宽度优先或横向搜索。这种策略是完备的，即如果问题的解存在，使用该搜索方法一定能找到解，且找到的解还是最优解（即最短的路径）。但该方法由于缺少启发式信息，因此搜索效率低。

【例 3-4】　用广度优先算法，求解八数码问题。

初始状态：S_0
$$\begin{array}{|ccc|} \hline 2 & & 3 \\ 1 & 8 & 4 \\ 7 & 6 & 5 \\ \hline \end{array}$$
目标：S_g
$$\begin{array}{|ccc|} \hline 1 & 2 & 3 \\ 8 & & 4 \\ 7 & 6 & 5 \\ \hline \end{array}$$

解：为了简化规则，我们可以换一种思路，即把数码的移动看成空格的移动，这样，移动规则只有四条：R_1：空格左移，R_2：空格上移，R_3：空格右移，R_4：空格下移。不妨约定规则使用顺序依次为 R_1、R_2、R_3、R_4。

第一轮循环：将初始节点 S_0 放入 $OPEN$ 表中，此时 $OPEN$ 表只有节点 S_0（如表 3-3 所示）。将 S_0 移出 $OPEN$ 表放入 $CLOSED$ 表，并冠以顺序编号 1（如表 3-4 所示）。S_0 不是目标节点且可扩展，因此扩展 S_0，生成子节点 B、C、D，并依次放入 $OPEN$ 表尾部（如表 3-5 所示）。

第二轮循环：此时 $OPEN$ 表中依次为 B、C、D 节点，将 B 移出 $OPEN$ 表放入 $CLOSED$ 表，并冠以顺序编号 2（如表 3-6 所示），B 不是目标节点且可扩展，因此扩展 B，生成子节

点 E，并放入 OPEN 表尾部，此时 OPEN 表如表 3-7 所示。

表 3-3　只有初始节点的 OPEN 表

节点	父节点编号
S_0	Nil

表 3-4　第一轮循环后的 CLOSED 表

编号	节点	父节点编号
1	S_0	Nil

表 3-5　扩展初始节点后的 OPEN 表

节点	父节点编号
B	1
C	1
D	1

表 3-6　第二轮循环后的 CLOSED 表

编号	节点	父节点编号
1	S_0	Nil
2	B	1

表 3-7　扩展节点 B 后的 OPEN 表

节点	父节点编号
C	1
D	1
E	2

第三轮循环：此时 OPEN 表中依次为 C、D、E 节点，将 C 移出 OPEN 表放入 CLOSED 表，并冠以顺序编号 3，C 不是目标节点且可扩展，因此扩展 C，生成子节点 F，并放入 OPEN 表尾部。

直到第十轮循环时，发现节点 J 是目标节点，此时算法结束。该算法产生的搜索树如图 3-7 所示。解路径如图 3-7 中粗线所示。

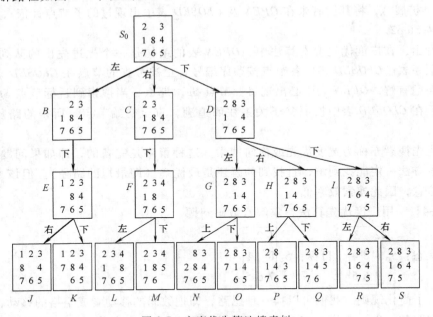

图 3-7　广度优先算法搜索树

2. 深度优先搜索

基本思想：每一层始终先只扩展一个子节点，不断地向纵深前进，直到不能再前进（到达叶子节点或受到深度限制）时，才从当前节点返回到上一级节点，沿另一方向又继续前进。

深度优先搜索算法：

Step1　把初始节点 S_0 放入 OPEN 表中；

Step2　若 *OPEN* 表为空，则搜索失败，退出；

Step3　取 *OPEN* 表中前面第一个节点 N 放在 *CLOSED* 表中，并冠以顺序编号 n；

Step4　若 N 是目标节点 Sg，则搜索成功，结束；

Step5　若 N 不可扩展，则转 Step2；

Step6　扩展 N，将其所有未在 *OPEN* 及 *CLOSED* 表中出现过的子节点配上指向 N 的返回指针依次放入 *OPEN* 表的首部，转 Step2。

可以看出，这里的 *OPEN* 表为一个堆栈。这是与广度优先算法的唯一区别。

此算法在执行过程中会产生回溯，对有限的问题空间一定能找到解，但不一定最优，所以此策略是不完备的。

【例 3-5】　对于八数码问题，应用深度优先搜索策略，可得如图 3-8 所示的部分搜索树（由于篇幅限制，这里未给出完整的搜索树）。*OPEN* 表及 *CLOSED* 表的变化过程从略。

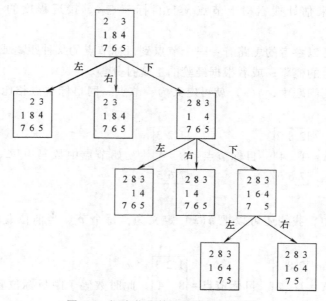

图 3-8　深度优先算法搜索树（部分）

3. 有界深度优先搜索

广度优先和深度优先是两种最基本的穷举搜索方法，在此基础上，根据需要再加上一定的限制条件，便可派生其他的一些搜索方法，如有界深度优先搜索。

有界深度优先搜索就是给出了搜索树深度限制，当从初始节点出发沿某一分枝扩展到一限定深度时，就不能再继续向下扩展，而只能改变方向继续搜索。节点 x 的深度（即位于搜索树的层数）通常用 $d(x)$ 表示，则有界深度优先搜索算法如下：

Step1　把 S_0 放入 *OPEN* 表中，置 S_0 的深度 $d(S_0) = 0$；

Step2　若 *OPEN* 表为空，则搜索失败，退出；

Step3　取 *OPEN* 表中前面第一个节点 N，放在 *CLOSED* 表中，并冠以顺序编号 n；

Step4　若 N 是目标节点，则搜索成功，结束；

Step5　若 N 的深度 $d(N) = dm$（深度限制值），或 N 无子节点，则转 Step2；

Step6　扩展 N，将其所有子节点 Ni 配上指向 N 的返回指针后依次放入 *OPEN* 表中前部，置 $d(N_i) = d(N) + 1$，转 Step2。

3.2.3　启发式搜索

广度优先和深度优先都属于穷举搜索法，从理论上讲，似乎可以解决任何状态空间的搜索问题，但实践表明，穷举搜索只能解决一些状态空间较小的简单问题，而对于那些大状态空间问题，穷举搜索就不能胜任了。因为大空间问题，往往会导致"组合爆炸"。人们不得不寻找更有效的搜索方法，即启发式搜索策略。

启发式搜索就是利用启发性信息进行引导的搜索。启发性信息就是有利于尽快找到问题解的信息。体现在状态图中，就是对状态图中将要被扩展的一组节点进行评估，得到相对较好的节点，然后对其扩展，这样可以大大减少无谓的搜索，提高搜索效率。

在启发式搜索中，通常用启发函数来表示启发性信息。

启发函数是用来估计搜索树上节点 x 与目标节点 Sg 接近程度的一种函数，通常记为 $h(x)$。

定义启发函数可以参考的思路有：一个节点到目标节点的某种距离或差异的度量；一个节点处在最佳路径上的概率；或者根据经验的主观打分等。

例如，在八数码问题中，$h(x)$ 就可定义为：节点 x 同目标节点相比，不在目标位置的数码个数。

如：初始节点 $X = \begin{bmatrix} 2 & 8 & 3 \\ 1 & & 4 \\ 7 & 6 & 5 \end{bmatrix}$　目标节点 $= \begin{bmatrix} 1 & 2 & 3 \\ 8 & & 4 \\ 7 & 6 & 5 \end{bmatrix}$，初始节点中数码1、2、8不在目标位置，

因此 $h(x) = 3$。

在八数码问题中，我们还可以把 $h(x)$ 定义为：每个节点当前位置距目标位置的距离之和。

如：初始节点 $X = \begin{bmatrix} 2 & 8 & 3 \\ 1 & & 4 \\ 7 & 6 & 5 \end{bmatrix}$　目标节点 $= \begin{bmatrix} 1 & 2 & 3 \\ 8 & & 4 \\ 7 & 6 & 5 \end{bmatrix}$，此时数码1距目标位置距离为1，数码2

距目标位置距离为1，数码8距目标位置距离为2，因此 $h(x) = 1 + 1 + 2 = 4$。

启发式搜索要用启发函数来控制搜索过程，因此需要在原有搜索算法基础上再增加启发函值的计算与传播过程，并且由启发函数值来确定节点的扩展顺序。

1. 全局择优搜索（最好优先）

它的基本思想是：计算 OPEN 表中所有待考查节点的启发函数值 $h(x)$，从中选出最优节点（即 $h(x)$ 值最小）进行扩展，而不管这个节点出现在搜索树的什么地方。

全局择优搜索算法如下：

Step 1　把初始节点 S_0 放入 OPEN 表中，计算 $h(S_0)$；

Step 2　若 OPEN 表为空，则搜索失败，退出；

Step 3　移出 OPEN 表中第一个节点 N 放入 CLOSED 表中，并冠以序号 n；

Step 4　若 N 是目标节点，则搜索成功，结束；

Step 5　若 N 不可扩展，则转 Step 2；

Step 6　扩展 N，计算每个子节点 x 的函数值 $h(x)$，并将所有子节点配以指向 N 的返回指针后放入 *OPEN* 表中，再对 *OPEN* 表中的所有子节点按其函数值大小以升序排序，转 Step 2。

【例 3-6】　用全局择优搜索法解八数码难题。初始棋局 S_0，目标棋局 S_g。

解　设启发函数 $h(x)$ 为节点 x 的格局与目标格局相比数码位置不同的个数。

由图 3-9 可见此八数码问题的解为：$S_0 \rightarrow S_1 \rightarrow S_2 \rightarrow S_3 \rightarrow S_g$。

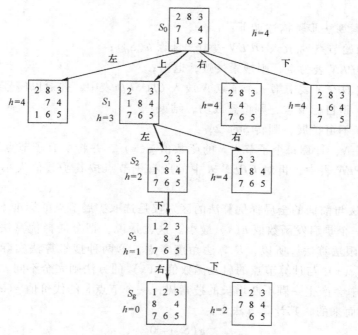

图 3-9　全局择优搜索法搜索树

2. 局部择优搜索算法

扩展节点 N 后仅对 N 的子节点按启发函数值大小以升序排序，再将它们依次放入 *OPEN* 表的首部。即：

Step 1　把初始节点 S_0 放入 *OPEN* 表中，计算 $h(S_0)$；

Step 2　若 *OPEN* 表为空，则搜索失败，退出；

Step 3　移出 *OPEN* 表中第一个节点 N 放入 *CLOSED* 表中，并冠以序号 n；

Step 4　若 N 是目标节点，则搜索成功，结束；

Step 5　若 N 不可扩展，则转 Step 2；

Step 6　扩展 N，计算每个子节点 x 的函数值 $h(x)$，并将 N 所有子节点配以指向 N 的返回指针，按函数值大小以升序排序，依次放入 *OPEN* 表首部，转 Step 2。

3. 分支界限搜索算法

如图 3-10 是一个交通图，设 A 城是出发地，E 城是目的地，边上的数字代表两城之间的交通费。试求从 A 到 E 最小费用的旅行路线。

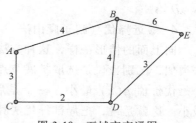

图 3-10　五城市交通图

图中边上附有的数值表示边的一种度量（如交通费、旅行时间、距离等），称这种数值为权值，而把边上附有数值的状态图称为加权状态图或赋权状态图。

加权状态图的搜索算法，要在一般状态图搜索算法基础上再增加权值的计算与传播过程，并且节点的扩展顺序要考虑权值。基于加权状态图的搜索算法，有分支界限法和最近择优法。

分支界限搜索算法的基本思想是，每次从 OPEN 表中选出 $g(x)$ 值最小的节点进行考查。

分支界限搜索算法步骤描述如下：

Step 1   把初始节点 S_0 放入 OPEN 表中，计算 $h(S_0)$；

Step 2   若 OPEN 表为空，则搜索失败，退出；

Step 3   移出 OPEN 表中第一个节点 N 放入 CLOSED 表中，并冠以序号 n；

Step 4   若 N 是目标节点，则搜索成功，结束；

Step 5   若 N 不可扩展，则转 Step 2；

Step 6   扩展 N，计算每个子节点 x 的函数值 $g(x)$，并将所有子节点配以指向 N 的返回指针后放入 OPEN 表中，再对 OPEN 表中的所有子节点按其函数值大小以升序排序，转 Step2。

这种搜索算法与前面的全局择优算法的区别仅是选取扩展节点的标准不同，一个是代价值 $g(x)$ 最小，一个是启发函数值 $h(x)$ 最小。这就是说，把全局择优算法中的 $h(x)$ 换成 $g(x)$ 即得分支界限法算法。所以，从算法角度考虑，这两种搜索算法实际是一样的。但计算节点的代价值 $g(x)$ 与计算节点的启发函数值 $h(x)$ 的方法则完全不同。

在搜索过程中会产生一颗不断增长的搜索树，一个节点 x 的代价值 $g(x)$ 是从该树初始节点 S_0 方向计算而来的，其计算方法为：

$$g(S_0) = 0$$
$$g(x_j) = g(x_i) + c(x_i, x_j)$$

其中 x_j 是 x_i 的子节点，$c(x_i, x_j)$ 表示节点 x_i 到节点 x_j 的代价。代价又称为耗散。

【例 3-7】   如图 3-10 是一个五城市交通图，设 A 城是出发地，E 城是目的地，用分支界限搜索算法求 A 到 E 的最小费用路径。

解：根据算法可得如图 3-11 所示的搜索树，可见最小费用路径为：$A \rightarrow C \rightarrow D \rightarrow E$。OPEN 表及 CLOSED 表的变化过程从略。解路径为 $A \rightarrow C \rightarrow D \rightarrow E$。

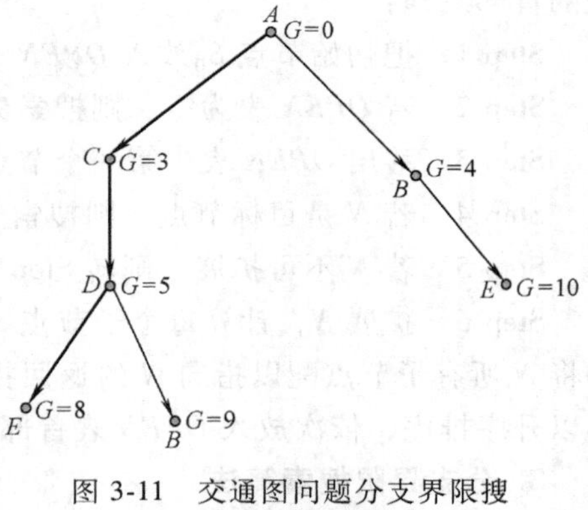

4. 最近择优（瞎子爬山法）

同上面的情形一样，这种方法实际同局部择优法类似，区别也仅是选取扩展节点的标准不同，一个是代价值 $g(x)$ 最小，一个是启发函数值 $h(x)$ 最小。这就是说，把局部择优法算法中的 $h(x)$ 换成 $g(x)$ 就可得最近择优法的算法。算法步骤描述如下：

图 3-11   交通图问题分支界限搜索算法的搜索树

Step 1 把初始节点 S_0 放入 OPEN 表中，计算 $h(S_0)$；

Step 2 若 OPEN 表为空，则搜索失败，退出；

Step 3 移出 OPEN 表中第一个节点 N 放入 CLOSED 表中，并冠以序号 n；

Step 4 若 N 是目标节点，则搜索成功，结束；

Step 5 若 N 不可扩展，则转 Step 2；

Step 6 扩展 N，计算每个子节点 x 的函数值 $g(x)$，并将 N 所有子节点配以指向 N 的返回指针，按 $g(x)$ 函数值大小以升序排序，依次放入 OPEN 表首部，转 Step 2。

3.2.4 A 算法及 A* 算法

1. 估价函数

利用启发函数 $h(x)$ 引导的启发式搜索，是一种深度优先的搜索策略。虽然它具有较高的搜索效率，但不一定能得到最优解。所以，为了协调搜索效率与搜索质量，人们把启发函数扩充为估价函数。估价函数的一般形式为：

$$f(x) = g(x) + h(x)$$

其中 $g(x)$ 为从初始节点 S_0 到节点 x 已付出的代价，$h(x)$ 是启发函数；即估价函数 $f(x)$ 是从初始节点 S_0 到达节点 x 处已付出的代价与节点 x 到达目标节点 Sg 的接近程度估计值之和。

当状态图中所有边的代价都是 1（单位耗散）时，估价函数还可以表示为：

$$f(x) = d(x) + h(x)$$

其中 $d(x)$ 表示节点 x 的深度。

2. A 算法

A 算法是基于估价函数 $f(x)$ 的一种加权状态图启发式搜索算法。算法描述如下：

Step 1 把附有 $f(S_0)$ 的初始节点 S_0 放入 OPEN 表；

Step 2 若 OPEN 表为空，则搜索失败，退出；

Step 3 移出 OPEN 表中第一个节点 N 放入 CLOSED 表中，并冠以顺序编号 n；

Step 4 若 N 是目标节点，则搜索成功，结束；

Step 5 若 N 不可扩展，则转 Step 2；

Step 6 扩展 N，生成一组附有 $f(x)$ 的子节点，对这组子节点作如下处理：

1）考察是否有已在 OPEN 表或 CLOSED 表中存在的节点；由于它们被第二次生成，因而需要考虑是否修改已经存在于 OPEN 表或 COLSED 表中的这些节点及其后裔的返回指针和 $f(x)$ 值，修改原则是"抄 $f(x)$ 值小的路走"；

2）对其余子节点配上指向 N 的返回指针后放入 OPEN 表中，并对 OPEN 表按 $f(x)$ 值以升序排序，转 Step2。

算法中节点 x 估价函数 $f(x)$ 的计算方法是：

$$f(x_j) = g(x_j) + h(x_j)$$
$$= g(x_i) + c(x_i, x_j) + h(x_j) \quad (x_j \text{是} x_i \text{的子节点})$$

至于 $h(x)$ 的计算公式则需由具体问题而定。

【例 3-8】 使用 A 算法求解八数码问题。取 $f(x) = d(x) + h(x)$，其中 $d(x)$ 为节点深度，$h(x)$ 为不在位数码个数。初始状态为 S_0，目标状态为 S_g，如图 3-12 所示。解路径为

$S_0 \rightarrow S_2 \rightarrow S_5 \rightarrow S_9 \rightarrow S_{11} \rightarrow S_g$。

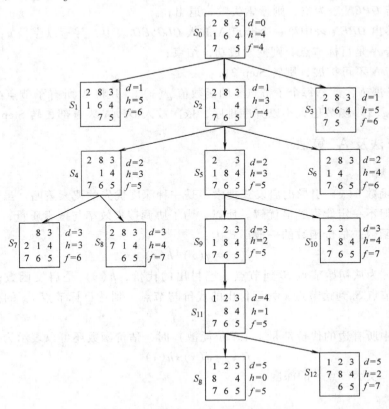

图 3-12　八数码问题 A 算法的搜索树

通过 $f(x)$ 的定义可以看出：如果忽略 $h(x)$ 分量，即取 $h(x)$ 恒为 0，则此时的 $f(x) = d(x)$，这时的 A 算法就是分支界限搜索算法，特别地，当取 $g(x) = d(x)$，则此时的 A 算法就是广度优先搜索算法；如果忽略 $g(x)$ 分量，即取 $g(x)$ 恒为 0，则此时的 $f(x) = h(x)$，这时的 A 算法就是全局择优搜索算法。

由此可见，$h(x)$ 有利于搜索的纵向发展，可提高搜索的效率，但影响完备性，而 $g(x)$ 可提高搜索的完备性，但影响搜索效率。所以，$f(x)$ 恰好是二者的折中。但在确定 $f(x)$ 时，要权衡利弊，使 $g(x)$ 或 $d(x)$ 与 $h(x)$ 的比重适当、取值合理，这样，才能取得理想的效果。

前面已经讲过，宽度优先搜索算法是完备的，而通过上面的分析可知，$f(x)$ 取值越小，搜索的完备性越好，$h(x)$ 恒为 0 时 A 算法就是宽度优先搜索算法，此时的 A 算法也是完备的，但是这会影响搜索效率，而下面的 A^* 算法是对 $h(x)$ 取值进行限制的一种改进型的 A 算法，该算法对 $h(x)$ 取值进行限制，使得算法兼顾了搜索效率与搜索质量，理论分析已证明，A^* 算法是完备的。

3. A^* 算法

如果对 A 算法限制其估价函数中的启发函数 $h(x)$ 满足对所有的节点 x 均有 $h(x) \leqslant h^*(x)$，其中 $h^*(x)$ 是从节点 x 到目标节点的最小代价。此时的 A 算法就称为 A^* 算法，A^*

算法是完备的。

A* 算法也称为最佳图搜索算法。它是著名的人工智能学者 Nilsson 提出的。

算法中提到 $h^*(x)$ 是节点 x 到达目标节点的最小代价，这就提出一个问题：在搜索结束前，我们并不能得到这个最小代价 $h^*(x)$（因为如果知道了这个最小代价，那么最佳解路径就找到了），那么 $h(x) \leqslant h^*(x)$ 是否不可判断呢？当然不是，一种极端的情况就是取 $h(x)$ 恒为 0，则显然对任何节点 x 都有 $h(x) \leqslant h^*(x)$。

在例 3-8 中，$f(x)$ 取值为"不在目标位的数码个数"，假设对节点 x 有 $f(x) = n$，即有 n 个数码不在位，由于每次只能移动一个数码，因此欲使所有数码到位，实际移动数码的次数至少为 n 次（即实际代价 $h^*(x)$ 最少为 n），即 $h(x) \leqslant h^*(x)$。因此例 3-8 的 A 算法是 A* 算法。

前面提到，在八数码问题中，我们还可取 $h(x)$ 为"所有不在目标位的数码距目标位置之和"，如果将例 3-8 中的 $h(x)$ 取为"所有不在目标位的数码距目标位置之和"，此时的 A 算法也是 A* 算法，该问题留给读者思考。

3.3 与或图搜索

3.3.1 与或图

本章 3.1 节例 3-3 中引入的与或图 3-4 是一个特殊的与或图——与或树，一个一般的与或图如图 3-13 所示。

前面已提到，与或图问题求解过程就是在一个与或图中寻找一个从初始节点到目标节点（目标节点可能是多个）的路径问题。但与或图中的解路径一般不是像状态图中那样的线形路线，而是图或树型"路径"。因此，一般称这种路径为解图或解树。所以，求解与或图问题就是在与或图中搜索解图或解树的问题。

同状态图一样，与或图也是问题求解的一种抽象表示。事实上，许多问题的求解过程都可以用与或图搜索来描述。所以，研究与或图搜索也具有普遍意义。

用与或图搜索来描述问题的求解过程，就是将原问题通过有关变换规则不断分解（为子问题）或变换（为等价问题），直到问题分解或变换为（即归约为）一些直接可解的子问题，或者不可解也不

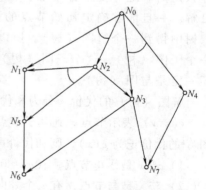

图 3-13　一般与或图

能再分解或变换的子问题为止。然后根据所有得到的搜索树确定原问题的可解性。如果可解，则由搜索树找出解图或解树。

为了叙述方便，下面引入一些新概念：

本原问题：直接可解的简单问题。

终止节点：本原问题对应的节点。

端节点：在与或图（树）中无子节点的节点。

与节点：一个节点的子节点间全部是"与"关系。

或节点：一个节点的子节点全部是"或"关系。

注意：终止节点一定是端节点，但端节点不一定是终止节点。

K 连接符：如果节点集 $\{n_1, n_2, \cdots, n_k\}$ 是节点 n 的子节点，并且 n_1、n_2、$\cdots$、n_k 间是"与"的关系，则称 n 到 $\{n_1, n_2, \cdots, n_k\}$ 间的连接为外向 K 连接符，简称 K 连接符。

例如，图 3-13 中节点 n_2 有两个连接符，1 连接符指向 n_3，2 连接符指向节点集 $\{n_1, n_5\}$。

可解节点：

1）终止节点是可解节点；

2）若非终止节点具有多个外向连接符，当且仅当至少有一个连接符所连接的子节点都能解，该非终节点才可解；

不可解节点：

1）不是终止节点的端节点是不可解节点；

2）若非终止节点具有多个外向连接符，当且仅当任一连接符所连接的子节点都至少有一个不可解，该非终节点才不可解；

与图：如果一个图中每个节点都只有一个外向连接符，则此图称为与图。

3.3.2 与或图搜索

1. 基本概念

同状态图（或图）的搜索一样，与或图的搜索过程也是不断地扩展节点，并配以返回指针，而形成一棵不断生长的搜索树。但与或图搜索的解图（树），不像在或图中那样只是简单地寻找目标节点，而是边扩展节点边进行逻辑判断，以确定初始节点是否可解。一旦能够确定初始节点的可解性，则搜索停止。这时，根据返回指针便可从搜索树中得到一个解图（树）。所以，准确地说，解图（树）实际上是由可解节点形成的一个子图（树），这个子图（树）的根为初始节点，叶为终止节点，且这个子图（树）还一定是与图（树）。

解图（树）的代价：分为和代价与最大代价两种。

$c(x, y)$ 表示节点 x 到其子节点 y 的代价（即边 xy 的代价），则节点 x 到节点集 N 的解图 G' 的代价记为 $g(x)$，则和代价可递归定义如下：

1）若 x 是终止节点，$g(n) = 0$；

2）若 x 是与节点，有一个外向 n 连接符连至 y_1、y_2、$\cdots$、y_n，则有两种计算公式：

① $g(x) = \sum_{i=1}^{n} \{c(x, y_i) + g(y_i)\}$

上式称为和代价；

② $g(x) = \underset{1 \leqslant i \leqslant n}{\text{MAX}} \{c(x, y_i) + g(y_i)\}$

上式称为最大代价。

③ 对非终止的端节点 x，$g(x) = \infty$

解图（树）的代价定义为树根 S_0 的代价。

最佳（优）解图：是具有最小代价的解图。

【例 3-9】　如图 3-14 所示的与或树，t_1、t_2、t_3、t_4、t_5 为终止节点；E、F 是端节点，其代价均为 ∞；因此该树包括两棵解树，一棵解树由 S_0、A、t_1 和 t_2 组成；另一棵解树由 S_0、B、D、G、t_4 和 t_5 组成。在此与或树中，边上的数字是该边的代价。

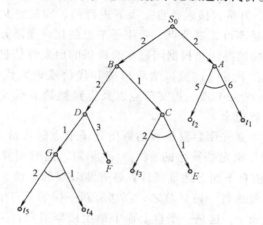

图 3-14　与或树及其解树

解：由右边的解树：

按和代价：$g(A)=11$，$g(S_0)=13$

按最大代价：$g(A)=6$，$g(S_0)=8$

由左边的解树：

按和代价：$g(G)=3$，$g(D)=4$，$g(B)=6$，$g(S_0)=8$

按最大代价：$g(G)=2$，$g(D)=3$，$g(B)=5$，$g(S_0)=7$

显然，若按和代价计算，左边的解树是最优解树，其代价为 8；若按最大代价计算，左边的解树仍然是最优解树，其代价是 7。但使用不同的计算代价方法得到的最优解树有可能不相同。

下面给出希望树的定义：

1）初始节点 S_0 在希望树 T 中。

2）如果节点 x 在 T 中，则：

① 如果 x 只有一个 k 连接符，则 k 连接符所连接的所有子节点都在 T 中；

② 如果 x 具有多个 k 连接符 k_1，k_2，$\cdots$，k_n，设 k_j 所连接的子节点为 $\{y_{j1}, \cdots, y_{jkj}\}$，则：

$$\sum_{i=1}^{k_j} \{c(x,y_{ji}) + g(y_{ji})\} \qquad j=1 \cdots n$$

值最小的一个 k 连接符及其所连接的子节点在 T 中。其中 g 是节点的希望函数。

图 3-15 中设根结点在希望树中，设每条边的代价为单位耗散，则 3 连接符作连接的 3 个子节点也在希望树中。

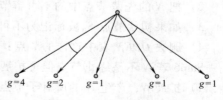

$g=4$　$g=2$　$g=1$　$g=1$　$g=1$

图 3-15　与或树及其解树

2. AO* 搜索算法

本算法的目的是求得与或图的最佳解图。

无论是用和代价法还是最大代价法，当要计算任一节点 x 的代价 $g(x)$ 时，都要求已知其子节点 y_i 的代价 $g(y_i)$。但是，搜索是自上而下进行的，即先有父节点，后有子节点，除非节点 x 的全部子节点都是不可扩展节点，否则子节点的代价是不知道的。此时节点 x 的代价 $g(x)$ 如何计算呢？解决的办法是根据问题本身提供的启发性信息定义一个启发函数，由启发函数估算出子节点 y_i 的代价 $g(y_i)$，然后再按和代价或最大代价算出节点 x 的代价值 $g(x)$。有了 $g(x)$，节点 x 的父节点、祖父节点以及直到初始节点 S_0 的各先辈节点的代价 g 都可自下而上的地逐层推算出来。

当节点 y_i 被扩展后，也是先用启发函数估算出其子节点的代价，然后再算出 y_i 的 g 值。此时算出的 y_i 的 g 值可能与原先估算出的 $g(y_i)$ 不相同，这时用算出的 g 值取代原先估算出的 $g(y_i)$，并且按此 g 值自下而上地重新计算各先辈节点的 g 值。当节点 y_i 的子节点又被扩展时，上述过程又要重复进行一遍。总之，每当有新一代的节点生成时，都要自下而上地重新计算其先辈节点的代价 g，这是一个自上而下地生成新节点，又自下而上地计算代价 g 的反复进行过程。

在搜索过程中，随着新节点的不断生成，节点的代价值是在不断变化的，因此希望树也在不断变化。在某一时刻，这一部分节点构成希望树，但到另一时刻，可能是另一些节点构成希望树。但不管如何变化，任一时刻的希望树都必须包含初始节点 S_0，而且希望树总是对最优解树近根部分的某种估计。

AO* 搜索算法需要根据问题特征构造一个启发函数（或叫希望函数）$g(x)$，并要求 $g(x) <= g*(x)$。其中 $g*(x)$ 是以节点 x 作为初始节点构成的最佳解图的代价，类似 A* 中的 $h*(x)$，步骤如下：

Step1 把初始节点 S_0 放入 OPEN 表。

Step2 从当前生成的搜索树（图），构造以 S_0 为根的希望树（图）T。

Step3 选一个 OPEN 表和 T 共有的节点 N，并将 N 从 OPEN 表移出放入 CLOSED 表（即选中 T 中的待扩展节点进行扩展）。

Step4 若 N 为终止节点，则做下列工作：

1) 标记 N 为可解节点；

2) 把 N 的先辈节点中的可解节点标记为可解；

3) 如果初始节点 S_0 被标记为可解，则 T 为最优解树（图），成功退出；

4) 删去 OPEN 表中这样的节点：其先辈节点已经可解。

Step5 若 N 不是终止节点且不可扩展，则做下列工作：

1) 标记 N 为不可解节点；

2) 把 N 的先辈节点中的不可解节点标记为不可解；

3) 如果初始节点 S_0 被标记为不可解，失败退出；

4) 删去 OPEN 表中这样的节点：其先辈节点中存在不可解节点。

Step6 若 N 不是终止节点但可扩展，则做下列工作：

1) 扩展 N，产生 N 的所有子节点；

2) 把这些子节点放入 OPEN 表中，并为每个子节点配以指向父节点的指针；

3）计算这些子节点的 g 值及先辈节点的 g 值（递归地）。

Step7 转 Step2。

同状态图搜索一样，搜索成功后，解树已经记录在 $CLOSED$ 表中。这时需按指向父节点的指针找出整个解树。

【例 3-10】 如图 3-16a 所示的与或图，设初始节点为 N_0，目标节点为 N_6、N_7。假设在扩展过程中生成的各节点的启发函数值分别是 $g(N_0)=3$、$g(N_1)=1$、$g(N_2)=2$、$g(N_3)=3$、$g(N_4)=1$、$g(N_5)=2$、$g(N_6)=0$、$g(N_7)=0$，边为单位耗散，请使用 AO^* 搜索算法求解最佳解图。

解：

第一次循环：Step 1 把初始节点 N_0 放入 $OPEN$ 表；Step 2 构造希望图由初始节点 N_0 构成；Step 3 将 N_0 移出 $OPEN$ 表，放入 $CLOSED$ 表；Step 6 由于 N_0 不是终止节点且可扩展，因此扩展 N_0，产生 N_0 的所有子节点 N_1、N_2、N_3、N_4，并将这些子节点依次放入 $OPEN$ 表，转 Step 2，此时生成图 3-16b 所示的部分搜索图。

第二次循环：Step 2 根据构造希望图的方法，构造出的希望图 T 由 N_0、N_1、N_2 构成（如图 3-16c 加粗部分）；Step 3 选 $OPEN$ 表与希望图共有的一个节点，不妨选择 N_1，将 N_1 移出 $OPEN$ 表放入 $CLOSED$ 表；Step 6 由于 N_1 不是终止节点且可扩展，因此扩展 N_1，产生 N_1 的子节点 N_5。此时得到如图 3-16c 所示的部分搜索图。重新计算 N_1 及其他各祖先节点的 g 值，转 Step 2。

第三次循环：Step 2 由希望图的构造方法，此时构造出的希望图 T 由 N_0、N_3、N_4 构成（如图 3-16d 加粗部分）；Step 3 选 $OPEN$ 表与希望图共有的一个节点，不妨选择 N_3，将 N_3 移出 $OPEN$ 表放入 $CLOSED$ 表；Step 6 由于 N_3 不是终止节点且可扩展，因此扩展 N_3，产生 N_3 的子节点 N_6、N_7。此时得到如图 3-16d 所示的部分搜索图。重新计算 N_3 及其他各祖先节点的 g 值，转 Step 2。

第四次循环：Step 2 由希望图的构造方法，此时构造出的希望图 T 如图 3-16e 加粗部分；Step 3 选 $OPEN$ 表与希望图共有的一个节点，不妨选择 N_6，将 N_6 移出 $OPEN$ 表放入 $CLOSED$ 表；Step 4 由于 N_6 是终止节点，除了需要重新计算 N_3 及其他各祖先节点的 g 值外，还有逐层倒推祖先节点的可解性，但此时尚不能判断 N_0 可解，转 Step 2。

第五次循环：Step 2 由希望图的构造方法，此时构造出的希望图 T 如图 3-16f 加粗部分（未改变）；Step 3 选 $OPEN$ 表与希望图共有的一个节点，不妨选择 N_4，将 N_4 移出 $OPEN$ 表放入 $CLOSED$ 表；Step 6 由于 N_4 不是终止节点且可扩展，因此扩展 N_4，产生 N_4 的子节点 N_7。此时得到如图 3-16f 所示的部分搜索图。重新计算 N_4 及其他各祖先节点的 g 值，转 Step 2。

第六次循环：Step 2 由希望图的构造方法，此时构造出的希望图 T 如图 3-16g 加粗部分；Step 3 选 $OPEN$ 表与希望图共有的一个节点，此时只能选择 N_7，将 N_7 移出 $OPEN$ 表放入 $CLOSED$ 表；Step 4 由于 N_7 是终止节，除了需要重新计算 N_7 及其他各祖先节点的 g 值外，还有逐层标记祖先节点的可解性，此时 N_0 被标记为可解，如图 3-16g 加粗部分是最优解图，成功退出。

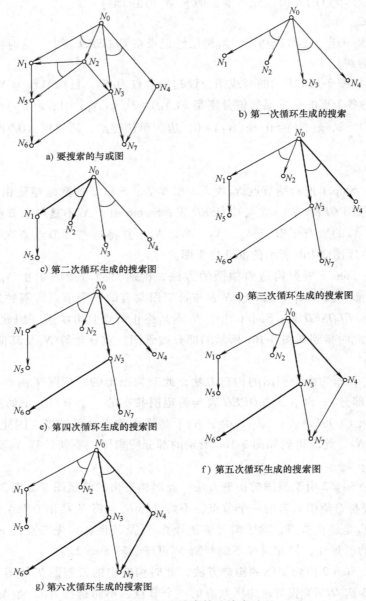

图 3-16　AO* 搜索算法搜索过程

通过本例我们可以看出，在本算法生成希望图的过程中，希望图是动态变化的（如图 3-16c 和 d）。另外，根据本算法所得到的最佳解图也不一定是唯一的，这可以留给读者思考。

3.4　博弈图搜索

3.4.1　博弈图

在本章的例 3-3 中我们通过 7 枚钱币问题引入了博弈问题。博弈所包括的范围十分广泛，诸如下棋、打牌、竞技、战争、经济活动等诸多竞争性的智能活动都属于博弈的范畴，本课程主要讨论双人完备信息博弈问题。

所谓"双人完备信息博弈"是指：对垒双方轮流走步，任何一方都了解对手过去已走过的棋步，而且还能够估计出对手未来的可能的走步。博弈的结果只有三种情况：胜、败、平局。

在博弈过程中，任何一方都希望自己取得胜利。因此，当某一方当前有多个行动方案可供选择时，他总是挑选对自己最为有利而对对方最为不利的那个行动方案。假设我方为 max，对方为 min，则我方选择的若干行动方案之间是"或"关系，因为主动权操在我方手里，我们或者选择这个行动方案，或者选择另一个行动方案，完全由我方决定。当我方选取任一方案走了一步后，对方也有若干个可供选择的行动方案，此时这些行动方案对我方来说它们之间则是"与"关系，因为这时主动权操在对方手里，这些可供选择的行动方案中的任何一个方案我方都要应对。

这样，把上述博弈过程用图表示出来，则得到的是一个"与或树（图）"。描述博弈过程的与或树（图）称为博弈树（图），它有如下特点：

1）博弈的初始格局是初始节点。

2）博弈树中，"或"节点和"与"节点是逐层交替出现的。自己一方扩展的节点之间是"或"关系，对方扩展的节点之间是"与"关系。双方轮流地扩展节点。

3）max 必胜的节点对应的是终止节点（本原问题），即可解节点；所有使对方必胜的节点对应的都是不可解节点。

本章的例 3-3 中 7 枚钱币问题初始状态为（7，min），博弈图如图 3-17，其中 A、C 为不可解的端节点，B 是终止节点。

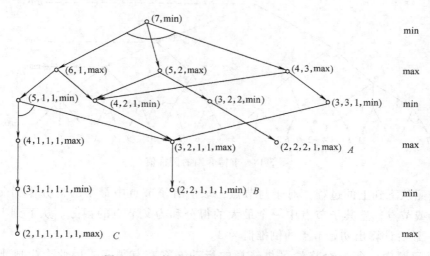

图 3-17　7 枚钱币问题对手先走时的博弈图

图中 B 节点为 min 必胜节点，A、C 节点为 max 必输节点，要使我方必胜，等价于求博弈图的搜索问题，本例中的目标节点为 B，显然，本例存在从初始节点到目标节点 B 的解图，因此说明：当对方先走时我方存在必胜的走步方案。

前面已经提到，由于实际问题的复杂性，往往不可能得到完整的博弈图（树），因此我们采取的方法一般是随着博弈过程的进行，只扩展出部分博弈图，然后对已经扩展的博弈图进行评估，以决定后续博弈图如何扩展，所采用的方法一般是极大极小分析法。

3.4.2 极大极小分析法

基本思想：

1）假设我方为 max，即为 max 寻找最优方案。

2）对各种方案产生的后果进行量化分析，即计算可能得分。

为计算得分，需要根据问题的特性信息定义一个估价函数 $f(x)$，用来估算当前博弈树端节点的得分。此时估算出来的得分称为静态估值。

一般规定：有利于 max 的势态，$f(x)$ 值取正，max 必胜时取 $f(x)$ 为正无穷。

势均力敌（不能确定）：$f(x)=0$

有利于 min 的势态，$f(x)$ 值取负，min 必胜时取 $f(x)$ 为负无穷。

3）当端节点的估值计算出来后，再推算出父节点的得分，推算的方法是：

对"或"节点，选其子节点中一个最大的得分和为父节点的得分；

对"与"节点选其子节点中一个最小的得分作为父节点的得分。

这样计算出的父节点的得分称为倒推值。

4）如果一个行动方案能获得较大的倒推值，则它就是当前最好的行动方案。

【例 3-11】 如图 3-18，已知当前博弈图及端节点的静态估值（叶子节点所标值），求初始节点的倒推值。

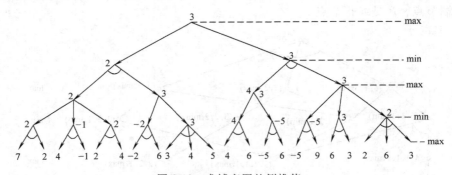

图 3-18 求博弈图的倒推值

解： 按照从下到上的过程，对于与节点，取所有子节点中最小的得分作为父节点的得分；而对于或节点，选其子节点中一个最大的得分和为父节点的得分。从下到上逐层计算（图 3-18），最后计算出初始节点的倒推值为 3。

在博弈问题中，每一个格局可供选择的行动方案都有很多，因此会生成十分庞大的博弈树。据统计，西洋跳棋完整的博弈树约有 10^{40} 个节点。试图利用完整的博弈树来进行极小极大分析是困难的。可行的办法是只生成一定深度的博弈树，然后进行极小极大分析，找出当前最好的行动方案。在此之后，再在已选定的分支上生成一定深度的博弈树，再选最好的行动方案。如此进行下去，直到取得胜败的结果为止。至于每次生成博弈树的深度，当然是越大越好，但由于受到计算机存储空间的限制，只好根据实际情况而定。

【例 3-12】　如图 3-19 是一字棋游戏（即我们所熟悉的五子连游戏的简化）。设有如图 3-19a 所示的九个空格，由 A、B 二人对弈，并设我方为 A，对方为 B。轮到谁走棋谁就往空格上放一只自己的棋子，谁先使自己的棋子构成"三子成一线"谁就取得了胜利。

设 A 的棋子用"●"表示，B 的棋子用"○"表示。为了不至于生成太大的博弈树，假设每次仅扩展两层。估价函数定义如下：

设棋局为 P，估价函数为 $e(P)$。

1）若 P 是 A 必胜的棋局，则 $e(P) = +\infty$。

2）若 P 是 B 必胜的棋局，则 $e(P) = -\infty$。

3）若 P 是胜负未定的棋局，则 $e(P) = e(+P) - e(-P)$

其中 $e(+P)$ 表示棋局 P 中空白位置放满黑棋，使得黑棋三子成一线的数目；$e(-P)$ 表示棋局 P 上空白位置放满白棋，使得白棋三子成一线的数目。例如，对于图 3-19b 所示的棋局，则

$$e(P) = 6 - 4 = 2$$

另外，假定具有对称性的两个棋局算作一个棋局。还假定 A 先走棋，我们站在 A 的立场上。

图 3-20 给出了 A、B 各走一着棋所生成的部分博弈树。图中节点旁的数字分别表示相应节点的静态估值或倒推值。由图可以看出，对于 A 来说最好的一着棋是 S_3，因为 S_3 比 S_1 和 S_2 有较大的倒推值。

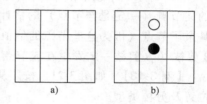

图 3-19　一字棋

在 A 走 S_3 这一着棋后，B 的最优选择是 S_4，因为这一着棋的静态估值较小，对 A 不利。不论 B 选择 S_4 或 S_5，A 都要再次运用极小极大分析法产生深度为 2 的博弈树，以决定下一步应该如何走棋，其过程与上面类似，不再重复。

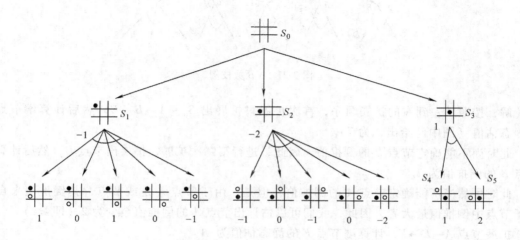

图 3-20　A、B 双方各走一步所生成的部分博弈树

3.4.3　剪枝技术

上述的极小极大分析法，实际是先生成一棵一定深度的完整的博弈树，然后再根据叶子节点的静态估值计算倒推值。这样做的缺点是生成的博弈树节点多、效率低。于是，人们又在极小极大分析法的基础上，提出了 α-β 剪枝技术。

这一技术的基本思想是，边生成博弈树边计算评估各节点的倒推值，并且根据评估出的倒推值范围，及时停止扩展那些已无必要再扩展的子节点，即相当于剪去了博弈树上的一些分枝，从而节约了机器开销，提高了搜索效率。

具体的剪枝方法如下：

1）按照有界深度优先搜索算法扩展博弈树，即每次扩展只扩展出一定深度的博弈树中的一条边。

2）对于一个与节点 min，若能估计出其倒推值的上确界 β，并且这个 β 值不大于 min 的父节点（一定是或节点）的估计倒推值的下确界 α，即 $\alpha \geq \beta$，则停止扩展该 min 节点的其余子节点（因为这些节点的估值对 min 父节点的倒推值已无任何影响了）。这一过程称为 α 剪枝（α 剪枝一定发生在与节点上）。

3）对于一个或节点 max，若能估计出其倒推值的下确界 α，并且这个 α 值不小于 max 的父节点（一定是与节点）的估计倒推值的上确界 β，即 $\alpha \geq \beta$，则停止扩展该 max 节点的其余子节点（因为这些节点的估值对 max 父节点的倒推值已无任何影响了）。这一过程称为 β 剪枝（β 剪枝一定发生在或节点上）。

【例 3-13】　如图 3-21，按照从左到右的扩展顺序，使用 α-β 剪枝，标出所发生的剪枝位置及剪枝类型。

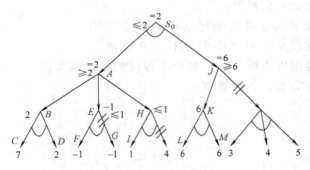

图 3-21　α-β 剪枝例

解：按照从左到右的扩展顺序，首次扩展只扩展出 $S_0 \rightarrow A \rightarrow B \rightarrow C$，然后计算端节点 C 的静态估值（图中已给出，为 7）。

此时尚不能确定节点 B 的倒推值，因此，进行第二次扩展，扩展出节点 D，然后计算出节点 B 的倒推值为 2。

此时虽然尚不能确定节点 A 的倒推值，但是，由于节点 A 是或节点，其倒推值来自所有子节点中倒推值最大者，因此，我们可以估计出节点 A 的倒推值至少为 2（即 ≥ 2）。

扩展节点 $A \rightarrow E \rightarrow F$，计算端节点 F 的静态估值为 -1。

由于节点 E 还有其他节点尚未被扩展，因此此时尚不能确定节点 E 的倒推值。但是由

于节点 E 是与节点，因此可以断定，节点 E 最终的倒推值不会大于 -1。但是前面已经分析过，节点 E 的父节点 B 的倒推值至少为 2，因此，节点 B 的倒推值一定不会来自节点 E，因此继续扩展节点 E 的其他子节点已毫无意义，因此边 EG 被剪掉，节点 E 的倒推值就确定为 -1。由于该边是与节点上的边，因此该剪枝为 α 剪枝。

同样，节点 H 上也发生了一个 α 剪枝，节点 H 的倒推值就确定为 1。

由于节点 A 的所有子节点的倒推值都被确定，所以节点 A 的倒推值确定为 2。

此时初始节点 S_0 的倒推值还不能被确定，但是由于 S_0 是与节点，所以知道其倒推值最大不超过 2。

继续扩展边 $S_0 \rightarrow J \rightarrow K \rightarrow L$，$S_0 \rightarrow J \rightarrow K \rightarrow M$，计算节点 K 的倒推值为 6。

由于节点 J 是或节点，虽然尚未扩展 J 的其他边，但是可以确定节点 J 的最终倒推值不会小于 6，而节点 J 的父节点 S_0 的倒推值至多为 2，因此 S_0 的倒推值不可能来自节点 J，因此，继续扩展节点 J 已毫无意义，因此节点 J 的其他边被剪掉（这是 β 剪枝），因此节点 J 的倒推值就确定为 6。

最后，计算出节点 S_0 的倒推值为 2。

习　题

1. 常用的盲目搜索算法有哪些？
2. 什么是状态图搜索？
3. 广度优先搜索的基本思想是什么？
4. 与穷举搜索相比，启发式搜索有什么优点？
5. 简述 A 算法与 A* 算法的区别。

第4章

专 家 系 统

专家系统是人工智能从科学研究转向实际应用，从一般思维方法探讨转向专门知识运用的重大突破。1968 年，美国斯坦福大学的费根鲍姆成功研制出了第一个专家系统DENDRAL，这是一种用于分析化合物分子结构的专家系统。之后，专家系统的研究得到了迅速发展，并广泛应用于医疗、化学、地质、气象、军事以及控制等诸多领域中。目前，专家系统成为人工智能中最活跃且最有成效的研究领域之一。它在理论上继承并运用人工智能的基本思想与方法，但是在系统结构、开发方法及工具等方面又形成了自己的体系。

4.1 专家系统的概述

4.1.1 专家系统的概念与特点

专家系统（expert system，ES）是一种模拟人类专家解决领域问题的计算机程序系统。它运用特定领域的专门知识和经验，通过推理和判断来模拟人类专家才能解决的各种复杂的、具体的问题，达到与专家具有同等的解决问题的能力，它能对决策的过程做出解释，并具有学习功能。

专家系统一般具有如下一些基本特点：

1. 具有专家知识及推理能力

专家系统要能像人类专家那样工作，一方面要具有专家级的知识，另一方面还必须具有利用专家知识进行推理、判断和决策的能力，从而解决复杂困难问题。现实生活中，大部分问题都是非公式化的，如医疗诊断、法律推理、市场预测等，都可以使用专家系统，利用经验知识，通过推理决策解决新问题，并不断利用新经验丰富专家知识库。

2. 具有灵活性

专家系统的体系结构通常采用知识库与推理机相分离的构造原则，它们彼此独立又有联系。这样既可以在系统运行时能根据具体问题的不同，分别选取合适的知识构成不同的求解序列，实现对问题的求解，又可以在对一方进行修改时不致影响到另一方。例如，知识库要像人类专家那样不断地学习、更新知识，因此要经常对它进行增、删、修改操作。由于知识库与推理机分离，这就不会因知识库的变化而要求修改推理机的程序。

3. 具有透明性

为了提高用户对系统的可信程度，专家系统一般都设置了解释机构，用于向用户解释它的行为动机，以及得出某些答案的推理过程和依据，使用户能比较清楚地了解系统处理问题的过程及使用的知识和方法。例如，一个医疗诊断专家系统诊断患者患有感冒，并使用某些药品，就必须向病人说明为什么得出如此的结论。另外，专家系统的解释功能，可使系统设计者及领域专家方便地找出系统隐含的错误，便于对系统进行维护。

4.1.2　专家系统和传统程序的区别

从专家系统的概念上讲，专家系统也是一个程序系统，但它是具有知识推理的智能计算机程序，与传统的计算机应用程序有着本质上的不同：

首先，专家系统求解问题的知识不再隐含在程序和数据结构中，而是单独构成一个知识库。它已经使传统的"数据结构＋算法＝程序"的应用程序模式变化为"知识＋推理＝系统"的模式。

其次，由于专家系统解决问题的知识库与处理知识的推理机相分离，因此它具有一定的独立性和通用性。知识库是领域知识的集合，它通常以知识库文件的形式存在，可方便地进行更新。而传统程序将知识和知识的处理都编成代码，当知识改变时，传统程序只能重新编码与调试，而对于专家系统，只需要更新知识库即可。

总之，与传统程序相比，专家系统的可维护性好，易于修改和扩充，更加适合处理模糊性、经验性的问题，并能解释结论的过程。与人类专家相比，专家系统可以帮助人类专家更系统地总结经验知识，并对这些知识进行推广与完善，而且它的使用费用低廉，不受外界环境和情绪的影响，可安装在不适于人类工作的恶劣环境。

4.1.3　专家系统的类型

按照专家系统的特性及功能，其可分为如下 10 个类型：

（1）解释型专家系统　能够通过已知数据和信息的分析和推理，给出相应的解释，确定它们的含义，如信号解释、化学结构说明、医疗解释、图像分析等专家系统。例如，用于化学结构分析的 DENDRAL 专家系统、石油测井数据分析的 ELAS 专家系统以及地质勘探数据解释的 PROSPECTOR 专家系统等。

（2）诊断型专家系统　能够根据获取到的现象、数据或事实等信息推断出某个对象或系统是否存在故障，并给出故障的原因以及排除故障的方案等。这类专家系统是目前开发最多、应用最广的一类专家系统。例如，用于抗生素治疗的 MYCIN 专家系统、肝功能检测的 PUFF 专家系统、青光眼治疗的 CASNET 专家系统、计算机硬件故障诊断的 DART 专家系统等。

（3）预测型专家系统　根据过去和现在的数据或经验等已知信息，推断未来可能发生或出现的情况。例如，气象预报、人口预测、经济预测以及病虫害预测等专家系统。

（4）设计型专家系统　根据给定的设计要求进行相应的设计。通常，这类专家系统要在满足指定约束条件下给出最优或较优的设计方案。例如，用于计算机系统配置的 XCON 专家系统以及 VLSI 电路设计的 KBVLSI 专家系统等。

（5）规划型专家系统　能够按照给定目标拟定总体规划、行动计划以及运筹优化等，适用于机器人动作控制、交通运输调度、通信与军事指挥、生产规划等。例如，机器人规划系统 NOAH、制定有机合成规划的 SECS 专家系统以及帮助空军制定攻击敌方机场计划的 TATR 专家系统等。

（6）控制型专家系统　能够自适应地控制整个系统的行为，使之满足预期要求，通常适用于大型设备或系统的控制。例如，帮助监控和控制 MVS 操作系统的 YES/MVS 专家系统。

（7）监督型专家系统　完成实时的监控任务，并根据监控到的数据或现象做出相应的分析和处理。例如，帮助操作人员检测和处理核反应堆事故的 REACTOR 专家系统。

（8）修理型专家系统　能够对发生故障的设备或系统进行处理，排除故障，并使其恢复正常工作，通常应具有诊断、调试、计划和执行的功能。例如，美国贝尔实验室的 ACI 电话和有线电视维护修理专家系统。

（9）教学型专家系统　能够根据学生的特点有针对性地选择适当的教学内容或教学手段，对学生进行教学或辅导，主要用于辅助教学。例如，讲授有关细菌传染性疾病知识的计算机辅助教学系统 GUIDON。

（10）调试型专家系统　能够根据相应标准对存在错误的对象进行检测，并给出适用于当前错误的最佳调试方案，用于排除错误。调试型专家系统可用于对新产品或新系统的调试，也可用于维修站对设备进行调整、测量或实验。

4.2　专家系统的结构

专家系统的结构是指专家系统各组成部分的构造和组织形式。专家系统的有效性与系统结构选择是否恰当有着直接的关系。存放知识和使用知识是专家系统的两个基本功能，而分别实现这两个功能的知识库和推理机是构成专家系统的核心部件。由于专家系统所需要完成的任务不同，所以其系统结构没有统一的模式。图 4-1 是理想的专家系统结构，包括：知识库、推理机、综合数据库、人机接口、解释机构和知识获取机构。图 4-1 中各部分功能说明如下。

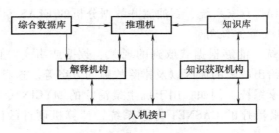

图 4-1　理想专家系统结构

1. 知识库

知识库（Knowledge Base）是专家系统的核心部件之一，它主要的功能是存储和管理专家系统中的知识。它包括两种类型的知识：一类是相关领域中定义、事实、理论等收录在学术著作中的事实性的数据；一类是专家在长期实践中的实践经验，具有启发性。在知识库中，这两类知识都必须以一定的规范形式表示。

2. 推理机

推理机（Reasoning Machine）是专家系统的思维机构，是专家系统的核心部件之一。推理机的任务是模拟领域专家的思维过程，根据知识库中的知识，按一定的推理方法和控制策略进行推理，直到推理出问题的结论。推理机和知识库是专家系统的基本框架，二者相辅相成、密不可分。不同的知识有不同的推理方式，所以，推理机还包含如何从知识库中选择可用推理规则的策略和当多个可用规则冲突时的解决策略。

3. 综合数据库

综合数据库（Global Database）又称全局数据库、工作存储器、黑板。它用于存放专家系统工作过程中所需要求解问题的初始数据、推理过程中的中间结果及最终结果等信息的集合。它是一个动态的数据库，在系统工作过程中产生和变化。综合数据库中数据的表示与知识库中知识的表示通常一致，从而推理机能方便地使用知识库和综合数据库中的信息求解问题。

4. 人机接口

人机接口（Interface）是系统和用户间的桥梁，用户通过人机接口输入必要的数据、提出问题、获得推理结果及系统的解释；系统通过人机接口要求用户回答系统的询问，回答用户的提问。

5. 解释机构

解释机构（Expositor）的功能是向用户解释专家系统的行为，包括解释"系统怎样得出这一结论""系统为什么提出这样的问题"等需要向用户解释的问题，为用户了解推理过程及系统维护提供方便，体现了系统透明性。

6. 知识获取机构

知识获取机构是实现专家系统将专业领域的知识与经验转化为计算机可利用的形式，并送入知识库的功能模块。它同时也具有修改、更新知识库的功能，维护知识库的完整性与一致性。

4.3 专家系统的设计原则与开发过程

专家系统是复杂的计算机软件系统，它的开发既要遵守软件工程的基本原则，又要考虑到基于知识的特殊性，与一般软件系统的设计有重要的区别。

4.3.1 专家系统的设计原则

建立一个方便、有效、可靠、可维护的专家系统，要遵守以下设计原则。

1. 确定求解问题的领域

专家系统是针对某一问题领域的，因此在设计专家系统之前首先要确定所面向的问题领域。问题领域如果太小会使求解问题能力较弱；如果太大又使知识库过于庞大而不能保证知识的质量，从而影响系统的效率，难以维护管理。要做到恰当地确定问题领域范围应该从两个角度进行考虑：一是明确系统设计目标，它是确定求解问题的基础，使设计的系统能满足设计目标所规定的各种问题；二是根据可获取的专家知识水平，合理地确定求解问题的领域，即如果可获得的专家知识有限，那么就只能缩小问题的领域，否则不能得到准确的回答。总之，确定恰当的问题领域受到设计目标和专家知识的限制，二者互相制约，又相辅相成。

2. 获取完备的知识

知识是专家系统的基础，它是建立高效、可靠的专家系统的前提条件。完备的知识是指知识的数量满足求解问题的需要，并保证知识的一致性与完整性等。因此，要求知识工程师与领域专家精密合作，除了建立初始较完整的知识库外，还要使系统在运行过程中具有获取知识的能力及对知识进行动态检测和及时修正错误的能力。

3. 知识库与推理机分离

知识库和推理机分离是专家系统的一个重要特点，可方便实现知识库的维护与管理。另外，由于推理机可灵活设计，便于控制，所以在推理机修改时不会影响知识库。

4. 设计合适的知识表示模式

知识在专家系统中以一定的形式来表示，不同领域的问题都有各自的特点，应该用相应的表示模式表示该领域知识。所以，在选择设计知识表示模式时应该充分考虑领域问题的特点，使它能充分表示知识。另外，也应把知识表示模式与推理模型结合起来作统筹考虑，使二者密切配合，高效地求解领域问题。

5. 模拟领域专家思维过程求解问题

专家系统的特点之一就是能模拟专家推理复杂的问题，在设计专家系统时，要模拟专家的思维方法，像专家那样学习知识，利用知识和经验，通过思维判断，求解问题。

6. 建立友好的人机交互环境

人机接口是专家系统与用户交流的媒介，因此为了让设计的专家系统能被用户接受，充分发挥它的作用，产生效益，就要在设计专家系统时，充分了解用户的实际情况、知识水平，建立适合用户，方便使用的友好交互环境。用户可以通过它与专家系统对话，求解需要解决的问题。

7. 渐增式的开发策略

专家系统是一个复杂的程序系统，建立过程需要较长的时间，一方面是因为系统本身复杂需要设计知识库、数据库、推理机、解释机等模块，工作量大；另一方面，所设计的知识表示模式及推理机不一定完全符合领域问题的实际情况，需要一边建立、一边验证、一边修正，所以专家系统的开发与评价是并行的，以便及时发现问题、及时修正；还有，参加设计的专家人员结构层次不同、专业不同，合作需要一定时间。因此，专家系统的开发过程通常采用渐增式的开发策略，先建立一个专家系统原型，然后对系统进行各种试验，在取得经验的基础上，再逐步形成比较完备的专家系统。

4.3.2 专家系统的开发过程

专家系统的开发需要一个周期，称为生命周期，即专家系统的开发过程是一个生命周期，它主要包括7个阶段：需求分析、系统设计、知识获取、编程调试、原型测试、修正与扩充、系统包装及总调。

1. 需求分析

需求分析是指知识工程师和领域专家合作对领域问题进行调查研究，确定专家系统的目标和任务，进行可行性分析，调查的主要内容有：专家系统的目标和任务；用户对系统功能、性能的需求；领域专家求解问题的模式；专家系统将要面向用户的情况；专家系统开发的软硬件环境；专家系统的开发时间及进度要求等。

2. 系统设计

系统设计阶段完成的任务包括：确定专家系统的类型、体系结构；确定知识的表示模式及知识库的结构；确定总体的求解策略；确定与用户的接口方式；选择系统的软硬件及开发工具。

3. 知识获取

这一阶段的主要任务是：获取专家处理问题的方法与思路，获得专家经验知识；查阅资料，获得领域知识；对知识进行分析、比较、归纳与整理，找出知识间的内在联系及规律；把整理出来的知识用系统设计过程中的知识表示模式表示出来。

4. 编程与调试

按系统设计所确定的功能模块进行程序设计，并且对各功能模块进行调试，同时也要对各功能模块进行联合调试，检查程序设计中是否有错误。

5. 原型测试

经过编程与调试之后，形成专家系统的原型。测试时使用典型实例，这些实例的结果已知，而且要选择有代表性的实例，使系统各主要部分及各应用区间能被充分地测试到。测试的内容应该包括：可靠性、知识的一致性、工作效率、解决问题的能力等。

6. 修正与扩充

测试后，发现问题并及时的修正，比如说求解问题的方法是否合适；知识的表示形式是否合理等。无论哪个环节出现问题，都要进行修正。所以在设计专家系统之初，要经过认真细致的前期准备工作，尽量减少修正过程。另外，除了修正问题外，还要根据测试结果对系统进行扩充，使各环节功能进一步完善。

7. 系统包装及总调

要根据用户的需求，设计友好的人机界面，对系统进行总调，生成各类说明文件或使用说明等相关文件。

4.4 专家系统评价

专家系统评价一直贯穿于专家系统的整个建立过程中，从需求分析开始到最后调试，都要进行反复的评价，及时发现问题并修正问题。如何评价一个专家系统，主要从以下几个方面入手：

首先，评价知识的完备性及其表示方法的适当性，即设计的专家系统是否具有求解领域问题的全部知识，知识是否与专家经验保持一致。同时，知识的表示形式是否合适，决定着能否有利于对知识的利用，有利于提高推理效率，是否便于维护与管理。

其次，评价求解问题的质量及系统效率。求解问题的质量主要体现在两个方面：一是推出的结果是否与客观实际结果一致；二是推理的结果与专家的结论符合程度。系统效率是指系统运行时对系统资源的利用率，一个效率低的系统用户是难以接受的。

另外，系统的可维护性、系统研制时间、效益等也是系统评价的指标。一个专家系统的研制时间应与系统的规模、复杂性相适应。同时系统的后期维护同样重要，这是专家系统能长期工作的保证。

4.5 MYCIN 专家系统实例分析

MYCIN 系统是 20 世纪 70 年代由斯坦福大学研制的一种帮助医生对细菌感染患者进行诊断和治疗的专家系统。该系统能够根据患者具体情况给出建议性的诊断结果和治疗处方。

MYCIN 系统采用 LISP 语言编写，整个系统仅有 245KB，知识库中有 200 多条细菌血症规则，可对约 50 种细菌进行识别。MYCIN 系统的结构图如图 4-2 所示。

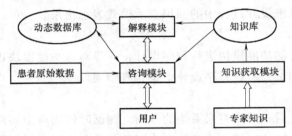

图 4-2　MYCIN 系统的结构图

MYCIN 系统的咨询模块是推理机与用户的接口。用户在使用 MYCIN 系统时，先启动咨询子系统，系统将给出提示，要求输入病人的基本信息，如姓名、年龄、症状等。然后根据知识库中存储的知识进行推理运算，给出病人所得疾病及治疗方案。

MYCIN 系统采用反向推理的控制策略，推理过程形成由若干规则链构成的与或树，MYCIN 系统采用深度优先方法进行搜索，并使用基于可信度的不精确推理。

MYCIN 系统的解释模块负责回答用户的问题。例如，"为何需要输入某一参数？""如何得出这样的结论？"等。系统通过记录所形成的与或树来实现解释功能。

MYCIN 系统的知识获取模块用来更新和完善知识库。专家可利用该模块将新知识补充到知识库中。

MYCIN 系统的动态数据库用来存储和记录与病人相关的各种动态变化信息，包括基本数据、化验结果以及推理结论等。动态数据库中的数据根据它们之间的关系形成一棵上下文树。树中的每个节点对应一个具体对象，结点称为上下文，如图 4-3 所示。

从图 4-3 给出的上下文树中可以看出，病人提取了 2 种培养物，培养物中分离出了对应的有机体，有机体 1 有相应的药物 1 和药物 2 进行治疗，病人进行 1 次手术，手术时用了对应的手术药物 3。由此可见，上下文树能够将病人的培养物、培养物得到的有机体以及有机体对应的药物情况清晰地描述出来。

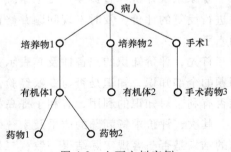

图 4-3　上下文树实例

MYCIN 系统的知识库存储用于诊断和治疗的专家知识以及推理所需的静态知识。采用产生式规则进行知识表示，共有大约 500 条传染血液病的知识规则，例如，第 050 规则为：

IF：感染是原发性菌血症，且培养基是一种无菌基，且细菌侵入位置是肠胃；

CH：0.7；

THEN：细菌本名是严寒毛菌。

其中，IF 代表规则的前提，THEN 代表规则的结论，CH 表示前提对结论的支持程度，称为确定性系数。MYCIN 采用不精确推理的工作方式，因此利用确定性系数表示模糊关系。

为了给出对应病人的处方（REGIMEN），系统调用目标规则 092 进行反向推理。规则 092 如下：

IF 存在一种病菌需要处理，某种病菌虽然没有出现在目前的培养物中，但已经注意到它们需要处理；

THEN 根据病菌对药物的过敏情况，编制一个可能抑制该病菌的处方表，从处方表中选择最佳的处方。

ELSE 病人不必治疗。

MYCIN 系统利用 MONITOR 和 FINDOUT 两个子程序完成咨询和推理过程。MONITOR 的功能是分析规则的前提条件是否满足，从而决定拒绝还是使用该规则。MONITOR 将每次鉴定的前提结果记录在动态数据库中，如果条件中所涉及的临床参数未知，则调用 FINDOUT 去得到相关信息。FINDOUT 的功能是查找 MONITOR 所需的参数。对于化验数据，FINDOUT 先向用户咨询，如果获取不到结果，则运用知识库进行推导；对于非化验数据，FINDOUT 先运用知识库进行推导，如果得不到所需结果，则向用户咨询。

当目标规则的前提条件成立，也就是诊断结果为"病人患有细菌感染"，MYCIN 系统先生成可能的"治疗方案表"，然后再从表中为该病人选取最佳用药配方。

"治疗方案表"根据诊断出的细菌特征，结合知识库中的相应规则产生，例如：

IF 细菌的特征是假单胞菌

THEN 建议如下治疗药物：

粘菌素（有效性：0.98）

多粘菌素（有效性：0.96）

庆大霉素（有效性：0.96）

羧苄青霉素（有效性：0.96）

硫代异唑（有效性：0.96）

MYCIN 系统根据各药物对细菌治疗的有效性、药物是否已用过以及药物副作用等因素综合考虑，给出最优的用药配方。

MYCIN 系统利用知识获取模块获取新的知识和规则。为了防止知识的错误更新，MYCIN 系统还采用了二级存储方法，也就是新知识必须经过试运行，验证其可靠后才能加入到规则库中。但 MYCIN 系统的学习功能是十分有限的，例如，新规则涉及的参数和节点类型不能超越系统已有种类，并且新旧规则之间的冲突处理也不够全面。尽管如此，MYCIN 系统在专家系统发展过程中的影响非常大。首先，它解决了现实世界中的实际问题。其次，MYCIN 系统验证了解释机、知识自动获取、智能指导等新概念。另外，它验证了专家系统外壳（SHELL）的可行性。之前的专家系统利用软件将知识库中的知识与推理机集成起来，形成单一系统。而 MYCIN 系统将知识库与推理机分开设计，这样，专家系统的基本核心可以重用。将新领域的知识替换原有的旧知识，可以以达快速创建新的专家系统的效果。去掉医学知识的 MYCIN 外壳称为 EMYCIN（空的 MYCIN）。

此外，MYCIN 系统还通过了如下的人机测试：MYCIN 系统与斯坦福大学医学院的 9 名感染病医生分别对 10 例感染源不清的患者进行诊断，并给出处方，并由 8 位专家对诊断结果进行评判。评判涉及两个内容：①所开处方是否对症、有效；②所开处方是否对其他可能的病原体也有效，而且药量又不过量。在相互隔离的情况下，对第①项的评判结果是 MYCIN 和三位医生所开的处方对症、有效；对第②项的评判结果为 MYCIN 系统胜过 9 位医生，显示出更好的水平。MYCIN 至今仍是一个有代表性的专家系统。

4.6　专家系统开发工具

建造专家系统需要领域专家与知识工程师的密切合作，通常需要几十年才能完成一个实用的系统。从理论上说，开发专家系统可以使用任何一种计算机程序设计语言。然而，用这种方法建造专家系统需要从零开始，必然会降低工作效率，开发周期将更加漫长。为提高专家系统的开发效率、质量和自动化水平，共享已经成功运行的专家系统所取得的成果，人们研制出各种开发专家系统的工具，作为设计和开发专家系统的辅助手段和环境。这种开发工具或环境，称为专家系统开发工具。

专家系统开发工具是 20 世纪 70 年代中期开始发展的，它比我们所熟知的如 FORTRAN、PASCAL、C、LISP 和 PROLOG 等一般的计算机高级语言具有更强的功能。可以认为，专家系统工具是一种更高级的计算机程序设计语言。

现有的专家系统工具，主要分为骨架型工具（又称外壳）、语言型工具、构造辅助工具和支撑环境等。

4.6.1　骨架型开发工具

一个专家系统一般至少包括知识库、推理机、解释程序等，而规则集存于知识库内。专家系统强调推理机与知识库的分离，在一个理想的专家系统中，推理机完全独立于知识库，即推理机与求解问题的领域无关，系统功能的改变只依赖于规则集的改变。由此，借用以前开发好的专家系统的推理机部分，而用新领域的知识库替换原有领域的知识库，这样形成的工具称为骨架型工具，如 EMYCIN、KAS 以及 EXPERT 等。这类工具因其控制策略是预先给定的，使用起来很方便，用户只需将具体领域的知识明确地表示成为一些规则就可以了。这样，可以把主要精力放在具体概念和规则的整理上，而不是像使用传统的程序设计语言建立专家系统那样，将大部分时间花费在开发系统的过程结构上，从而大大提高了专家系统的开发效率。这类工具由于其推理机等各个模块都是成熟的、经过反复检验的产品，因此具有系统工作稳定可靠、功能完善等特点。

骨架型开发工具属于专用开发工具，因其程序的主要骨架是固定的，除了规则外，用户不可改变任何东西，因而骨架型工具只能应用于与原有系统非常相近的领域，只能用来解决与原系统相类似的问题。

EMYCIN 是一个典型的骨架型工具，它是由著名的用于对细菌感染病进行诊断的 MYCIN 系统发展而来的，因而它所适应的对象是那些需要提供基本情况数据，并能提供解释和分析的咨询系统，尤其适合于诊断这一类演绎问题。这类问题有一个共同的特点是具有大量的不可靠的输入数据，并且其可能的解空间是事先可列举出来的。

4.6.2 语言型开发工具

语言型工具与骨架型工具不同，属于通用的专家系统开发工具。它们并不与具体的体系和范例有紧密的联系，也不偏于具体问题的求解策略和表示方法，所提供给用户的是建立专家系统所需要的基本机制，其控制策略也不固定于一种或几种形式，用户可以通过一定手段来影响其控制策略。因此，语言型工具的结构变化范围广泛，表示灵活，所适应的范围要比骨架型工具广泛得多。像 OPS5、OPS83、RLL、PROLOG 及 ROSIE 等，均属于这一类工具。OPS5 是面向产生式系统的语言，它内部配备了正向推理机构，使用者只要输入产生式形式的知识和事实，系统就靠内部的推理机制获得问题的解。PROLOG 语言是面向一阶谓词逻辑的语言，内部配备了逆向推理机构，使用者也只要输入一阶谓词形式的知识和事实，系统就能自动求出若干个解。

然而功能上的通用性与使用上的方便性是一对矛盾，语言型工具为维护其广泛的应用范围，不得不考虑众多的在开发专家系统中可能会遇到的各种问题，因而使用起来比较困难，用户不易掌握，对于具体领域知识的表示也比骨架型工具困难一些，而且在与用户的对话方面和对结果的解释方面也往往不如骨架型工具。

语言型工具中一个较典型的例子是 OPS5，它以产生式系统为基础，综合了通用的控制和表示机制，向用户提供建立专家系统所需要的基本功能。在 OPS5 中，预先没有规定任何符号的具体含义和符号之间的任何关系，所有符号的含义和它们之间的关系，均由用户所写的产生式规则所决定，并且将控制策略作为一种知识对待，同其他的领域知识一样地被用来表示推理，用户可以通过规则的形式来影响系统所选用的控制策略。

这类工具的特点是适用范围较广，但生成的专家系统运行效率较低，且这类工具不易掌握，需要有一定的软件专业知识。著名的专家系统 RI 就是利用 OPS5 写成的。

4.6.3 构造辅助工具

构造辅助工具是介于通用与专用之间的一种开发工具。它提供几种专家系统的框架组件（如推理框架、黑板框架等），每个框架又由若干模块组成。根据设计者的需求说明，系统将自动生成具有一定领域针对性的专家系统。它主要分成两类，一类是设计辅助工具，另一类是知识获取辅助工具。这类开发工具有 AGE、TEIRESIAS 等。

AGE 是由美国斯坦福大学用 INTERLISP 语言实现的专家系统工具，这一系统能帮助知识工程师设计和构造专家系统。AGE 给用户提供了一整套像积木块那样的组件，利用它能够"装配"成专家系统。它包括以下 4 个子系统：

1）设计子系统：在系统设计方面指导用户使用组合规则的预组合模型。

2）编辑子系统：辅助用户选用预制构件模块，装入领域知识和控制信息，建造知识库。

3）解释子系统：执行用户的程序，进行知识推理以求解问题，并提供查错手段，建造推理机。

4）跟踪子系统：为用户开发的专家系统的运行进行全面的跟踪和测试。

TEIRESIAS 系统能帮助知识工程师把一个领域专家的知识植入知识库，是一个典型的知识获取工具，它利用元知识来进行知识获取和管理。

TEIRESIAS 系统具有下列功能：

1）知识获取：TEIRESIAS 能理解专家以特定的非口语化的自然语言表达的领域知识。

2）知识库调试：它能帮助用户发现知识库的缺陷、提出修改建议，用户不必了解知识库的细节就可方便地调试知识库。

3）推理指导：它能利用元知识对系统的推理进行指导。

4）系统维护：它可帮助专家查找系统诊断错误的原因，并在专家指导下进行修正或学习。

5）运行监控：能对系统的运行状态和诊断推理过程进行监控。

4.6.4 支撑环境

专家系统支持环境（Expert System Support Environment）是指帮助进行程序设计的工具，它常被作为知识工程语言的一部分。工具支撑环境仅是一个附带的软件包，以便使用户界面更友好，它包括四个典型组件：调试辅助工具、输入/输出设施、解释设施和知识库编辑器。

1. 调试辅助工具

大多数程序设计语言和知识工程语言都包含跟踪设施和断点程序包，跟踪设施使用户能跟踪或显示系统的操作，通常是列出已激发的所有规则的名字或序号，或显示所有已调用的子程序。断点程序包使用户能预先告知程序在什么位置停止，这样用户能够在一些重复发生的错误之前中断程序，并检查数据库中的数据。所有的专家系统工具都应具有这些基本功能。

2. 输入/输出设施

输入/输出设施在系统运行时可通过人机对话获取有关信息。传统的选单方式缺乏智能性。一般专家系统需用智能询问的方式，即在运行过程中由系统主动地、有针对性地提出问题或做出解释。这种提问或解释可以是简单的是、否、不知道等，也可以用一定范围内的受限自然语言的文字或声音方式对话，或者用图形、图像方式显示，目标是使人机对话方式更自然、更方便、更能理解、更具智能性。良好的输入/输出能力将带给用户一个方便友善的界面。

例如 EMYCIN 能在运行时向用户索要它所需要而知识库中没有的信息，EXPERT 不仅能询问这类信息，而且在请求输入信息时能提供菜单供用户选择。另外，在系统运行中，它们也允许用户主动输入一些信息。

3. 解释设施

虽然所有的专家系统都具有向用户解释结论和推理过程的能力，但它们并非都能提供同一水平的解释软件支撑。一些专家系统工具，如 EMYCIN，内部具有一个完整的解释机制，因而用 EMYCIN 写的专家系统能自动地使用这个机制。而一些没有提供内部解释机制的工具，知识工程师在使用它们构造专家系统时就得另外编写解释程序。解释机制常采用回溯推理，应具有以下的能力：

1）解释系统是如何到达一个特定状态的。

2）能处理假设推理，即系统能解释如果某一事实或规则略有不同将会推出什么结论。

3）能处理反事实推理，即系统能解释为什么未得到一个期望的结论。

4. 知识库编辑器

是为用户或知识工程师提供的一种修改知识库的工具，包括专家系统在调试和运行过程中，需要提供对知识库进行增、删、改的手段和记录有关修改与被修改的知识信息；常用的语法检查工具，用以解释和纠正语法错误的规则；还有，用以检查输入规则的语义，去发现它们是否同系统中已有的知识发生冲突的检查工具，当发生冲突时，编辑程序就要解释什么引起了冲突。为此，要求编辑程序必须理解规则和各种事实的含义。

4.7 Prolog 语言

4.7.1 Prolog 语言的特点

Prolog 是英文 PROgramming in LOGic 的缩写，是最有影响的人工智能语言之一。由于该语言很适合表达人的思维和推理规则，在自然语言理解、机器定理证明、专家系统等方面得到了广泛的应用，已经成为人工智能应用领域强有力的开发语言。

Prolog 是一种说明性语言，其理论基础是一阶谓词逻辑。使用 Prolog 能够比其他的语言更快速地开发程序，我们只需要告诉它做什么，而不必告诉它怎么做，在运用 Prolog 进行程序设计时，重点在于对那些与问题有关对象间的逻辑描述，在这种逻辑描述的基础上，Prolog 运用自身具有的问题求解机制解决问题。

Prolog 语言最早是由法国马赛大学的 Colmerauer 和他的研究小组于 1972 年研制成功的。早期的 Prolog 版本都是解释型的，自 1986 年美国 Borland 公司推出编译型 Prolog，即 Turbo Prolog 以后，Prolog 便很快在 PC 上流行起来。后来又经历了 PDC Prolog、Visual Prolog 等不同版本的发展。

1. TurboProlog 与 PDC Prolog

由美国 Prolog 开发中心（Prolog Development Center, PDC）开发，其 1.0、2.0、2.1 版本取名为 Turbo Prolog，主要在 IBM PC 系列计算机，MS-DOS 环境下运行。1990 年后，PDC 推出新的版本，更名为 PDC Prolog 3.0、3.2，它把运行环境扩展到 OS/2 操作系统，并且向全世界发行。Turbo Prolog 与 PDC Prolog 具有速度快，功能强，拥有集成化开发环境，可同其他语言接口，能实现动态数据库和大型外部数据库，可直接访问机器系统硬件、图形、窗口等特点。

2. VisualProlog

VisualProlog 是基于 Prolog 语言的可视化集成开发环境，是 PDC 推出的基于 Windows 环境的智能化编程工具。目前，Visual Prolog 在美国、西欧、日本、加拿大、澳大利亚等国家和地区十分流行，是国际上研究和开发智能化应用的主流工具之一。

VisualProlog 具有模式匹配、递归、回溯、对象机制、事实数据库和谓词库等强大功能。它包含构建大型应用程序所需的一切特性：图形开发环境、编译器、连接器和调试器，支持模块化和面向对象程序设计，支持系统级编程、文件操作、字符串处理、位级运算、算术与逻辑运算，以及与其他编程语言的接口。

VisualProlog 包含一个全部使用 Visual Prolog 语言写成的有效的开发环境，包含对话框、菜单、工具栏等编辑功能。

虽然 Prolog 有许多版本，不同版本所包含的内容以及书写程序的格式要求会有所不同，但其核心部分是一致的，核心部分称为基本 Prolog。

4.7.2 基本 Prolog 的程序结构

Prolog 语言结构十分简单，只有三种语句结构，分别称为事实、规则和问题。

1. 事实（fact）

格式：谓词名[(<项表>)].

其中谓词名是以小写英文字母打头的字母、数字、下划线等组成的字符串。项表是用逗号隔开的多个项。项可以是常量或变量表示的简单对象以及函数、结构和表等复合对象，即事实的形式是一个原子谓词公式。项表中出现的变量应以大写字母开头，谓词名应以小写字母开头。事实的最后要用实心的句点"."结束。

功能：一般表示对象的属性、状态或多个对象间的关系等。

例如：

student("张三").

likes("李四","音乐").

就是 Prolog 中的两个合法事实。分别表示"张三是学生"和"李四喜欢音乐"。

作为特殊情形，一个事实也可以只有谓词名。

例如：

    abc.

    repeat.

2. 规则（rule）

格式：谓词名[(<项表>)]:-谓词名[(<项表>)]{,谓词名[(<项表>)]}.

其中"：-"号表示"if"，其左部的谓词是规则的结论（也称为规则头），右部的谓词是规则的前提（亦称为规则体），[ ] 表示其中的内容是可选的，{} 表示其中内容可零次或多次重复，逗号表示 and（逻辑与），即规则的形式是一个逻辑蕴含式。规则的最后要用实心的句点"."结束。

功能：一般表示对象间的因果关系、蕴含关系或对应关系。

例如：friend("赵六",X):-likes(X,"阅读"),likes(X,"音乐").

表示"如果 X 爱好阅读，并且 X 爱好音乐，则 X 是赵六的朋友"。

再比如：grandfather(X,Y):-father(X,Z),father(Z,Y). 表示"如果 X 是 Z 的父亲并且 Z 又是 Y 的父亲,则 X 是 Y 的祖父"。

作为特殊情形，规则中的谓词也可以只有谓词名而无参量。

例如：

    run:-path(a,X),write("X=",X),nl,fail.

3. 问题（question）

格式:? -谓词名[(<项表>)]{,谓词名[(<项表>)]}.

功能：表示用户的询问，即程序运行的目标。

例如：

    ? -student("张三").

表示"张三是学生吗?"。

Prolog 程序中的问题也被称作目标,目标可以由一个谓词构成也可以由多个谓词构成。如果目标由多个谓词构成,则多个谓词间由逗号隔开,每个谓词都被称作一个子目标。问题的最后可用实心的句点"."结束(有些版本不要求),问题的格式在 Prolog 不同版本中也稍有不同。

总之,Prolog 程序一般由一组事实、规则和问题组成。"问题"是程序执行的起点。

【例 4-1】

likes("张三","运动").

likes("李四","音乐").

likes("李四","运动").

likes("王五","旅游").

friend("赵六",X):-likes(X,"阅读"),likes(X,"音乐").

friend("赵六",X):-likes(X,"运动"),likes(X,"音乐").

? -friend("赵六",Y).

本例中前四句是四个事实,第五、六句是两条规则,第七句是问题(目标)。本例中的问题也可以是:

? -likes("张三",X).

或

? -likes("李四","音乐").

或

? -friend(X,Y).

或

? -likes("李四","运动"),likes("张三","音乐"),friend("赵六",X).

对于不同的问题,程序运行的结果一般是不一样的。

4.7.3 Prolog 程序的运行机理

Prolog 程序的运行是从目标出发,并不断进行匹配合一、归结,有时还要回溯,直到目标被完全满足或不能满足时为止。下面引入几个概念。

自由变量与约束变量:Prolog 中称无值的变量为自由变量,有值的变量为约束变量。一个变量取了某值就说该变量约束于某值,或者说该变量被某值所约束,或者说该变量被某值实例化了。在程序运行期间,一个自由变量可以被实例化而成为约束变量,反之,一个约束变量也可被解除其值而成为自由变量。

匹配合一:两个谓词可匹配合一,是指两个谓词的谓词名相同,项的个数相同,参量类型对应相同,并且对应参量项还满足下列条件之一:

1)如果两个都是常量,则必须完全相同。

2)如果两个都是约束变量,则两个约束值必须相同。

3)如果其中一个是常量,一个是约束变量,则约束值与常量必须相同。

4)至少有一个是自由变量。

【例 4-2】

prel("ob1","ob2",Z).

prel("ob1",X,Y).

只有当变量 X 被约束为 "ob2"，且 X，Y 的约束值相同或者至少有一个是自由变量时，它们才是匹配合一的。

PROLOG 的匹配合一与归结原理中的合一十分类似，但这里的合一同时也是一种操作。这种操作可使自由变量与常量之间、两个自由变量之间建立一种对应关系，使得常量作为对应变量的约束值，或两个对应的自由变量始终保持一致，即若其中一个被某值约束，则另一个也被同一值约束；反之，若其中一个的值被解除，则另一个的值也被解除。

合一操作是 Prolog 的一个特有机制。

回溯：对于多个子目标的情况，当某一个子目标找不到能与之匹配合一的谓词时，如果该子目标前面存在一个已经满足的子目标，则撤销已经满足的子目标有关变量的约束值，使其重新满足。成功后，再继续满足原子目标。如果失败的子目标前再无子目标，则控制就返回到该子目标的上一级目标（即该子目标谓词所在规则的头部）使它重新匹配。

回溯也是 Prolog 的一个重要机制。

下面，我们通过例 4-2 给出的程序分析其运行过程，以说明 Prolog 的运行机理。

likes("张三","运动").　　　　　　　　　　　　　　　　　　(1)

likes("李四","音乐").　　　　　　　　　　　　　　　　　　(2)

likes("李四","运动").　　　　　　　　　　　　　　　　　　(3)

likes("王五","旅游").　　　　　　　　　　　　　　　　　　(4)

friend("赵六",X):-likes(X,"阅读"),likes(X,"音乐").(5)

friend("赵六",X):-likes(X,"运动"),likes(X,"音乐").(6)

? -friend("赵六",Y).

本例的目标是求赵六的朋友是谁。这时，系统对程序进行扫描，寻找能与 friend（"赵六",Y）匹配合一的事实或规则头部。显然，程序中前面的四条事实均不能与目标匹配，而第五个语句的左端，即规则的头部可与目标谓词匹配合一。但由于这个语句又是一个规则，所以其结论要成立则必须其前提全部都成立。于是，对原目标的求解就转化为对新目标

likes(X,"阅读"),likes(X,"音乐"). 的求解。

这实际是经归结，规则头部被消去，而目标子句变为

? -likes(X,"阅读"),likes(X,"音乐").

现在依次对子目标 likes（X,"阅读"）和 likes（X,"音乐"）求解，如果能够找到同时满足这两个子目标的 X 值，则由匹配合一的概念可知，此时的 X 取值就是 Y 的值，即问题的答案。

子目标的求解过程，与主目标完全一样，也是从头对程序进行扫描，不断进行测试和匹配合一等，直到匹配成功或扫描完整个程序为止。

可以看出，对第一个子目标 likes（X,"阅读"）的求解因无可匹配的事实和规则而立即失败，进而导致规则 Friend（"赵六"，X）：-likes（X,"阅读"），likes（X,"音乐"）的整体失败。于是，刚才的子目标 likes（X,"阅读"）和 likes（X,"音乐"）被撤销，系统又回溯到原目标 friend（"赵六"，X）。

　　这时，系统从该目标刚才的匹配语句处（即第五句）向下继续扫描程序中的子句，试图重新使原目标匹配，结果发现第六条语句的左部，即规则：

　　friend("赵六",X):-likes(X,"运动")，likes（X,"音乐"）.

的头部可与目标为谓词匹配。但由于这个语句又是一个规则，于是，这时对原目标的求解，就又转化为依次对子目标：

　　likes(X，"运动")和likes(X，"音乐").的求解。

　　这次子目标likes（X，"运动"）与程序中的事实立即匹配成功，且变量X被约束为"张三"，于是，系统便接着求解第二个子目标。由于变量X已被约束，所以这时第二个子目标实际上已变成了likes（"张三","音乐"）.。

　　由于程序中不存在事实likes（"张三","音乐"），所以该目标的求解失败。于是，系统就放弃这个子目标，并使变量X恢复为自由变量，然后回溯到第一个子目标，重新对它进行求解。由于系统已经记住了刚才已同第一子目标谓词匹配过的事实的位置，所以重新求解时，便从下一个事实开始测试。易见，当测试到程序中第三个事实时，第一个子目标便求解成功，且变量X被约束为"李四"。这样，第二个子目标也就变成了：

　　likes("李四","音乐").

　　再对它进行求解。这次很快成功。

　　由于两个子目标都求解成功，所以，原目标friend("赵六",Y）也成功，且变量Y被约束为"李四"（由Y与X的合一关系）。于是，系统回答：Y="李四"，程序运行结束。

　　上面只给出了问题的一个解。如果需要和可能的话，系统还可把"赵六"的所有朋友都找出来。

　　上述程序的运行是一个通过推理实现的求值过程。我们也可以使它变为证明过程。例如，把上述程序中的询问改为：friend("赵六","李四")，则系统会回答：yes；若将询问改为：friend("赵六","王五")，则系统会回答：No solutions。

4.7.4　Turbo Prolog 程序结构

　　一个完整的 Turbo Prolog 程序包括常量段、领域段、数据库段、谓词段、目标段和子句段等六个部分及指示编译程序执行特定任务的编译指令：

```
/ * <注释> */
<编译指令>
constants
     <常量说明>
domains
     <域说明>
database
     <数据库说明>
predicates
     <谓词说明>
goal
     <目标语句>
```

clauses

    <子句集>

一个 Turbo Prolog 程序不一定要包括上述所有段，但一个程序至少要有 predicates 段和 clauses 段。

领域段（domains）用于说明程序谓词中所有参量的领域。领域的说明可能会出现多层说明，直到最终说明到 Turbo Prolog 的标准领域为止。Turbo Prolog 的标准领域即标准数据类型，包括整数（integer）、实数（real）、字符（char）、子符串（string）和符号（symbol）等。

谓词段（predicates）用于说明程序中用到的谓词名和谓词参量项所属领域。

子句段（clauses）用于存放所有事实和规则。

目标段（goal）用于存放程序目标；目标段可以只有一个目标谓词，也可以有多个目标谓词。

存放在目标段中的目标，称为内部目标；在程序运行时临时给出目标，称为外部目标。

4.7.5 Turbo Prolog 的数据与表达式

1. 领域

Turbo Prolog 谓词中各个项的取值范围被称作领域。Turbo Prolog 包括整数（integer）、实数（real）、字符（char）、字符串（string）和符号（symbol）等五种标准领域，还有结构、表和文件等三种复合域。

结构也称复合对象，它是 Turbo Prolog 谓词中的一种特殊的项。结构的一般形式为：

函数名（〈参量表〉）

复合对象可表达树形数据结构。

例如：likes（tom，sports（football，basketball，table_ tennis））.

其中 sports（football，basketball，table_ tennis）就是一个结构，即复合对象。复合对象在程序中的说明，需分层进行，直至标准领域：

domains

    name = symbol   / * symbol 为标准领域 * /

    sy = symbol   / * symbol 为标准领域 * /

    sp = sports（sy，sy，sy）

predicates

    likes（name，sp）

或：

domains

    sp = sports（symbol，symbol，symbol）

predicates

    likes（symbol，sp）

表的一般形式是：$[x_1, x_2, \cdots, x_n]$

其中 $x_i (i = 1, 2, 3 \cdots n)$ 为 Prolog 的项，一般要求同一个表的元素属于同一领域。不含任何元素的表称为空表，记为 [ ]。

例：

[1,2,3]

[apple,orange,banana,grape,cane]

[ ]

表的最大特点是其元素个数可在程序运行期间动态变化。表的元素也可以是结构或表，在这种情况下其元素可以属于不同领域。

表的说明方法是在其组成元素的说明符后加一个星号 *。

例如：

    domains

        lists = string *

    predicates

        pl(lists)

说明谓词 pl 中的项 lists 是一个由串 string 组成的表。

2. 常量与变量

Turbo Prolog 的常量和变量有整数、实数、字符、串、符号、结构、表和文件这八种数据类型。变量名由大写字母开头的字母、数字和下划线序列构成，或者只有一个下划线。只有一个下划线的变量称为无名变量。

3. 算术表达式

Turbo Prolog 提供了五种最基本的算术运算：加、减、乘、除和取模，相应运算符号为 +、−、*、/、mod，这五种运算的顺序为：*、/、mod 为同一级，+、−为同一级，前者优先于后者。同级从左到右按顺序运算，括号优先。

算术表达式的形式与数学中的形式基本一样。

例如：

    X+Y * Z

    A * B−C/D

    U   mod   V

即是说，Turbo Prolog 中算术表达式采用通常数学中使用的中缀形式。这种算术表达式为 Prolog 的一种异体结构。Prolog 提供了若干内部谓词，来实现算术运算、输入/输出等操作。

内部谓词不是由编程者自己定义的，而是由 Prolog 系统预先提供的谓词。编程时可以不加定义地直接利用这些谓词，因而为程序设计提供了便利。内部谓词由系统实现，因此他们的执行效率很高。

4. 关系表达式

Turbo Prolog 提供了六种常用的关系运算：<，<=，=，>，>=，<>

Turbo Prolog 的关系表达式例子：

    X+1>=Y

    X<>Y

而如果按 Turbo Prolog 形式来表示，则上面的两个例子为：>=(X+1,Y) 和<>(X,Y)

上述六种关系运算符，实际上是 Turbo Prolog 内部定义好的六个内部谓词。

说明："="的用法比较特殊，它既可以表示比较，也可以表示约束值，即使在同一个规则中的同一个"＝"也是如此。

例如：

$$p(X,Y,Z):-Z=X+Y$$

当变量 X、Y、Z 全部被实例化时，"＝"就是比较符。对于问题

goal

$$p(3,5,8).$$

机器回答：yes

而对于 goal

$$p(3,5,7).$$

机器回答：no

但当 X、Y 被实例化，而 Z 未被实例化时，"＝"就是约束符。

goal

$$p(3,5,Z).$$

机器回答：Z＝8

这时，机器使 Z 实例化为 X+Y 的结果。

5. 输入与输出

1）readln（X）从键盘上读取一个字符串，然后约束给变量 X。

2）readint（X）从键盘上读取一个整数，然后约束给变量 X，如果键盘上打入的不是整数则该谓词失败。

3）readreal（X）从键盘上读取一个实数，然后约束给变量 X，如果键盘上打入的不是实数则该谓词失败。

4）readchar（X）从键盘上读取一个字符，然后约束给变量 X，如果键盘上打入的不是单个字符，则该谓词失败。

5）write（X_1，X_2，$\cdots X_n$）的功能是把项 Xi 的值显示在屏幕上或者打印在纸上，当有某个 Xi 未实例化时，该谓词失败，其中 Xi 可以是变量，也可以是字符串或数字。

例如：write("computer","PROLOG",Y,1992)

6）nl 换行谓词，它们后面的输出另起一行。另外，利用 write 的输出项"\n"也同样可起换行的作用。

write("name"),nl,write("age")

与 write("anme","\n","age")的效果完全一样。

6. 表处理与递归

表是 Prolog 中一种非常有用的数据结构。表的表述能力很强，数字中的序列、集合，通常语言中的数组、记录等均可用表来表示。表的最大特点是其长度不固定，在程序的运行过程中可动态地变化。具体来讲，就是在程序运行时，可对表实行一些操作，如给表中添加一个元素，或从中删除一个元素，或者将两个表合并为一个表等。用表还可以方便地构造堆栈、队列、链表、树等动态数据结构。

表还有一个重要特点，就是它可以分为头和尾两部分。表头是表中的第一个元素，而表尾是表中的除第一个元素外的其余元素按原来顺序组成的表。

表	表头	尾
[1,2,3,4,5]	1	[2,3,4,5]
[apple,orange,banana]	apple	[orange,banana]
["PROLOG"]	"PROLOG"	[ ]
[ ]	无定义	无定义

在程序中是用竖线"｜"来区分表头和表尾，而且还可以使用变量。例如一般地 [H｜T] 来表示一个表，其中 H、T 都是变量，H 为表头，T 为表尾。表的这种表示法为表的操作提供了极大的方便。

例：

表1	表2	合一后的变量值
[X｜Y]	[a,b,c]	X=a,Y=[b,c]
[X｜Y]	[a]	X=a,Y=[ ]
[a｜Y]	[X,b]	X=a,Y=[b]
[X,Y,Z]	[a,b,c]	X=a,Y=b,Z=c
[[a,Y]｜Z]	[[X,b],[c]]	X=a,Y=b,Z=[[c]]

还需说明的是，表中的竖杠"｜"后面只能有一个变量，但竖杠前面的变量可以多于一个。另外，竖杠的前面和后面也可以是常量。如无竖杠"｜"，则不能分离出表尾。例如，表 [X,Y,Z] 与 [a,b,c] 合一后得 X=a，Y=b，Z=c. 其中 Z 并非等于 [c]。

7. 回溯控制

Prolog 在搜索目标解的过程中，具有回溯机制，即当某一个子目标不能满足时，就返回到该子目标的前一个子目标，并放弃当前约束值，使它重新匹配合一。

在实际问题中，有时却不需要回溯，例：

 …

 uncle(X,Z):-father(Y,Z),brother(X,Y).

 ….

 ? -uncle(U,tom).

为此 PROLOG 专门定义了一个阻止回溯的内部谓词"！"，称为截断谓词。

截断谓词语义：

1）若将"！"插在子句体内作为一个子目标，它总是立即成功；

2）若"！"位于子句体的最后，则它就阻止它所在子句的头谓词的所有子句的回溯访问，而让回溯跳过该头谓词，去访问前一个子目标：

3）若"！"位于其他位置，则当其后发生回溯且回溯到"！"处时，就在此处失败，并且"！"还使它所在的子句的头谓词整个失败，即迫使系统直接回溯到该头谓词的前一个子目标。

例1：   例2：

  p(a).   p(a).

  p(b).   p(b).

  q(b).   q(b).

  r(X):-p(x),q(X). r(X):-p(x) ,!, q(X).

r(c).　　　　　　　r(c).

? - r(Y).　　　　? - r(Y).

对于例1目标：r（Y）. 可有一个解 Y＝b

对于例2目标：r（Y）. 却无解。

这是由于例2添加了截断谓词"!"，求解时，X被约束到a，然后"!"，但在求解子目标q（a）时遇到麻烦，于是又回溯到"!"，而"!"阻止了对p（X）的下一个子句p（b）和r的下一个定义子句r（c）的访问。从而，导致整个求解失败。

【例4-3】 简单的路径查询程序。程序中的事实描述了如图4-4所示的有向图，规则是图中两节点间有通路的定义。

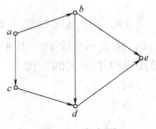

图 4-4　有向图

Predicates

　　road（symbol,symbol）

　　path（symbol,symbol）

Clauses

　　road(a,b).

　　road(a,c).

　　road(b,d).

　　road(c,d).

　　road(d,e).

　　road(b,e).

　　path(X,Y):-road(X,Y).

　　path(X,Y):-road(X,Z),path(Z,Y).

程序中未含目标，所以运行时需给出外部目标。

例如当给出目标：path(a,c). 系统将回答：yes。

但当给目标：path(e,a). 时，系统则回答：no

如果给出目标：run . 且在程序中增加子句：

run:-path(a,X),write("X＝",X),nl,fail.

run.

运行结果：

X＝b

X＝c

X＝d

X＝e

X＝d

X＝e

X＝e

其中 fail 是内部谓词，表示恒失败。因此，当规则 run：-path（a，X），write（"X＝"，X），nl,fail. 中的第一个子目标 path（a，X）得到满足（即找到一条路径）后，内部谓词 write 显示 X 的值，内部谓词 nl 回车换行，遇到恒失败 fail 后，将引起回溯，直到显示出所有路径。而子句 run. 用于控制程序正常结束。

【例 4-4】 求阶乘程序，程序中使用了递归。

/＊求阶乘程序＊/

domains

    n,f＝integer

predicates

    factorial(n,f)

goal

    readint(I),factorial(I,F),write(I,"! ＝",F).

clauses

    factorial(1,1).

    factorial(N,Res):-N>0,

                N1＝N-1,

                factorial(N1,FacN1),

                Res＝N＊FacN1.

程序运行时，从键盘上输入一个整数，屏幕上将显示其阶乘数。

【例 4-5】 输出 1 到 10 的整数，程序中使用了递归。

predicates

    count(integer).

clauses

    count(11):-write("That′s all folks!"),!.

    count(Number):-write(Number),nl,NextNumber ＝ Number + 1,count(Nextnumber).

goal

    count(1).

本例中，由于程序的目标是 count(1)，所以程序开始运行时用 count(1) 调用这个谓词，它会先写出 1，接着加 1 得到 2，然后它用 count(2) 调用自己，写出 2，又加 1，得到 3……，直到调用 count (11)，会与规则 count(11):-write("That′s all folks!"),!. 匹配成功，由于截断的作用，回溯停止，程序运行结束。

上述各例可在 Turbo Prolog 环境下正确运行，由于 Turbo Prolog 环境相对比较容易掌握，本书不予介绍。

4.7.6 Visual Prolog 介绍

前面讲述了 Turbo Prolog 程序结构及编程思想，由于 Visual Prolog（缩写为 VIP）是基于图形用户界面（GUI）、面向对象的程序设计（OOP）语言，程序的运行环境为 MsWindows，因此 Visual Prolog 较之 Turbo Prolog 又有了较大扩充，编写 Visual Prolog 程序比编写 Turbo Prolog 程序所需要的知识也更多，编程也更为复杂。而 Visual Prolog 为我们提供的集成开发环境（IDE）可以使我们编写 Visual Prolog 程序变得容易。

下面通过 ［例 4-5］ 中输出 1 到 10 的整数这个问题在 Visual Prolog 的实现过程来初步认识一下 Visual Prolog。由于本课程主要注重 Prolog 本身，而不是图形用户界面（GUI），因此，这里的输出方式使用的是控制台输出，且并未涉及面向对象程序设计的深层次的内容。

进入 Visual Prolog7.2，将打开 Visual Prolog 集成开发环境（IDE），如图 4-5 所示。

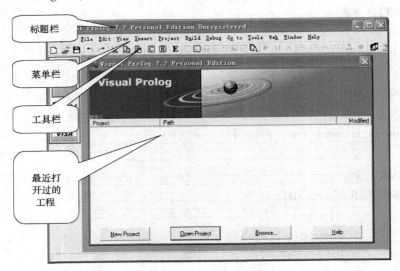

图 4-5　集成开发环境 IDE

上述集成开发环境中的标题栏、菜单栏、工具栏的作用我们已经很熟悉了，需要说明的是 "工程" 这个词。由于一个 Visual Prolog 程序包括很多内容，因此每当编写一个 Visual Prolog 程序就需要建立一个工程，用来保存这些内容。

有两种办法创建工程：一是当启动 Visual Prolog 时，点击最近打开过的工程列表窗口底部的 New Project 按钮来创建新工程。二是在菜单栏上点击 Project 菜单，在下拉菜单中点击 "New"，创建新工程。

当创建一个新的工程时，IDE 会打开一个新的窗口用来输入（或选择）工程所需要的一些内容。

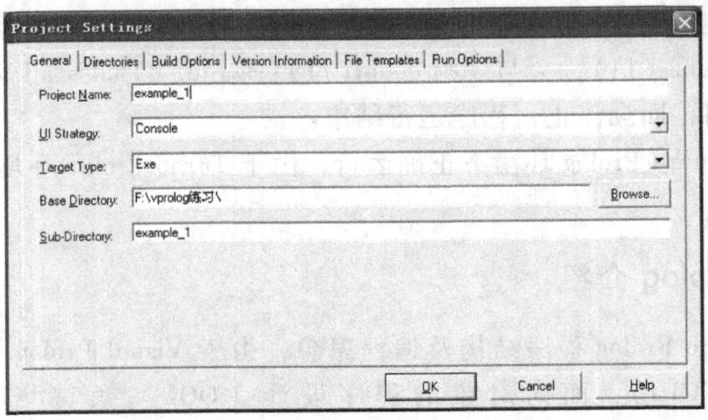

图 4-6　工程内容设置窗口

这些内容包括工程名（Project Name）、用户界面类型（UI Strategy）、目标类型（Target Type）、基本目录（Base Directory）、子目录（Sub-Directory）等。

用户界面类型（UI Strategy）可以是图形用户界面（GUI）或控制台界面（Console）。

目标类型（Target Type）是指 IDE 编译后要产生的程序类型，可以是 EXE 文件或 DLL 文件。

基本目录（Base Directory）是程序所属的文件夹，要创建的程序所产生的所有文件夹都在这个基本目录中。

子目录（Sub‑Directory）是要存储程序的文件夹。当输入工程名时，该子目录名与工程名形同。如果愿意也可以改变它。

本窗口中还有 Directories、Build Options 等其他标签页，这里不再一一介绍。

单击 OK 按钮，出现如图 4-7 所示的工程树。所谓工程树，是当前工程所有文件的一个总览，外观类似于 Windows 的资源管理器，实际上它显示的就是硬盘目录结构的一部分。

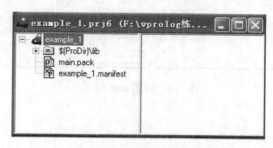

图 4-7   工程树

现在产生了一个工程的框架，还没有生成程序代码，还需要应用 IDE 的生成功能产生必要的代码。在任务菜单中选 Build→Build 项，生成代码后工程树窗口增加了几个文件，如图 4-8 所示。

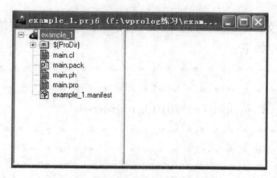

图 4-8   生成代码后的工程树

在 IDE 的菜单栏中点击 File→New ini New Package，弹出如图 4-9 所示的创建工程项目的窗口。

按照图中所示在对话框左侧选择 Class，输入类的名字为 counter，选择一个已经存在的包（main.pack），去掉 creates object 选项（因为这个类只当一个模块来用）。

单击 Create 按钮，IDE 会打开 counter.cl 和 counter.pro 文件。

在文件 counter.cl 中输入谓词 count 的声明：Count：（integer Number）procedure．后关闭 counter.cl 所在窗口。counter.cl 文件内容如下：

```
class counter
    open core
```

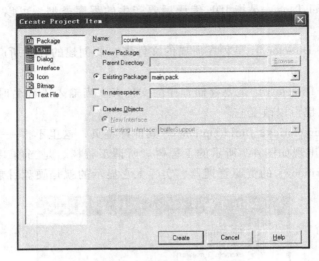

图 4-9　创建 counter 类

predicates

　　classInfo : core::classInfo.

　　% @ short Class information predicate.

　　% @ detail This predicate represents information predicate of this class.

　　% @ end

　　Count:(integer Number) procedure .

end class counter

在文件 counter. pro 文件中加上谓词 count 定义的子句(如下程序清单的倒数 3、4、5 行),
counter. pro 文件内容如下:

/ *
* *

　　　　　　　　Copyright (c) 2010 Unregistered

* *
* */

implement counter

　　open core

constants

　　className = " counter".

　　classVersion = " ".

clauses

　　classInfo(className, classVersion).

　　count(11):-stdIO::write("That's all folks! "), ! .

　　count(Number):-stdIO::write(Number),stdIO::nl,

　　　　NextNumber = Number + 1,count(NextNumber).

end implement

counter 程序中的 stdIO∷nl 使每个数字各占一行。

由于本程序使用控制台（console）策略，所以还要在目标中插入正确的代码。先在任务菜单中选 Build→Build 项构造工程，然后在 main.pro 文件中找到下面的子句：

```
clauses
    run（）∶ -
    console∶: init（），
    succeed（）. % place your own code here
end implement main
```

把它改成：

```
clauses
    run（）∶ -
    console∶: init（），
    counter∷ count（1），
    _ X = stdIO∷ readChar（）.
end implement main
```

再次通过任务菜单中选 Build→Build 项构造工程。

程序中子句 counter∷ count(1) 用于启动计数，子句_X = stdIO∷readChar（）会使程序输出完毕后强迫程序等待，直到用户单击回车键。如果没有这个句子，还没等用户看清程序输出的内容，MsDOS 控制台就会消失。

找到 example_ 1.exe，双击运行程序，会出现一个 MsDOS 窗口，程序显示计数的情况。

4.7.7 PIE：Prolog 的推理机

PIE 是 Visual Prolog 中的一个例子，在使用之前需要安装它。如果还没有安装，请按下面的步骤进行安装：

1）在 Windows 的开始菜单中选择安装（Start→Visual Prolog7.2→Setup Examples）。

2）启动 VisualProlog。

3）可以在安装的 Examples 文件夹中找到 PIE 工程，在 IDE 中打开这个工程并编译后产生 pie.exe 文件。

找到 pie.exe 文件双击，打开如图 4-10 所示的推理机界面。

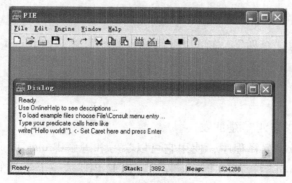

图 4-10　PIE（Prolog 推理机）界面

选择 File→New，将打开程序窗口，它用于输入 Prolog 程序，包括事实和规则。在程序窗口中输入下面子句：

likes("张三","运动").

likes("李四","音乐").

likes("李四","运动").

likes("王五","旅游").

friend("赵六",X):-likes(X,"阅读"),likes(X,"音乐").

friend("赵六",X):-likes(X,"运动"),likes(X,"音乐").

如图 4-11 所示。

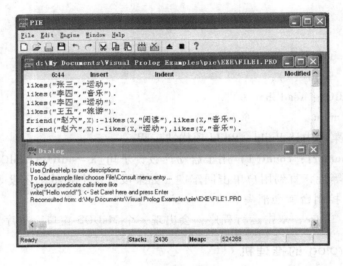

图 4-11　新建文件后的 PIE

在 PIE 主菜单中选择 Engine→Reconsult，将会把文件装入到推理机。在对话框中，还将得到类似如下的信息：

Reconsulted from：d：\My Documents\Visual Prolog Examples\pie\EXE\FILE1.PRO

在对话框窗口 Dialog 中空白行输入需要求解的目标（问题），不能带前缀 "？-"，如：friend（"赵六",X）。回车，在对话框窗口将得到：

X = "李四".

1 Solution

表示赵六的朋友是"李四"。你可以继续输入其他目标，如 friend（X，Y）

X = "赵六".

Y = "李四".

1 Solution。

表示"赵六"和"李四"是朋友。

PIE 是经典的 Prolog 解释程序，使用它可以学习和理解 Prolog 而又不用去考虑类、类型以及图形界面等问题，可运行基本 Prolog 程序。因此 PIE 是一个学习 Prolog 编程的很好的练习场所。

习　题

1. 什么是专家系统？专家系统与传统程序有哪些区别？

2. 专家系统有哪些主要类型？

3. 理想专家系统有哪几部分组成？

4. 设某小型动物园有老虎、金钱豹、斑马、长颈鹿、鸵鸟、企鹅、信天翁 7 种动物，试编写一个小型的动物识别专家系统。其中，知识库中的知识用产生式规则来表示，共有如下 15 条规则：

规则 1：IF 该动物有奶

　　　THEN 该动物是哺乳动物。

规则 2：IF 该动物有毛发

　　　THEN 该动物是哺乳动物。

规则 3：IF 该动物有羽毛

　　　THEN 该动物是鸟。

规则 4：IF 该动物会飞　　　AND　会下蛋

　　　THEN 该动物是鸟。

规则 5：IF 该动物有爪　　　AND　有犬齿　AND　眼盯前方

　　　THEN 该动物是食肉动物。

规则 6：IF 该动物吃肉

　　　THEN 该动物是肉食动物。

规则 7：IF 该动物是哺乳动物　　AND　有蹄

　　　THEN 该动物是有蹄类动物。

规则 8：IF 该动物是哺乳动物　　　AND　　嚼反刍

　　　THEN 该动物是有蹄类动物。

规则 9：IF 该动物是哺乳动物　AND 是食肉动物 AND 是黄褐色 AND 身上有黑色条纹

　　　THEN 该动物是虎。

规则 10：IF 该动物是哺乳动物　AND 是食肉动物 AND 是黄褐色　AND 身上有暗斑点

　　　THEN 该动物是金钱豹。

规则 11：IF 该动物是有蹄类动物 AND 有长脖子　AND 有长腿　　　AND 身上有暗斑点

　　　THEN 该动物是长颈鹿。

规则 12：IF 该动物是有蹄类动物 AND 身上有黑色条纹

　　　THEN 该动物是斑马。

规则 13：IF 该动物是鸟　AND 不会飞　AND 有长腿　AND 长脖子　AND 是黑白二色

　　　THEN 该动物是鸵鸟。

规则 14：IF 该动物是鸟　AND 不会飞　AND 会游泳　AND 是黑白二色

　　　THEN 该动物是企鹅。

规则 15：IF 该动物是鸟　　AND 善飞

　　　THEN 该动物是信天翁。

第5章

模糊理论及应用

人类的语言非常丰富，语言是人类相互沟通的主要渠道。经典集合是非常好的，因为有许多对象可以被准确地划分，例如：到今年 9 月 1 日年满 6 周岁的儿童可以上小学。其中"到今年 9 月 1 日年满 6 周岁的儿童"是个经典集合，它清晰地给出了儿童上小学的年龄限制，对于这个集合，所有儿童只有属于或不属于两种情况。

另一方面，在现实生活中，存在着大量的不能精确定义的事物。古希腊有一个著名的秃头悖论，它产生的关键在于秃与不秃是不能用精确的语言加以定义的。我们也看到，在日常语言中，经常会用到一些概念模糊的词汇，但人们听起来却心领神会。比如，我们从书上看到一个"榨菜肉片粥"的食谱：

瘦肉洗净切片，用**少量**水、淀粉抓匀，入沸水**微微**汆烫后捞出，沥干水分；榨菜洗净切片；芹菜洗净切碎。

粳米淘洗净，与**适量**清水一同放入锅中，以**大火**煮滚，再改小火煮至熟。

锅置火上，放**少许**油烧热，爆香葱末和榨菜片，加入高汤煮滚，放入瘦肉片、盐、味精、葱末、芹菜末，然后倒入粥中，以**中火**煮沸，拌匀即可。

在食谱中，黑体所标的词汇都是非常含糊的描述，没有精确的概念，然而我们对这样的词汇却心领神会，相信自己依据这样的菜谱能做出一道好菜。

上面所提到的边界划分不清，难以精确地判断与推理的概念统称为模糊概念。

5.1　模糊理论的产生与发展

20 世纪 50 年代后，计算机技术开始发展，特别是其计算速度与存储能力的发展更加迅猛。它不仅可以解决复杂的数学问题，还可以参与控制复杂的系统，然而其判断与推理能力方面却常常不如人脑。一般来说，人脑具有处理模糊信息的能力，善于判断和处理模糊现象。但计算机对模糊现象识别能力较差。为了提高计算机识别模糊现象的能力，就需要把人们常用的模糊概念设计成机器能接受的指令和程序，以便机器能像人脑那样简洁灵活地做出相应的判断，从而提高自动识别和控制模糊现象的效率。为此，需要寻找一种描述和加工模糊信息的数学工具，这就推动了数学家深入研究模糊数学。所以，模糊数学的产生是有其科学技术与数学发展的必然性。

1965 年，美国加利福尼亚大学的著名教授查德（L. A. Zadeh）在他的《Fuzzy Sets》和《Fuzzy Algorithm》等论著中提出了模糊集合与模糊算法的概念，同时，第一次用数学方法成功描述了模糊概念，宣告了模糊数学的诞生。

模糊数学的诞生，解决了清晰数值与模糊概念之间的映射问题。以模糊集合论为基础的模糊数学，为经典数学与充满模糊的现实世界架起了一座桥梁。

模糊数学产生后，客观事物的确定性和不确定性在量的方面的表现，可作如下划分：

$$
量\begin{cases} 确定性——经典数学 \\ 不确定性\begin{cases} 随机性——统计数学 \\ 模糊性——模糊数学 \end{cases} \end{cases}
$$

这里应该指出，随机性和模糊性尽管都是对事物不确定性的描述，但二者是不能混淆的。统计数学研究随机现象，所研究的事物本身有着明确的含义，只是由于条件不充分，使得在条件与事件之间不能出现决定性的因果关系，这种在事件的出现与否上表现出的不确定性称为随机性。模糊数学是研究和处理模糊现象的，所研究的事物的概念本身是模糊的，即一个对象是否符合这个概念难以确定，这种由于概念的外延的模糊而造成的不确定性称为模糊性。

在随后的几十年中，模糊数学在理论上不断发展与完善，应用也日益广泛。它在模糊系统与模糊控制、模式识别、专家系统、信号处理、机器人以及决策分析等多个领域都得到了应用。

在模糊控制方面，1974 年，英国的 E. H. Mamdani 首次用模糊逻辑和模糊推理实现了世界上第一个实验性的蒸汽机控制，并取得了比传统的直接数字控制算法更好的效果，从而宣告模糊控制的诞生。

1980 年，丹麦的 L. P. Holmblad 和 Ostergard 在水泥窑炉中采用模糊控制并取得了成功，这是第一个商业化的有实际意义的模糊控制器。

自 20 世纪 80 年代后，模糊控制的应用技术逐渐趋于成熟，应用范围也越来越广，目前已经扩展到大众化产品中，例如，洗衣机、电冰箱、空调、吸尘器等；另一方面，各芯片公司也纷纷推出了具有模糊运算、模糊推理功能的专用芯片，从而使模糊控制技术更好地用于各种产品的开发与研究。

5.2 模糊理论的数学基础

5.2.1 经典集合论的基本概念

1. 集合的定义

集合是数学的一个基本分支，在数学中占据着一个极其独特的地位，其基本概念已经渗透到数学的所有领域。对于集合的概念，集合论的创立者德国数学家康托（George Contor）是这样定义的：把若干确定的、有区别的（不论是具体的或抽象的）事物合并起来，看作一个整体，这个整体就叫做集合，其中的每个事物称为该集合中的元素。

2. 集合的基本术语

（1）论域　把要考虑的事物（对象）的全体称为论域，通常以英文大写字母如 U、V、X、Y、Z 等表示。

（2）元素　论域中的每个成员称为元素，通常以英文小写字母 a、b、c 等表示。

（3）空集　不包含任何元素的集合称为空集。

（4）有限集和无限集　若组成一个集合的元素是有限的，则称为有限集；否则称为无限集。

（5）子集　若集合 A 中的一部分元素组成集合 B，并且 B 的所有元素都属于 A，则称集合 B 是集合 A 的子集。

3. 经典集合的运算

经典集合最基本的运算有并、交、差、补共四种。

（1）并集　设有论域 U 上的三个集合 A、B 和 C，若 C 中的所有元素不属于 A 就属于 B，则称 C 为 A 和 B 的并集，记为 $A \cup B$，即

$$C = A \cup B = \{x \mid x \in A \ \text{或} \ x \in B\}$$

（2）交集　设有论域 U 上的三个集合 A、B 和 C，若 C 中的所有元素既属于 A 又属于 B，则称 C 为 A 和 B 的交集，记为 $A \cap B$，即

$$C = A \cap B = \{x \mid x \in A \ \text{且} \ x \in B\}$$

（3）差集　设有论域 U 上的三个集合 A、B 和 C，若 C 中的所有元素是由属于 A 但不属于 B 的元素所构成的集合，则称 C 为 A 和 B 的差集，记为 $A \setminus B$ 或 $A-B$，即

$$C = A - B = \{x \mid x \in A \ \text{且} \ x \notin B\}$$

（4）补集　设有论域 U 上的集合 A，则称 U 中不属于 A 的所有元素组成的集合 B 为 A 的补集，记为 A^C，即

$$B = A^C = U - A = \{x \mid x \notin A \ \text{且} \ x \in U\}$$

上面的经典集合运算可以用图 5-1 中的阴影来表示。

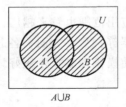 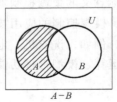 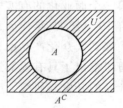

$A \cup B$ $\qquad\qquad$ $A \cap B$ $\qquad\qquad$ $A-B$ $\qquad\qquad$ A^C

图 5-1　经典集合运算图例

4. 经典集合运算的性质

设 A、B、C 为论域 U 上的三个经典集合，则其运算具有如下性质：

（1）交换律　$A \cup B = B \cup A$，$A \cap B = B \cap A$

（2）结合律　$(A \cup B) \cup C = A \cup (B \cup C)$，$(A \cap B) \cap C = A \cap (B \cap C)$

（3）分配律　$A \cap (B \cup C) = (A \cap B) \cup (A \cap C)$，$(A \cap B) \cap C = A \cap (B \cap C)$

（4）同一律　$A \cup U = U$，$A \cap U = A$

（5）对偶律（德·摩根律）　$(A \cup B)^C = A^C \cap B^C$，$(A \cap B)^C = A^C \cup B^C$

（6）双重否定律　$(A^C)^C = A$

（7）互补律　$A \cup A^C = U$，$A \cap A^C = \varnothing$

5.2.2　模糊集合的基本概念

经典集合具有两条最基本的性质：一是元素之间界限分明、概念清晰；二是元素与集合之间的关系也很清晰，要么是"属于"，要么是"不属于"，非此即彼。如果我们用"隶属

度"这个概念来表示集合中的某一个元素 x 隶属于集合 A 的程度，那么，在经典集合中，隶属度只有两个值："1"或"0"，即

$$\mu_A(x) = \begin{cases} 1, x \in A \\ 0, x \notin A \end{cases}$$

1. 模糊集合的定义

如果将隶属度的值域推广到闭区间 $[0,1]$，在此区间中，$\mu_A(x)$ 越大，表明 x 隶属于集合 A 的程度越高；反之，x 隶属于集合 A 的程度越低。这样，我们就有了模糊集合的定义。

【定义 5-1】 已知论域 U，U 到 $[0,1]$ 闭区间的任一映射 μ_A

$$\mu_A: U \to [0,1]$$
$$u \to \mu_A(u)$$

都确定 U 的一个模糊子集 A，μ_A 称为模糊子集的隶属函数，$\mu_A(u)$ 称为 u 对于 A 的隶属度。

显然，当 $\mu_A(u)$ 的值域为 $\{0,1\}$ 时，模糊集合已经蜕变为经典集合了。

2. 模糊集合的表示方法

对于论域 U 上的模糊集合 A，常用的表示方法有如下几种。

当 U 为离散有限域 $\{x_1, x_2, \cdots, x_n\}$ 时，常用 zadeh 表示法、序偶表示法以及向量表示法来表示模糊集合。

（1）zadeh 表示法

$$A = \frac{\mu_A(x_1)}{x_1} + \frac{\mu_A(x_2)}{x_2} + \cdots + \frac{\mu_A(x_n)}{x_n} = \sum_{i=1}^{n} \frac{\mu_A(x_i)}{x_i}$$

（2）序偶表示法

$$A = \{(x_1, \mu_A(x_1)), (x_2, \mu_A(x_2)), \cdots, (x_n, \mu_A(x_n))\}$$

（3）向量表示法

$$A = \{\mu_A(x_1), \mu_A(x_2), \cdots, \mu_A(x_n)\}$$

该方法中隶属度必须按照元素的顺序排列。

【例 5-1】 已知论域 $U = \{$语文,数学,体育,音乐,美术,英语$\}$，模糊集合 $A = $"王对功课的爱好"可分别表示为

zadeh 法

$$A = \frac{0.5}{语文} + \frac{0.8}{数学} + \frac{0.6}{体育} + \frac{0.9}{音乐} + \frac{0.3}{美术} + \frac{0.2}{英语}$$

序偶表示法

$$A = \{(语文, 0.5), (数学, 0.8), (体育, 0.6), (音乐, 0.9), (美术, 0.3), (英语, 0.2)\}$$

向量表示法

$$A = (0.5 \quad 0.8 \quad 0.6 \quad 0.9 \quad 0.3 \quad 0.2)$$

虽然 A 是模糊集合，但从上述 3 种表示方法中都可以很明确地看到：王同学非常喜欢音乐，最不喜欢英语，其他各门功课的喜爱程度也是一目了然。

（4）解析表示法

当 U 为连续域时，通常采用隶属函数的解析式表示法来表示。

【例 5-2】 设论域 $U = [0,100]$，模糊集合 $B = $"数值在 50 左右"，可以用解析表达式来

表示论域上任何一个元素 x 对于集合 B 的隶属度为

$$\mu_B(x) = \frac{1}{1+\left(\dfrac{x-50}{10}\right)^4} \quad x \in U$$

从解析表达式中，可以求出论域中任何一个数值对于模糊集合 B 的隶属度，例如 $\mu_B(10) = 0.0039$、$\mu_B(50) = 1$、$\mu_B(55.5) = 0.916$，显然 55.5 比 10 属于"数值在 50 左右"这一集合的程度更高。

3. 常用的隶属度函数

为了满足实际工作的需要，同时兼顾运算与处理方便，常用以下隶属函数来表示模糊集合。

（1）三角型

$$f(x,a,b,c) = \begin{cases} 0 & x \leqslant a \\ \dfrac{x-a}{b-a} & a < x \leqslant b \\ \dfrac{c-x}{c-b} & b < x \leqslant c \\ 0 & x > c \end{cases}$$

（2）钟型

$$f(x,a,b,c) = \frac{1}{1+\left(\dfrac{x-c}{a}\right)^{2b}}$$

其中，c 决定函数的中心位置，a、b 决定函数的形式。

（3）高斯型

$$f(x,\sigma,c) = e^{-\frac{(x-c)^2}{2\sigma^2}}$$

其中，c 决定函数的中心位置，σ 决定函数曲线的高度。

（4）梯型

$$f(x,a,b,c,d) = \begin{cases} 0 & x \leqslant a \\ \dfrac{x-a}{b-a} & a < x \leqslant b \\ 1 & b < x \leqslant c \\ \dfrac{d-x}{d-c} & c < x \leqslant d \\ 0 & x > d \end{cases}$$

（5）Sigmoid 型

$$f(x,a,c) = \frac{1}{1+e^{-a(x-c)}}$$

其中 a、c 决定函数的形状。

正确地确定隶属函数，是运用模糊集合理论解决实际问题的基础。隶属函数在确定的过程中，本质上说是客观的，但每一个人对于同一个模糊概念的认识和理解又有差异，因此，隶属函数的确定又带有主观性。一般是根据经验或统计来选取初步的隶属函数，再通过不同的学习与校正将其逐步完善；也可以由专家、权威给出。事实上，模糊集合是依赖于主观来描述客观事物的概念外延的模糊性，尽管不同人给出的隶属函数的形式不完全相同，只要能反映同一个模糊概念，在解决和处理实际模糊信息的问题中仍然殊途同归。可以设想，如果对任一模糊集合都有准确的隶属函数的确定方法，那么所谓的"模糊性"也就不存在了。

4. 模糊集合的运算

设 A、B 为论域 U 上的两个模糊集合，则模糊集合的基本运算定义如下：

（1）包含　若对于 U 中的每一个元素 u，都有 $\mu_A(u) \geqslant \mu_B(u)$，则称 A 包含 B，记作 $A \supseteq B$。

（2）相等　如果 $A \supseteq B$ 且 $B \supseteq A$，则称 A 与 B 相等，记作 $A = B$，即对于论域 U 中的每一个元素 u 都有 $\mu_A(u) = \mu_B(u)$。

（3）并运算（$A \cup B$）　对于论域 U 中的每一个元素 u，都有 $\mu_{A \cup B}(u) = \mu_A(u) \vee \mu_B(u)$，式中"$\vee$"表示取大运算。

（4）交运算（$A \cap B$）　对于论域 U 中的每一个元素 u，都有 $\mu_{A \cap B}(u) = \mu_A(u) \wedge \mu_B(u)$，式中"$\wedge$"表示取小运算。

（5）补运算（A^C）　$\mu_{A^c}(u) = 1 - \mu_A(u)$。

【例 5-3】　设 A 与 B 是论域 Y 上的两个模糊集合，已知 $A = \{0.4, 0.6, 0.8, 0.5, 0.3\}$，$B = \{0.7, 0.2, 0.6, 0.9, 0.1\}$，则通过模糊集合的运算可以得到

$$A \cup B = \{0.4 \vee 0.7, 0.6 \vee 0.2, 0.8 \vee 0.6, 0.5 \vee 0.9, 0.3 \vee 0.1\} = \{0.7, 0.6, 0.8, 0.9, 0.3\}$$

$$A \cap B = \{0.4 \wedge 0.7, 0.6 \wedge 0.2, 0.8 \wedge 0.6, 0.5 \wedge 0.9, 0.3 \wedge 0.1\} = \{0.4, 0.2, 0.6, 0.5, 0.1\}$$

$$A^c = \{0.6, 0.4, 0.2, 0.5, 0.7\}$$

5.2.3　模糊关系与复合运算

1. 模糊矩阵与模糊关系

客观事物之间往往都有一定的联系，描述这种联系的数学模型称为关系。经典关系用来表示两个或两个以上集合元素之间是否有关联、交互、互连等关系存在，它只有"有"或"无"两种状态，因此特征函数只能取"0"或"1"两个值。而模糊关系用来表示两个或两个以上集合元素之间关联、交互、互连等关系的程度，其特征函数可以取 $[0, 1]$ 之间的任意值。

【定义 5-2】　设 A、B 为论域 U 上的任意两个集合，若从 A、B 中各取一个元素 $x \in A$，$y \in B$，按照先 A 后 B 的顺序搭配成元素对 (x, y)，称为序偶或序对。所有以序偶构成的集合，称为集合 A 到集合 B 的直积（或笛卡尔积），记为

$$A \times B = \{(x, y) \mid x \in A, y \in B\}$$

直积不满足交换率，即一般情况下，$A \times B \neq B \times A$。

【例 5-4】　设集合 $A = \{1, 2, 3, 4\}$、$B = \{x, y\}$，求 $A \times B$ 和 $B \times A$。

$$A \times B = \{(1, x), (1, y), (2, x), (2, y), (3, x), (3, y), (4, x), (4, y)\}$$

$$B \times A = \{(x, 1), (x, 2), (x, 3), (x, 4), (y, 1), (y, 2), (y, 3), (y, 4)\}$$

【定义 5-3】　两个非空集合 U 与 V 之间的直积

$$U \times V = \{(u, v) \mid u \in U, v \in V\}$$

中的一个模糊子集 R 被称为是 U 到 V 的模糊关系。模糊关系 R 可以由下面的隶属函数来

表示：

$$\mu_R : U \times V \to [0,1]$$

模糊关系 R 可以用矩阵的形式来表示，这样的矩阵称为模糊矩阵。

【例5-5】 设 $U = \{a_1, a_2, \cdots, a_m\}$ 表示 m 个工厂的集合，$V = \{b_1, b_2, \cdots, b_n\}$ 表示 n 种化学原料的集合，对于每个 $a_i \in U(i = 1,2,\cdots,m)$，$b_j \in V(j = 1,2,\cdots,n)$，用 $\mu_R(a_i, b_j) \in [0,1]$ 来表示工厂 a_i 对原料 b_j 的依赖关系，则模糊矩阵

$$R = \begin{bmatrix} \mu_R(a_1, b_1) & \mu_R(a_1, b_2) & \cdots & \mu_R(a_1, b_n) \\ \mu_R(a_2, b_1) & \mu_R(a_2, b_2) & \cdots & \mu_R(a_2, b_n) \\ \vdots & \vdots & & \vdots \\ \mu_R(a_m, b_1) & \mu_R(a_m, b_2) & \cdots & \mu_R(a_m, b_n) \end{bmatrix}$$

就表示从 U 到 V 的一个模糊关系。如果 $m = 3$，$n = 4$，模糊关系为

$$R = \begin{bmatrix} 0.2 & 0.8 & 0.6 & 0.7 \\ 0.8 & 0.1 & 0.7 & 0.5 \\ 0.6 & 0.4 & 0.3 & 0.9 \end{bmatrix}$$

那么可以看出，工厂 a_1 对于原料 b_2 的依赖程度最高，而对 b_1 的依赖程度最低；对于原料 b_4 而言，工厂 a_3 对其依赖度最高，而 a_2 对其依赖度最低。

2. 模糊矩阵的运算

模糊矩阵是一个模糊关系 R 的表示，其并、交、补有相应的运算方法。设 R、Q 为两个模糊矩阵，$R = (r_{ij})_{m \times n}$，$Q = (q_{ij})_{m \times n}$。

（1）并运算 $R \cup Q = (r_{ij} \vee q_{ij})_{m \times n}$，即两个相应的元素都做取大运算。

（2）交运算 $R \cap Q = (r_{ij} \wedge q_{ij})_{m \times n}$，即两个相应的元素都做取小运算。

（3）补运算 $R^C = (1 - r_{ij})_{m \times n}$。

【例5-6】 已知 P、S 两个模糊矩阵关系分别为

$$P = \begin{pmatrix} 0.8 & 1 & 0.1 & 0.7 \\ 0 & 0.8 & 0 & 0 \\ 0.9 & 1 & 0.7 & 0.8 \end{pmatrix}, S = \begin{pmatrix} 0.4 & 0 & 0.9 & 0.6 \\ 0.9 & 0.4 & 0.5 & 0.7 \\ 0.3 & 0 & 0.8 & 0.5 \end{pmatrix},$$

求 $P \cup S$、$P \cap S$ 以及 P^C。

由模糊矩阵的运算方法可知

$$P \cup S = \begin{pmatrix} 0.8 \vee 0.4 & 1 \vee 0 & 0.1 \vee 0.9 & 0.7 \vee 0.6 \\ 0 \vee 0.9 & 0.8 \vee 0.4 & 0 \vee 0.5 & 0 \vee 0.7 \\ 0.9 \vee 0.3 & 1 \vee 0 & 0.7 \vee 0.8 & 0.8 \vee 0.5 \end{pmatrix} = \begin{pmatrix} 0.8 & 1 & 0.9 & 0.7 \\ 0.9 & 0.8 & 0.5 & 0.7 \\ 0.9 & 1 & 0.8 & 0.8 \end{pmatrix},$$

$$P \cap S = \begin{pmatrix} 0.8 \wedge 0.4 & 1 \wedge 0 & 0.1 \wedge 0.9 & 0.7 \wedge 0.6 \\ 0 \wedge 0.9 & 0.8 \wedge 0.4 & 0 \wedge 0.5 & 0 \wedge 0.7 \\ 0.9 \wedge 0.3 & 1 \wedge 0 & 0.7 \wedge 0.8 & 0.8 \wedge 0.5 \end{pmatrix} = \begin{pmatrix} 0.4 & 0 & 0.1 & 0.6 \\ 0 & 0.4 & 0 & 0 \\ 0.3 & 0 & 0.7 & 0.5 \end{pmatrix},$$

$$P^C = \begin{pmatrix} 1 - 0.8 & 1 - 1 & 1 - 0.1 & 1 - 0.7 \\ 1 - 0 & 1 - 0.8 & 1 - 0 & 1 - 0 \\ 1 - 0.9 & 1 - 1 & 1 - 0.7 & 1 - 0.8 \end{pmatrix} = \begin{pmatrix} 0.2 & 0 & 0.9 & 0.3 \\ 1 & 0.2 & 1 & 1 \\ 0.1 & 0 & 0.3 & 0.2 \end{pmatrix}$$

3. 模糊关系的合成运算

【定义5-4】 若 R 和 S 分别为 $U \times V$ 和 $V \times W$ 中的模糊关系，则 R 和 S 的合成是一个从 U

到 W 的模糊关系，记为 $R \circ S$，其隶属度为

$$\mu_{R \circ S}(u,w) = \bigvee_{v \in V} (\mu_R(u,v) \wedge \mu_S(v,w)), \forall u \in U, w \in W$$

式中，$\vee$ 和 $\wedge$ 分别是"取大"和"取小"运算，通常把这种运算称为取大—取小合成法。

模糊关系的合成运算与矩阵的乘法非常类似，只不过将矩阵乘法中的"相乘"改为"取小"，将矩阵乘法中的"相加"改为"取大"。

【例 5-7】　令 $X = \{1,2,3\}$ 代表公司中的三个员工，$Y = \{$协作能力,钻研能力,沟通能力,创新能力$\}$ 代表四种能力的集合，$Z = \{a,b\}$ 代表公司中的两种性质的工作。目前三个员工各种能力可用模糊关系 R 表示，而两种性质的工作所需要的能力用模糊关系 S 表示：

$$R(X,Y) = \begin{pmatrix} 0.1 & 0.3 & 0.5 & 0.7 \\ 0.4 & 0.2 & 0.8 & 0.9 \\ 0.5 & 0.8 & 0.3 & 0.2 \end{pmatrix} \qquad S(Y,Z) = \begin{pmatrix} 0.9 & 0.5 \\ 0.2 & 0.8 \\ 0.5 & 0.4 \\ 0.8 & 0.2 \end{pmatrix}$$

通过模糊关系合成，得到

$$R \circ S = \begin{pmatrix} 0.7 & 0.4 \\ 0.8 & 0.4 \\ 0.5 & 0.8 \end{pmatrix}$$

其中第二行的第一个元素是这样得到的：

$$\mu_{R \circ S}(2,a) = (0.4 \wedge 0.9) \vee (0.2 \wedge 0.2) \vee (0.8 \wedge 0.5) \vee (0.9 \wedge 0.8) = 0.4 \vee 0.2 \vee 0.5 \vee 0.8 = 0.8$$

通过合成得到新的模糊关系 $R \circ S$ 就是三个成员 1、2、3 与两种工作 a、b 之间的适合关系，于是公司主管可以根据这种关系选择 1、2 从事 a 工作，3 从事 b 工作。

5.3　模糊推理

传统的命题逻辑中，命题为二值逻辑，即要么是"真"，要么是"假"。比如"3 大于 5"为"假"，"北京是中国的首都"为"真"。然而，并非所有的陈述句都能有确定性的判断，例如"这项发明有非常重大的意义""这条小河水很深"等，其中，"非常重大""很深"都是模糊概念，无法用"真""假"来判断，对于这样的命题，我们称其为模糊命题，把研究模糊命题的逻辑称为"模糊逻辑"。

模糊逻辑是建立在模糊集合和二值逻辑概念基础上的一类特殊的多值逻辑，是二值逻辑在模糊集合论上的推广。1960 年，美国的 Marinos 在电话实验室的一份内部研究报告中提出模糊逻辑的概念。1972 年到 1974 年，Zadeh 先后提出了模糊限定词、语言变量和近似推理关系等关键概念，制定了模糊推理的复合规则，为模糊逻辑系统奠定了基础。

5.3.1　模糊条件语句

设 A 和 B 分别代表两个简单的模糊命题，如果它们之间有一种模糊依存关系，例如可表述为"如果 A 则 B"，则称该复合命题为模糊条件命题，也称模糊条件语句。

常用的模糊条件语句根据句型可分为以下几种：

（1）"如果 A 那么 B"（if A then B）

1）Zadeh 算法。设有论域 X，Y，模糊集合 $A \in X$，$B \in Y$，若存在 $X \times Y$ 上的二元模糊关

系 $R=A\rightarrow B$，则其隶属函数为

$$\mu_R(x,y)=\mu_{A\rightarrow B}(x,y)=[1-\mu_A(x)]\vee\mu_A(x)\wedge\mu_B(y)$$

因此模糊关系为

$$R=A^C\cup A\times B$$

【例 5-8】 设论域 $X=Y=\{1,2,3,4,5\}$，X、Y 上的模糊子集"大""小"分别给定如下：

$$[大]=\frac{0.4}{3}+\frac{0.7}{4}+\frac{1}{5}$$

$$[小]=\frac{1}{1}+\frac{0.7}{2}+\frac{0.4}{3}$$

试用 Zadeh 算法求"若 x 小则 y 大"的模糊关系 R。

解：Zadeh 算法求模糊关系

$$R_1=[小]^C\cup[小]\times[大]=\begin{pmatrix}0\\0.3\\0.6\\1\\1\end{pmatrix}\cup\begin{pmatrix}1\\0.7\\0.4\\0\\0\end{pmatrix}\times(0\ \ 0\ \ 0.4\ \ 0.7\ \ 1)=\begin{pmatrix}0\\0.3\\0.6\\1\\1\end{pmatrix}\cup\begin{pmatrix}0&0&0.4&0.7&1\\0&0&0.4&0.7&0.7\\0&0&0.4&0.4&0.4\\0&0&0&0&0\\0&0&0&0&0\end{pmatrix}$$

$$=\begin{pmatrix}0&0&0.4&0.7&1\\0.3&0.3&0.4&0.7&0.7\\0.6&0.6&0.6&0.6&0.6\\1&1&1&1&1\\1&1&1&1&1\end{pmatrix}$$

其中，

$$\mu_{R_1}(x,y)=[1-\mu_{小}(x)]\vee[\mu_{小}(x)\wedge\mu_{大}(y)]$$

例如，R_1 中的第三行第四列的隶属度计算为：

$$\mu_{R_1}(3,4)=[1-\mu_{小}(3)]\vee[\mu_{小}(3)\wedge\mu_{大}(4)]=(1-0.4)\vee(0.4\wedge0.7)=0.6\vee0.4=0.6$$

2）Mandani 算法

Mandani 算法为 Zadeh 算法中略去 $[1-\mu_A(x)]$ 的部分所得到的。

设有论域 X、Y，模糊集合 $A\in X$，$B\in Y$，若存在 $X\times Y$ 上的二元模糊关系 $R=A\rightarrow B$，则其隶属函数为

$$\mu_R(x,y)=\mu_{A\rightarrow B}(x,y)=\mu_A(x)\wedge\mu_B(y)$$

因此模糊关系为

$$R=A\times B$$

【例 5-9】 已知条件同例 5-8，试用 Mandani 算法求"若 x 小则 y 大"的模糊关系 R。

解：Mandani 算法求模糊关系

$$R_2=[小]\times[大]=\begin{pmatrix}1\\0.7\\0.4\\0\\0\end{pmatrix}\times(0\ \ 0\ \ 0.4\ \ 0.7\ \ 1)=\begin{pmatrix}0&0&0.4&0.7&1\\0&0&0.4&0.7&0.7\\0&0&0.4&0.4&0.4\\0&0&0&0&0\\0&0&0&0&0\end{pmatrix}$$

其中，

$$\mu_{R_2}(x,y)=\mu_{小}(x) \wedge \mu_{大}(y)$$

例如第二行第五列的隶属度计算为

$$\mu_{R_2}(2,5)=\mu_{小}(2) \wedge \mu_{大}(5)=0.7 \wedge 1=0.7$$

（2）"如果 A 那么 B 否则 C"（if A then B else C）

设有论域 X，Y，模糊集合 $A \in X$，$B \in Y$，$C \in Y$，若存在 $X \times Y$ 上的二元模糊关系 $R=(A \rightarrow B) \vee (A^C \rightarrow C)$，则其隶属函数为

$$\mu_R(x,y)=\mu_{(A \rightarrow B) \vee (A^C \rightarrow C)}(x,y)=[\mu_A(x) \wedge \mu_B(y)] \vee [(1-\mu_A(x)) \wedge \mu_c(y)]$$

因此模糊关系为

$$R=(A \times B) \cup (A^C \times C)$$

【例 5-10】 已知 $X=\{a_1,a_2,a_3,a_4\}$，$Y=\{b_1,b_2,b_3,b_4,b_5\}$，$X$、$Y$ 上的模糊子集 "西红柿红""成熟" 分别给定如下：

$$A=[红]=\frac{0.1}{a_2}+\frac{0.6}{a_3}+\frac{1}{a_4}$$

$$B=[成熟]=\frac{0.3}{b_2}+\frac{0.5}{b_3}+\frac{0.7}{b_4}+\frac{1}{b_5}$$

试确定 "如果西红柿红了则成熟了，否则不成熟" 的模糊关系 R。

解：首先求取模糊子集 "不成熟"，显然

$$C=[不成熟]=1-[成熟]=\frac{0}{b_1}+\frac{0.7}{b_2}+\frac{0.5}{b_3}+\frac{0.3}{b_4}+\frac{0}{b_5}$$

$$R=(A \times B) \cup (A^C \times C)=\begin{pmatrix} 0 \\ 0.1 \\ 0.6 \\ 1 \end{pmatrix} \times (0 \quad 0.3 \quad 0.5 \quad 0.7 \quad 1) \cup \begin{pmatrix} 1 \\ 0.9 \\ 0.4 \\ 0 \end{pmatrix} \times (1 \quad 0.7 \quad 0.5 \quad 0.3 \quad 0)$$

$$=\begin{pmatrix} 0 & 0 & 0 & 0 & 0 \\ 0 & 0.1 & 0.1 & 0.1 & 0.1 \\ 0 & 0.3 & 0.5 & 0.6 & 0.6 \\ 0 & 0.3 & 0.5 & 0.7 & 1 \end{pmatrix} \cup \begin{pmatrix} 1 & 0.7 & 0.5 & 0.3 & 0 \\ 0.9 & 0.7 & 0.5 & 0.3 & 0 \\ 0.4 & 0.4 & 0.4 & 0.3 & 0 \\ 0 & 0 & 0 & 0 & 0 \end{pmatrix} = \begin{array}{c} \\ a_1 \\ a_2 \\ a_3 \\ a_4 \end{array}\begin{array}{ccccc} b_1 & b_2 & b_3 & b_4 & b_5 \\ \left(\begin{array}{ccccc} 1 & 0.7 & 0.5 & 0.3 & 0 \\ 0.9 & 0.7 & 0.5 & 0.3 & 0.1 \\ 0.4 & 0.4 & 0.5 & 0.6 & 0.6 \\ 0 & 0.3 & 0.5 & 0.7 & 1 \end{array}\right) \end{array}$$

（3）"如果 A 且 B 那么 C"（if A and B then C）

设有论域 X，Y，Z，模糊集合 $A \in X$，$B \in Y$，$C \in Z$，若存在三元模糊关系 $R=(A \times B) \rightarrow C$，则其隶属函数为

$$\mu_R(x,y,z)=\mu_{R=(A \times B) \rightarrow C}(x,y,z)=[\mu_A(x) \wedge \mu_B(y)] \wedge \mu_c(z)=\mu_A(x) \wedge \mu_B(y) \wedge \mu_c(z)$$

因此模糊关系为

$$R=A \times B \times C$$

$\mu_R(x,y,z)$ 是一个三元关系，通常，这种三元关系的求解过程如下：

假设论域 A 中有 m 个元素，论域 B 中有 n 个元素，论域 C 中有 p 个元素，则由 $A \times B$ 构成的模糊关系 R 为 $m \times n$ 的二维矩阵

$$\begin{pmatrix} r_{11} & r_{12} & \cdots & r_{1m} \\ r_{21} & r_{22} & \cdots & r_{2m} \\ \vdots & \vdots & & \vdots \\ r_{n1} & r_{n2} & \cdots & r_{nm} \end{pmatrix}$$

当二维矩阵与有 p 个元素的向量进行运算时，则首先将此二维矩阵按行展开成列向量，然后再与有 p 个元素的向量进行运算。

【例 5-11】 已知 $A = \dfrac{0.3}{a_1} + \dfrac{0.8}{a_2}$，$B = \dfrac{0.3}{b_1} + \dfrac{0.5}{b_2} + \dfrac{1}{b_3}$，$C = \dfrac{0.1}{c_1} + \dfrac{0.7}{c_2} + \dfrac{0.8}{c_3} + \dfrac{0.1}{c_4}$，求"如果 A 且 B 那么 C"的模糊关系 R。

解： 首先计算 $R_1 = A \times B$

$$R_1 = \begin{pmatrix} 0.3 \\ 0.8 \end{pmatrix} \times (0.3 \quad 0.5 \quad 1) = \begin{pmatrix} 0.3 & 0.3 & 0.3 \\ 0.3 & 0.5 & 0.8 \end{pmatrix}$$

将 R_1 按行展开成列向量，则

$$R_1^{\mathrm{T}} = (0.3 \quad 0.3 \quad 0.3 \quad 0.3 \quad 0.5 \quad 0.8)$$

由此得到三元模糊关系

$$R = A \times B \times C = R_1 \times C = \begin{pmatrix} 0.3 \\ 0.3 \\ 0.3 \\ 0.3 \\ 0.5 \\ 0.8 \end{pmatrix} \times (0.1 \quad 0.7 \quad 0.8 \quad 0.1) = \begin{pmatrix} 0.1 & 0.3 & 0.3 & 0.1 \\ 0.1 & 0.3 & 0.3 & 0.1 \\ 0.1 & 0.3 & 0.3 & 0.1 \\ 0.1 & 0.3 & 0.3 & 0.1 \\ 0.1 & 0.5 & 0.5 & 0.1 \\ 0.1 & 0.7 & 0.8 & 0.1 \end{pmatrix}$$

5.3.2 模糊推理

1. 模糊推理的描述

模糊推理是以模糊命题为前提，运用模糊推理规则得出新的模糊命题的思维过程，它是经典逻辑推理方法的推广。

以经典的逻辑推理中常用的假言推理为例，其假言推理的结构如下：

小前提（事实）	A
大前提（规则）	$A \rightarrow B$
结论	B

例如，公园规定身高超过 1.2m 的孩子必须购买门票（规则），小楠身高为 1.28m（事实），所以，她必须购买门票才能入园（结论）。

在经典推理中，事实中的 A 与规则中的 A 是同一个集合（在本例中均为身高超过1.2m），同样规则中的 B 与结论中的 B 也是同一个集合（在本例中为购买门票）。

而模糊推理结构为

小前提（事实）	A'
大前提（规则）	$A \rightarrow B$
结论	B'

其中 A 与 A'、B 与 B' 都可以是不同的模糊集合。例如：如果春天比较温暖，那么山花

开放的时间会早些（模糊规则），今年春天气温偏低（事实），所以今年山花的开花时间会晚一些（结论）。这里事实"今年春天气温偏低"与规则中的条件"春天比较温暖"并非同一个模糊集合，但仍能够得到合理的结论，这就需要我们进一步了解模糊推理的方法。

2. 模糊推理

关于模糊推理的方法，比较常见的有 Zadeh 法、Mandani 法、Yager 法和 Larsen 法等，下面主要介绍 Zadeh 法和 Mandani 法。

模糊推理的过程如图 5-2 所示，其中，R 是进行推理的大前提，是通过大量实验和实践经验进行总结、去伪存真后形成的模糊规则，A' 是小前提，是进行模糊推理的条件。模糊推理是通过似然推理合成法则

$$B' = A' \circ R = A' \circ (A \to B)$$

来实现的，而不同的推理方法主要来自于针对模糊关系 $A \to B$ 的不同处理方法。

（1）Zadeh 推理法　设有论域 X，Y，模糊集合 $A \in X$，$B \in Y$，并存在 $X \times Y$ 上的二元模糊关系 $R = A \to B$，根据 5.3.1 中 Zadeh 算法，$R = A \to B$ 的隶属函数为

$$x \text{ is } A' \longrightarrow \boxed{R(\text{if } A \text{ then } B)} \xrightarrow{\ y \text{ is } B'\ }$$

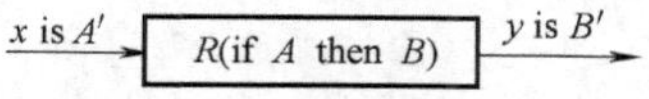

图 5-2　模糊推理过程

$$\mu_R(x, y) = [1 - \mu_A(x)] \vee \mu_A(x) \wedge \mu_B(y)$$

则根据似然推理合成法则有

$$\mu_B'(y) = \bigvee_{x \in X} \{\mu_A'(x) \wedge [(1 - \mu_A(x)) \vee \mu_A(x) \wedge \mu_B(y)]\}$$

（2）Mandani 推理法　根据 5.3.1 中 Mandani 算法，$R = A \to B$ 的隶属函数为

$$\mu_R(x, y) = \mu_A(x) \wedge \mu_B(y)$$

则根据似然推理合成法则有

$$\mu_B'(y) = \bigvee_{x \in X} \{\mu_A'(x) \wedge \mu_A(x) \wedge \mu_B(y)\}$$

【例 5-12】　设论域 $X = Y = \{1, 2, 3, 4, 5\}$，$X$、$Y$ 上的模糊子集"大""小""较小"分别给定如下：

$$[大] = \frac{0.4}{3} + \frac{0.7}{4} + \frac{1}{5}$$

$$[小] = \frac{1}{1} + \frac{0.7}{2} + \frac{0.4}{3}$$

$$[较小] = \frac{0.4}{1} + \frac{0.6}{2} + \frac{0.4}{3} + \frac{0.2}{4}$$

已知规则：若 x 小则 y 大；当 x 较小时，试确定 y 的大小。

解：首先用向量形式表示各模糊子集：$[大] = (0\ \ 0\ \ 0.4\ \ 0.7\ \ 1)$，$[小] = (1\ \ 0.7\ \ 0.4\ \ 0\ \ 0)$，$[较小] = (0.4\ \ 0.6\ \ 0.4\ \ 0.2\ \ 0)$。

（1）先根据规则"若 x 小则 y 大"求模糊关系 R　由例 5-8 和例 5-9 可知

1）Zadeh 算法求模糊关系

$$R_1 = \begin{pmatrix} 0 & 0 & 0.4 & 0.7 & 1 \\ 0.3 & 0.3 & 0.4 & 0.7 & 0.7 \\ 0.6 & 0.6 & 0.6 & 0.6 & 0.6 \\ 1 & 1 & 1 & 1 & 1 \\ 1 & 1 & 1 & 1 & 1 \end{pmatrix}$$

2）Mandani 算法求模糊关系

$$R_2 = \begin{pmatrix} 0 & 0 & 0.4 & 0.7 & 1 \\ 0 & 0 & 0.4 & 0.7 & 0.7 \\ 0 & 0 & 0.4 & 0.4 & 0.4 \\ 0 & 0 & 0 & 0 & 0 \\ 0 & 0 & 0 & 0 & 0 \end{pmatrix}$$

（2）求模糊合成

1）用 R_1 求模糊合成关系

$$[y] = [较小] \circ R_1 = (0.4 \quad 0.6 \quad 0.4 \quad 0.2 \quad 0) \circ \begin{pmatrix} 0 & 0 & 0.4 & 0.7 & 1 \\ 0.3 & 0.3 & 0.4 & 0.7 & 0.7 \\ 0.6 & 0.6 & 0.6 & 0.6 & 0.6 \\ 1 & 1 & 1 & 1 & 1 \\ 1 & 1 & 1 & 1 & 1 \end{pmatrix}$$

$$= (0.4 \quad 0.4 \quad 0.4 \quad 0.6 \quad 0.6)$$

即得到

$$[y] = \frac{0.4}{1} + \frac{0.4}{2} + \frac{0.4}{3} + \frac{0.6}{4} + \frac{0.6}{5}$$

2）Mandani 算法求模糊关系

$$[y] = [较小] \circ R_1 = (0.4 \quad 0.6 \quad 0.4 \quad 0.2 \quad 0) \circ \begin{pmatrix} 0 & 0 & 0.4 & 0.7 & 1 \\ 0 & 0 & 0.4 & 0.7 & 0.7 \\ 0 & 0 & 0.4 & 0.4 & 0.4 \\ 0 & 0 & 0 & 0 & 0 \\ 0 & 0 & 0 & 0 & 0 \end{pmatrix} = (0 \quad 0 \quad 0.4 \quad 0.6 \quad 0.6)$$

即得到
$$[y] = \frac{0}{1} + \frac{0}{2} + \frac{0.4}{3} + \frac{0.6}{4} + \frac{0.6}{5}$$

上面两种不同的算法得到不同结果，但是我们可以看到无论哪种方法，$[y]$ 与 $[大] = \frac{0.4}{3} + \frac{0.7}{4} + \frac{1}{5}$ 相比，显然要小一些，因此，都应该为 $[比较大]$。

从上例中我们看到根据规则"若 x 小则 y 大"，通过两种模糊推理均可得到"当 x 较小时，y 较大"，这样的推理结果显然很符合正常的逻辑思维结果。

5.4 模糊控制系统及模糊控制器

模糊控制是以模糊集合论、模糊逻辑推理为基础的一种计算机数字控制。从线性与非线性控制角度分类，是一种非线性控制。从控制器的智能型看，属于智能控制的范畴，而且已成为目前实现智能控制的一种重要而又有效的形式。尤其是模糊控制与神经网络、遗传算法及混沌理论等新学科的融合，正在显示出其巨大的潜力。

5.4.1 模糊控制系统的基本结构

模糊控制系统是一种计算机控制系统，因此具有一般计算机控制系统的基本结构，如图

5-3 所示。从图中可以看出，模糊控制系统与传统控制系统的区别仅在于以模糊控制器取代了传统的控制器。

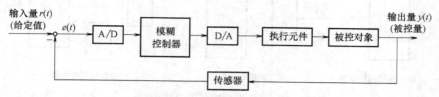

图 5-3 模糊控制器结构图

模糊控制系统由传感器获取被控量信息，并将其转化为与给定值具有相同量纲的物理量，然后将此转化后的物理量与给定值进行比较后获得误差信号，经 A/D 转换后变为数字信号输入到控制器，信号在模糊控制器中经过模糊化、模糊推理、去模糊等过程成为精确量由模糊控制器输出，再经 D/A 转换为模拟信号推动执行元件控制被控对象。整个过程反复循环，从而实现了整个系统的反馈控制。

5.4.2 模糊控制器

1. 模糊控制器的组成

模糊控制器（Fuzzy Controller，FC），也称为模糊逻辑控制器（Fuzzy Logic Controller，FLC），是模糊控制系统设计的关键，其基本结构主要由模糊化、知识库、模糊推理以及去模糊化等四部分组成。

（1）模糊化模块 主要功能是将模糊控制器输入的精确量转换为模糊量，输入量一般为误差信号 e，以及误差变化率 $\Delta e = \mathrm{d}e/\mathrm{d}t$。

（2）知识库模块 该模块通常由数据库和模糊规则两部分组成。数据库主要包括语言变量的隶属函数以及模糊空间的分级数等，规则库包含了一系列模糊规则。知识库反映了该领域专家的经验与知识。

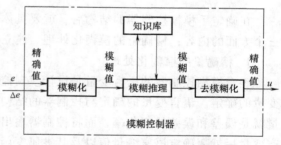

图 5-4 模糊控制器的组成

（3）模糊推理模块 根据输入模糊量与相应的模糊规则进行推理，获得模糊控制量。

（4）去模糊化 将推理所得的模糊量进行去模糊处理，转化成可以被执行机构所实现的精确值。

2. 模糊控制器的结构

常用的模糊控制器结构按照输入的维数分为下面几种：

（1）一维模糊控制器 控制器的输入仅为误差信号，这种控制器反映了一种比例（P）控制规律，由于不能反映过程的动态特性，因此控制效果欠佳。

（2）二维模糊控制器 控制器的输入为误差信号 e 与误差的变化率 $\mathrm{d}e/\mathrm{d}t$，这种控制器体现了比例-微分（PD）的控制规律，其控制效果要明显好于一维控制器。

（3）三维模糊控制器 控制器的输入为误差信号 e 与误差的变化率 $\mathrm{d}e/\mathrm{d}t$ 以及误差变化的变化率 $\mathrm{d}^2e/\mathrm{d}t^2$。由于输入量更多，因此控制精度更高一些。

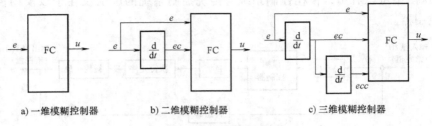

a) 一维模糊控制器　　　　　b) 二维模糊控制器　　　　c) 三维模糊控制器

图 5-5　模糊控制器的结构

在控制系统设计时通常根据实际需要来选择模糊控制器的结构。目前，由于二维控制器能够较好地反映误差信号的动态特征，有较好的控制效果，因此大多数控制系统选用二维模糊控制器。当被控系统比较简单并且对控制精度效果没有太高要求时，可以考虑采用一维控制器，一维控制器设计简单，处理速度快。从理论上讲，输入维数越高，系统的控制精度就越高，然而，由于输入维数多，无论模糊规则的建立还是模糊推理都比较复杂，实现较为困难，因此，除了一些特殊场合很少使用三维控制器。

以上介绍的模糊控制器，都只有一个输出变量，当系统有多个独立的输入变量与输出变量时，要直接设计模糊控制器就非常困难了，为此要考虑如何在结构上实现解耦，将一个多输入/多输出的模糊控制器分解为若干个多输入/单输出的控制器，分别按照上面的方法进行设计，最后再加以组合。

5.4.3　模糊控制器的设计

在确定了模糊控制器的结构后，就要具体设计模糊控制器。模糊控制器的设计通常包括三个方面的内容：精确量的模糊化处理、建立模糊规则和解模糊。

1. 精确量的模糊化处理

确定模糊控制器的语言变量是设计模糊控制器的第一步，包括输入语言变量与输出语言变量的确定。语言变量的确定与控制器的结构有关，当采用二维控制器时，通常输入语言变量就是误差和误差的变化率，而将控制器输出的控制量的变化作为输出语言变量。在选定语言变量后就要确定语言变量值以及其隶属度函数。

（1）语言变量值的选取　在对同类事物进行比较时，通常都会将它们分成几个等级，这个等级就是语言变量值。在评价学生的学习成绩时，可以用"优""良""中""差"来描述；在评价户外温度时，可以用"热""暖""凉""冷"等来描述；在评价一个物体的体积时，可以用"大""中""小"等描述。同样，我们可以用"正"（P）、"零"（Z）、"负"（N）来描述误差、误差的变化率以及控制量的变化。如果需要描述得更准确，还可以用"正大"（PB）、"正中"（PM）、"正小"（PS）、"零"（Z）、"负大"（NB）、"负中"（NM）、"负小"（NS）等 7 个语言变量值来描述。

一般来说，一个语言变量的值越多，对事物的描述越全面、准确，可能得到的控制效果越好，但另一方面，划分过细会使模糊规则变得复杂，制定时有一定的难度。因此对语言变量值的选取要兼顾细致性与规则的简单易行，常用的情况是每个语言变量选择 3~10 个值，通常为（PB，PM，PS，O，NB，NM，NS）7 个值，对于偏差的语言变量有时还分为"正零"（PO）与"负零"（NO）两个值，构成了（PB，PM，PS，PO，NO，NB，NM，NS）

8 值的模式。

（2）模糊集合论域的选择　通常把模糊控制器的精确量输入与输出的实际范围称为这些变量的基本论域，显然基本论域内的量为精确量。把精确量模糊处理后得到的模糊集合的论域称为模糊集合论域，通常，在模糊控制中取为对称的形式，即取模糊集合论域为 $\{-n, -n+1, \cdots, 0, \cdots, n-1, n\}$。

对于 n 的选择，从理论上讲，增加论域中的元素个数即把等级细分，可提高控制精度，但同时也增加了计算量，对于模糊控制，没有必要将等级划分过细。一般来讲，论域中的元素个数为模糊子集总数的 2 倍左右时，模糊子集对论域的覆盖程度较好。例如当语言变量选为 7 个时，选择 $n \geqslant 6$。

（3）语言变量值的隶属函数确定

语言变量值实际上是一个模糊子集，因此是通过隶属函数来描述的。模糊控制中隶属函数类型的选取没有统一的标准，完全取决于控制对象的不同情况、设计者的习惯以及处理简便程度等；另外不同模糊子集的隶属函数可以取为相同的也可以取为不完全相同的。

一般情况下，选择语言变量值的隶属函数应注意以下几点：

1）隶属函数 $\mu(x)$ 的形状。隶属函数的形状越陡，分辨率越高，控制器的灵敏度越高；反之，平缓的隶属函数会使控制器的灵敏度降低。因此在选择语言变量的隶属度时，"零"左右的隶属函数划分得较细，形状较陡，每个模糊子集占用的论域段区域较小，这是因为零点附近系统偏差很小，这样选择隶属函数可使控制器的控制动作精确、细腻。而在系统偏差较大的范围内模糊变量采用低分辨率的隶属函数，这样选择可使系统有较快的响应速度。

2）要充分考虑语言变量的全部模糊集合对论域 $[-n, +n]$ 的覆盖程度，应使论域中任何一点对这些模糊集合的隶属函数的最大值都不能太小，否则这样的点上会出现"空档"，从而引起失控。

3）要考虑各模糊集合间的相互影响。相互影响可用两个相邻模糊集合交集点的隶属度 β 来衡量，β 值越小，控制的灵敏度越高，但是系统的稳定性变差，容易引起系统波动；β 值越大，控制对于被控过程的参数变化适应性强，鲁棒性好，控制稳定性好，但同时会使系统的灵敏度变差。一般取 $\beta = 0.4 \sim 0.7$。

（4）语言变量赋值表的建立　对模糊变量的隶属度函数进行量化，采用量化后的隶属度函数是模糊控制器设计中常用的方法之一。假设系统误差 E 的模糊语言值取 $(NB, NM, NS, NO, PO, PS, PM, PB)$，并取模糊集合的论域为 $[-6, 6]$，其隶属函数的定义如图 5-6 所示。

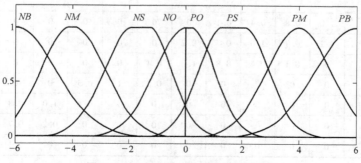

图 5-6　语言变量 E 的隶属函数定义

若将这8个语言值分别用-6，-5，-4，-3，-2，-1，0，1，2，3，4，5，6这13个等级来表示，就建立起了离散化后的精确量与模糊语言变量之间的一种模糊关系。将此关系用表格的形式来表示，就是表5-1所示语言变量 E 的赋值表。同样的方式，可以建立出误差变化率 EC 以及输出量 U 的赋值表，如表5-2及表5-3所示。

表 5-1 语言变量 E 的赋值表

$\mu(x)$ / 语言值 \ E	-6	-5	-4	-3	-2	-1	0	1	2	3	4	5	6
NB	1.0	0.8	0.4	0.1	0	0	0	0	0	0	0	0	0
NM	0.2	0.7	1.0	0.7	0.2	0	0	0	0	0	0	0	0
NS	0	0	0.1	0.5	1.0	0.8	0.3	0	0	0	0	0	0
NO	0	0	0	0	0.1	0.6	1.0	0	0	0	0	0	0
PO	0	0	0	0	0	0	1.0	0.6	0.1	0	0	0	0
PS	0	0	0	0	0	0	0.3	0.8	1.0	0.5	0.1	0	0
PM	0	0	0	0	0	0	0	0	0.2	0.7	1.0	0.7	0.2
PB	0	0	0	0	0	0	0	0	0	0.1	0.4	0.8	1.0

表 5-2 语言变量 EC 的赋值表

$\mu(x)$ / 语言值 \ EC	-6	-5	-4	-3	-2	-1	0	1	2	3	4	5	6
NB	1.0	0.8	0.4	0.1	0	0	0	0	0	0	0	0	0
NM	0.2	0.7	1	0.7	0.2	0	0	0	0	0	0	0	0
NS	0	0	0.2	0.7	1.0	0.9	0	0	0	0	0	0	0
O	0	0	0	0	0	0.5	0	0.5	0	0	0	0	0
PS	0	0	0	0	0	0	0	0.9	1.0	0.7	0.2	0	0
PM	0	0	0	0	0	0	0	0	0.2	0.7	1.0	0.7	0.2
PB	0	0	0	0	0	0	0	0	0	0.1	0.4	0.8	1.0

表 5-3 语言变量 U 的赋值表

$\mu(x)$ / 语言值 \ U	-6	-5	-4	-3	-2	-1	0	1	2	3	4	5	6
NB	1.0	0.8	0.4	0.1	0	0	0	0	0	0	0	0	0
NM	0.2	0.7	1.0	0.7	0.2	0	0	0	0	0	0	0	0
NS	0	0.1	0.4	0.8	1.0	0.4	0	0	0	0	0	0	0
O	0	0	0	0	0	0.5	1	0.5	0	0	0	0	0
PS	0	0	0	0	0	0	0	0.4	1.0	0.8	0.4	0.1	0
PM	0	0	0	0	0	0	0	0	0.2	0.7	1	0.7	0.2
PB	0	0	0	0	0	0	0	0	0	0.1	0.4	0.8	1

（5）量化因子和比例因子　量化因子和比例因子都是为了对清晰值进行比例变换而设置的，其作用是使变量按一定比例进行放大和缩小。

模糊控制器的每一个输入与输出信号都有其基本论域，为了进行模糊推理，我们会给每个变量相应的模糊论域，其中基本论域与模糊论域的匹配问题就由量化因子来完成。此外每次采样经模糊控制算法给出的控制量还不能直接控制对象，还必须将其转换为控制对象所能接受的基本论域，而从控制量的模糊集论域到基本论域的变换由比例因子完成。

下面说明一个清晰量的模糊化过程。

设系统误差 e 的实际变化范围为 $[a, b]$，在某时刻得到的 e 的精确值为 x，则其模糊化过程为

1）将 $[a, b]$ 区间的精确量 x 转化为 $[-n, n]$ 区间的变量 y，其变换式为

$$y = \frac{2n}{b-a}\left(x - \frac{a+b}{2}\right)$$

其中，$k_e = \frac{2n}{b-a}$ 即为误差信号 e 的量化因子，特别地，当 $a = -b(b>0)$ 时 $y = \frac{n}{b}x = k_e x$。

2）对 y 四舍五入取整得到 y^*，在表 5-1 中 y^* 所在的列中寻找最大隶属度值，则该最大隶属度所对应的语言值就是精确输入量 x 的模糊化结果。

例如某控制系统误差 e 的实际变化范围为 $[-2, 2]$，在某时刻得到的 e 的精确值为 -0.76，转化为 $[-6, 6]$ 区间的变量 $y = \frac{12}{2-(-2)}\left(x - \frac{2+(-2)}{2}\right) = -0.76 \times 3 = -2.28$，将 -2.28 四舍五入得到 -2，在表 5-1 中，-2 所对应的隶属度分别为 $0.2(NM)$、$1(NS)$、$0.1(NO)$，其中，属于模糊集合 NS 的隶属度最大为 1，因此，精确值 -0.76 的模糊化结果就是 NS。

2. 模糊规则及模糊规则表

模糊规则是根据专家知识以及操作人员的长期经验积累而来的，通常是由一系列的模糊条件语句组成，即由许多模糊蕴含关系"如果……那么……"（if…then…）构成。比如我们根据经验可以知道，如果系统的实际输出值大于期望值，那么此时需要减小控制器的输出来减小实际输出，从而减小误差。如果我们将误差表示为 $E =$ 实际值 $-$ 期望值，那么，误差 E 为正时，控制器的输出就应该减小，并且 E 为正值越大，控制器的输出减小得越多；误差为负时，控制器的输出就应增加；误差为零时，控制器的输出不变。

当将系统的误差以及误差的变化率作为输入变量时，经过大量的实际经验的总结，得到下述 26 条模糊条件语句：

（1）if $E = NB$ and $EC = NB$ or NM or NS or O　　　　then $U = PB$

（2）if $E = NB$ and $EC = PS$ or PM or PB　　　　then $U = O$

（3）if $E = NM$ and $EC = NB$ or NM　　　　then $U = PB$

（4）if $E = NM$ and $EC = NS$ or O　　　　then $U = PM$

（5）if $E = NM$ and $EC = PS$　　　　then $U = PS$

（6）if $E = NM$ and $EC = PM$ or PB　　　　then $U = O$

（7）if $E = NS$ and $EC = NB$　　　　then $U = PB$

（8）if $E = NS$ and $EC = NM$　　　　then $U = PM$

（9）if $E = NS$ and $EC = NS$ or O　　　　then $U = PS$

（10） if $E = NS$ and $EC = PS$ or PM or PB then $U = O$

（11） if $E = NO$ and $EC = NB$ then $U = PM$

（12） if $E = NO$ and $EC = NM$ then $U = PS$

（13） if $E = NO$ and $EC = NS$ or O or PS or PM or PB then $U = O$

$$\vdots \qquad\qquad\qquad\qquad\qquad\qquad\qquad\qquad \vdots$$

（26） if $E = PB$ and $EC = NS$ or NM or NB or O then $U = NB$

根据（1）~（13）条规则，不难写出后面（14）~（26）条规则。将此 26 条语句列成模糊控制表如表 5-4 所示。

表 5-4　模糊控制表

EC \ U \ E	NB	NM	NS	NO	PO	PS	PM	PB
NB	PB	PB	PB	PM	O	O	O	O
NM	PB	PB	PM	PS	O	O	O	O
NS	PB	PM	PS	O	O	O	NS	O
O	PB	PM	PS	O	O	NS	NM	NB
PS	O	PS	O	O	O	NS	NM	NB
PM	O	O	O	NS	NM	NB	NB	NB
PB	O	O	O	O	NM	NB	NB	NB

3. 模糊推理

表 5-4 中提供了 56 条形如 "if A and B then C" 的模糊规则，由 5.3.1 节可知，该规则确定了一个三元模糊关系 $R = A \times B \times C$。例如根据第一条规则 "if $E = NB$ and $EC = NB$ then $U = PB$"，可得到三元模糊关系

$$R_1 = NB_E \times NB_{EC} \times PB_U$$

其中根据表 5-1~表 5-3，有

$$NB_E = \frac{1}{-6} + \frac{0.8}{-5} + \frac{0.4}{-4} + \frac{0.1}{-3} 、\quad NB_{EC} = \frac{1}{-6} + \frac{0.8}{-5} + \frac{0.4}{-4} + \frac{0.1}{-3} 、\quad PB_U = \frac{0.1}{3} + \frac{0.4}{4} + \frac{0.8}{5} + \frac{1}{6} 。$$

同理，根据 56 条规则，我们得到 56 个模糊关系 $R_i (i = 1 \cdots 56)$，将此 56 个模糊关系做并运算，构成总的模糊关系

$$R = R_1 \cup R_2 \cup \cdots \cup R_{56} = \bigcup_{i=1}^{56} R_i$$

建立了系统的模糊关系后，我们可以进行模糊推理。给定模糊控制器输入语言变量论域上的模糊子集 E 和 EC，即可根据模糊合成 $U = (E \times EC) \circ R$ 求出其输出语言变量论域上的模糊集合 U，具体计算方法见 5.3 节。

4. 解模糊

通过以上模糊推理我们可以得到模糊的输出量，但是模糊系统最终送给执行机构的是一个清晰量，因此，需要将模糊量转化为清晰量，这就是解模糊所要完成的任务，常用的方法主要有以下几种：

（1）最大隶属度法　亦称直接法，该方法直接选择输出模糊集合的隶属度函数峰值作

为输出的确定值。如果输出模糊集合的隶属函数只有一个最大值，就直接取该隶属函数的最大值为清晰值；如果模糊集合众多个元素同时出现最大隶属函数值，就取其平均值作为清晰值。

【例 5-13】　已知输出量所对应的模糊向量为

$$U_1^* = \frac{0.2}{-3} + \frac{0.5}{-2} + \frac{0.8}{-1} + \frac{0.4}{0} + \frac{0.1}{1}$$

$$U_2^* = \frac{0.2}{1} + \frac{0.6}{2} + \frac{0.6}{3} + \frac{0.6}{4} + \frac{0.1}{5}$$

利用最大隶属度法分别求得

$$U_1 = -1$$

$$U_2 = \frac{1}{3}(2+3+4) = 3$$

（2）重心法　这种方法也称为质心法或面积中心法，是所有解模糊化方法中最为合理的方法。该方法的数学表达式为

$$y^* = \frac{\sum\limits_{i=1}^{n} \mu_c(y_i) \cdot y_i}{\sum\limits_{i=1}^{n} \mu_c(y_i)}$$

【例 5-14】　利用重心法将例 5-13 的输出量解模糊得

$$U_1 = \frac{0.2\times(-3)+0.5\times(-2)+0.8\times(-1)+0.4\times0+0.1\times1}{0.2+0.5+0.8+0.4+0.1} = \frac{-2.3}{2} = -1.15$$

$$U_2 = \frac{0.2\times1+0.6\times2+0.6\times3+0.6\times4+0.1\times5}{0.2+0.6+0.6+0.6+0.1} = \frac{6.1}{2.1} \approx 2.9$$

5. 模糊查询表的建立

在模糊控制的运行过程中，首先将模糊控制器的精确输入信号 e 与 ec 模糊化，然后利用模糊关系进行模糊推理得到模糊输出量，再对模糊输出量解模糊化为精确输出量，最后利用比例因子将其变换到控制量的基本论域中，完成对被控对象的一次控制。

例如，模糊控制器的输入信号 e 与 ec 在经量化因子转化后分别为 $E = +4$、$EC = -1$。$E = +4$ 时查语言变量表 5-1 可知，在 +4 级上对应的隶属度有 $0.1(PS)$、$1(PM)$、$0.4(PB)$ 共三个非零量，其中 PM 最大隶属度为 1，此时对应的语言变量为 PM；同样的方式可以通过表 5-2 查得 $EC = -1$ 时最大隶属度所对应的语言变量为 NS。因此，输入模糊化后为 $E = PM$ and $EC = NS$，则利用模糊关系 R 进行模糊合成后得到

$$U = (PM_E \times NS_{EC}) \circ R$$

最后，将模糊量 U 解模糊得到精确值 −3。

这样，每给一对 E 与 EC 的值，都可以按照上述方法得到一个 U 的值（E、EC 以及 U 的论域均为 $\{-6,-5,-4,-3,-2,-1,0,1,2,3,4,5,6\}$）。根据不同的 E 以及 EC 的等级计算出相应的控制量 U，制成如表 5-5 所示的控制表。当进行实时控制时，根据模糊化后的控制器的输入量信息，直接从表中查询所需采取的控制策略即可。因此，该表又被称为模糊查询表。利用模糊查询表，可以不再重复模糊推理过程，大大提高了信息的处理速度。

表 5-5　模糊查询表

U (E / EC)	-6	-5	-4	-3	-2	-1	-0	0	1	2	3	4	5	6
-6	6	5	6	5	3	3	3	3	2	1	0	0	0	0
-5	5	5	5	5	3	3	3	3	2	1	0	0	0	0
-4	6	5	6	5	3	3	3	3	2	1	0	0	0	0
-3	5	5	5	5	4	4	4	4	2	-1	-1	-1	-1	-1
-2	6	5	6	5	3	3	1	1	0	0	-2	-3	-3	-3
-1	6	5	6	5	3	3	1	1	0	-2	-2	-3	-3	-3
0	3	5	6	5	5	1	0	0	-1	-3	-5	-6	-5	-6
1	3	3	5	3	2	0	0	0	-3	-3	-5	-6	-5	-6
2	3	3	5	3	1	0	0	-1	-1	-3	-3	-5	-6	-6
3	0	1	1	0	0	-1	-1	-2	-2	-5	-5	-5	-5	-5
4	0	0	0	-1	-1	-2	-3	-3	-3	-3	-5	-5	-5	-5
5	0	0	0	-1	-1	-2	-3	-3	-3	-3	-5	-5	-5	-5
6	0	0	0	-1	-1	-1	-3	-3	-3	-3	-5	-5	-5	-6

5.4.4　模糊 PID 控制器的设计

在常规的模糊控制系统中，由于模糊控制器实现的简易性和快速性，往往采用二维模糊控制器的形式。这类控制器都是以误差和误差变化率作为输入变量，类似于常规的比例-微分控制作用，可以获得良好的动态性能，但其稳态控制精度较差，控制欠细腻，难以达到较高的精度，特别是在平衡点附近存在着盲区。

设系统误差信号 e 的实际论域为 $X=[-a,a]$，模糊值 E 的模糊论域为 $Y=\{-n,-n+1,\cdots,-1,0,1,\cdots,n+1,n\}$ 时，由量化因子定义可知，量化因子为 $k_e=n/a$。在 $|ke|<n$ 情况下，模糊值 E 可由取整公式

$$|E|=int(|ke|+0.5)$$

算出，即 y 为 ke 四舍五入后的整数，其符号与 e 的符号相同。由上式可知，在平衡点附近，即使 $e \neq 0$，y 也有可能为 0。

例如，假设实际论域中偏差的最大值 $a=1.5$，模糊集合论域中 $n=6$，由 $0=int$（$|4e|+0.5$）可知，当 $|4e|<0.5$，即 $|e|<0.125$ 时，模糊化之后的模糊语言值都为零。根据模糊查询表，如果 E 为 0，则相应的控制量输出为 0，也就意味着，当 $|e|<0.125$ 时，在该模糊控制系统中已被视为没有误差。这个平衡点附近的区域，称为盲区或死区。由于盲区的存在，模糊控制无法消除静态误差。

我们知道在传统的 PID 控制中，积分控制作用可以有效地消除静态误差。因此，把 PID 控制策略引入到模糊控制器中，构成模糊—PID 复合控制，可以将模糊控制器的鲁棒性与 PID 控制器在稳态方面的优势相结合，以使控制效果更加完美。下面是几种模糊与 PID 控制的结合方式。

1. 模糊—PI 控制器

为了利用模糊控制器的鲁棒性以及较好的动态特性，又能弥补模糊控制器平衡点附近的盲区问题，引入 PI 环节，与模糊控制器构成模糊—PI 复合控制器，如图 5-7 所示。

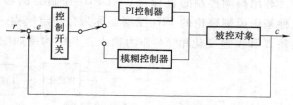

由图可知，在误差信号之后，设置了一个带有阈值的模态转换器，根据阈值与 e 的比较结果确定模态：当 e 大于阈值时，信号进入模糊控制器，以获得良

图 5-7　模糊—PI 控制器结构图

好的动态性能；若 e 小于阈值，信号则进入 PI 控制器，以获得良好的稳态性能。这种模糊—PI控制器，比单个的模糊控制器具有更高的稳态精度，可以消除盲区；同时比经典的 PI 控制具有更快的动态响应性能，系统能很快趋近于平衡点。

类似的复合控制器还有多种，其基本出发点都是利用 PID 控制的特点，提高模糊控制器的控制精度和跟踪性能。

图 5-8 给出了一种 P—模糊—PI 复合控制器。当误差信号 e 大于阈值时，用比例控制，可以提高系统的响应速度，加快响应过程；当偏差减小到阈值以下时，切换到模糊控制，以提高系统的阻尼性能，减小响应过程中的超调；根据前面的分析，当模糊语言值为 "0" 时，其实际误差 e 并不一定为 0，因此，在更小的范围内（误差变量模糊化之后的模糊语言值为 0 时）使用 PI 控制，以此来消除稳态误差。

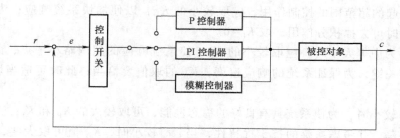

图 5-8　P—模糊—PI 控制器结构图

$$控制开关 = \begin{cases} 比例控制 & e > \Delta \\ 模糊控制 & \Delta' < e < \Delta \\ PI 控制 & e < \Delta' \end{cases}$$

2. 自整定模糊—PID 控制器

常规的 PID 控制器具有简单易用、稳定性好、可靠性高等特点，是当前应用最为广泛的一类控制器，它对于各种线性定常系统的控制，都能够获得满意的控制效果。但是，由于生产过程中存在着非线性、干扰等复杂因素，要获得满意的控制效果，就需要对 PID 参数进行不断地在线调整。有时由于这些参数变化无常，没有确定的规律可循，常规的 PID 控制不具有实时调整参数的功能，从而影响其控制效果的进一步提高。

离散系统 PID 控制的基本规律为

$$U(k) = K_{\mathrm{p}}e(k) + K_{\mathrm{I}}\sum_{i=0}^{k-1} e(i) + K_{\mathrm{D}}\big[e(k) - e(k-1)\big]$$

式中，$U(k)$ 为第 k 个采样时刻控制器的输出；$e(k)$ 为第 k 个采样时刻控制器的输入（即误差信号）；K_P、K_I、K_D 分别为比例、积分、微分系数。

利用模糊控制的鲁棒性，对 PID 控制器的参数进行在线调整，可有效解决上述问题，这种基于模糊理论的 PID 控制器称为自整定模糊—PID 控制器。自整定模糊—PID 控制器以误差 E 和误差变化率 EC 作为输入，其结构图如图 5-9 所示。

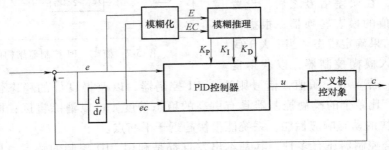

图 5-9　自整定模糊—PID 控制系统结构图

通过大量的操作经验可知，PID 控制器的三个参数 K_P、K_I、K_D 与误差 e 以及误差变化量 ec 之间存在着一种非线性关系，这些关系虽然无法用数学表达式表示，但却可以用模糊语言来描述。

1）当 $|e|$ 较大时，为加快系统的响应速度，应取较大的 K_P，这样可以使系统的时间常数和阻尼系数减小，当然 K_P 不能取得过大，否则容易造成系统的不稳定；为了避免在系统开始时可能引起的超范围的控制作用，应取较小的 K_D，以便加快系统响应；为避免出现较大的超调，此时可去掉积分作用，取 $K_I = 0$。

2）当 $|e|$ 为中等大小时，应取较小的 K_P，使系统响应的超调略小一点；此时 K_D 的取值对系统较为关键，为保证系统的响应速度，K_D 的取值要恰当；此时可适当增加一点 K_I，但不得过大。

3）当 $|e|$ 较小时，为使系统具有良好的稳态性能，可取较大的 K_P 和 K_I；为避免系统在平衡点出现振荡，并考虑系统的抗干扰特性，当 $|ec|$ 较小时，K_D 值可取大些，通常取为中等大小；当 $|ec|$ 较大时，K_D 值应取小些。

基于以上总结的输入变量 e 与三个参数 K_P、K_I、K_D 的定性关系，考虑到误差变化量 ec 的影响，结合实际操作经验，综合得到调整 PID 控制器三个参数的模糊规则，如表 5-6~表 5-8 所示。

表 5-6　ΔK_P 控制规则表

ΔK_P ＼ $|ec|$	$|e|$ B	M	S	O
B	M	S	M	M
M	B	M	B	B
S	B	M	B	B
O	B	M	B	O

表 5-7　ΔK_I 控制规则表

ΔK_I ＼ $|ec|$	$|e|$ B	M	S	O
B	O	S	M	B
M	O	S	B	B
S	O	S	B	B
O	O	O	B	O

表中 B、M、S、O 分别对应语言变量"大""中""小""零"，模糊子集的隶属函数常取简单的三角形和梯形。ΔK_P、ΔK_I、ΔK_D 分别为 PID 控制器原来设计参数 K_P、K_I、K_D 的修正值，系统实时的参数取值应该分别为 $K_P+\Delta K_P$、$K_I+\Delta K_I$、$K_D+\Delta K_D$。

如图 5-9 所示，自整定模糊—PID 控制器将输入 PID 控制器的误差 e 及误差变化量

表 5-8　ΔK_D 控制规则表

ΔK_D ╲ $\lvert e \rvert$ ╱ $\lvert ec \rvert$	B	M	S	O
B	S	M	O	O
M	M	M	S	O
S	B	B	S	S
O	B	B	S	O

ec 经模糊化后同时给模糊推理模块，经过推理得到 PID 控制器参数的修正值 ΔK_P、ΔK_I、ΔK_D，将修正值输入到 PID 控制器，对其三个参数进行在线修正，能更好地利用其动态性能进行实时调节；特别是在控制对象或环境出现不确定性、干扰等因素时，利用模糊控制器，充分结合操作人员进行实时非线性调节的成功实践操作经验，发挥 PID 控制器的优良控制作用，使整个系统达到最佳的控制效果。

5.5　模糊聚类分析与模糊模式识别

分类识别是人类最重要的基本活动之一，在人类的日常生活、社会活动、科研生产以及学习、工作中无时无处不在进行着分类识别。例如，儿童在认读字母卡片上的字符时，将它们区分为 A ~ Z 中的一个，这是对字符的识别；在阅读时人们进行的是文字识别活动；在听力测试时人们进行着语音识别活动。医生诊断疾病时需要对病情进行识别。随着人类社会活动的发展，需要识别的对象和种类不断增多，内容越来越复杂和深入，要求也越来越高。为了满足人类社会发展的需求，模式识别技术得到了迅速发展。

根据分类前类别的确定程度，分类识别可分为模式识别和聚类分析两类。在进行识别时，如果已预先知道若干个标准的模式（类），再决定某一待分的对象应归于哪一类，这种识别就属于模式识别。而如果事先并不知道一组待分的对象应划分为几类，没有任何模式可供参考就要完成分类，则这种识别就属于聚类分析。也就是说，聚类分析是无参考模式的分类，模式识别是有参考模式的分类。因此，聚类分析是更基础的工作。只有先通过聚类分析才能形成类（模式），然后才能再进一步进行模式识别。例如，在天气预报中，人们就是将已知的各种天气样本先进行聚类分析分成若干类型，从而得到天气模式，然后再对有待预报的天气进行模式识别，如果它属于阴雨那一类，即可预报将要下雨，从而进行天气预报。聚类分析、模式识别与预报的关系可用图 5-10 来表示。

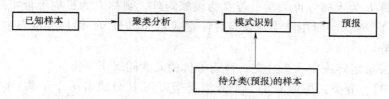

图 5-10　聚类分析、模式识别与预报的关系图

模式识别与聚类分析都是根据对象的特征完成分类任务的，具体的方法有许多种。如果对象的特征是"软约束"，即具有模糊性，则在其基础上进行的模式识别与聚类分析就是模

糊模式识别与模糊聚类分析。

模糊模式识别与模糊聚类分析的方法也有许多种，本书主要介绍传递闭包法的模糊聚类分析和贴近度法的模糊模式识别两种简单的方法。

5.5.1 模糊聚类分析

模糊聚类分析主要是根据个体之间的相似度的大小来实现的。这里，先了解模糊关系的几个基本性质。

【定义 5-5】 自反性：设 R 是 X 中的模糊关系，若对于 $\forall x \in X$，都有 $\mu_R(x,x) = 1$，则称 R 具有自反性，为 X 上的自反关系。

具有自反性的模糊关系矩阵的对角线元素均为 1。例如 R 表示"几乎相等"。

【定义 5-6】 对称性：设 R 是 X 中的模糊关系，若对于 $\forall u, v \in X$，有 $\mu_R(u,v) = \mu_R(v, u)$，则称 R 具有对称性，为 X 上的对称关系。

当 R 具有对称性时，$R^T = R$。例如 R 表示"几乎相等"或"相差很多"。

【定义 5-7】 传递性：设 R 是 X 中的模糊关系，若有 $R \circ R \subseteq R$，则称 R 具有传递性，为 X 上的传递关系。

传递性表示 R 与 R 的合成仍有关系 R。例如 R 表示"大于"。

【定义 5-8】 传递闭包：R 的传递闭包 $\hat{R}$ 定义为：

$$\hat{R} = R \cup R^2 \cup \cdots \cup R^m \cup \cdots = \bigcup_{m=1}^{\infty} R^m$$

R 的传递闭包是包含 R 而又被任一包含 R 的传递矩阵所包含的传递矩阵，或者说是包含 R 的最小的传递矩阵。

【定理 5-1】 任何模糊关系（不论它是否具有传递性）的传递闭包均有传递性。

【定理 5-2】 若 R 为有限论域 $X = \{x_1, x_2, \cdots, x_n\}$ 中的模糊关系，则 R 的传递闭包为有限项的并。

【定理 5-3】 若 R 为有限论域 $X = \{x_1, x_2, \cdots, x_n\}$ 中的相似模糊关系，则对任意 $k \geqslant n$ 均有 $\hat{R} = R^k$。

由上述定理可得到一种计算相似矩阵传递闭包的简捷方法：

$$R \rightarrow R^2 \rightarrow R^4 \rightarrow \cdots \rightarrow R^{2^k} = \hat{R}, 2^{k-1} < n \leqslant 2^k, \text{即 } k-1 < \log_2 n \leqslant k$$

上述方法称为平方法，利用该方法至多需要 $[\log_2 n] + 1$ 步就可得到传递闭包。其中 $[x]$ 为取整操作，即表示不大于 x 的最大整数。

【定义 5-9】 等价模糊关系：设 R 是 X 中的模糊关系；若 R 同时满足自反性、对称性和传递性，则称 R 为模糊等价关系；若 R 为模糊矩阵，则称 R 为模糊等价矩阵。

【定理 5-4】 R 为等价矩阵当且仅当对任意 $\lambda \in [0,1]$，R_λ 都是等价布尔矩阵，即普通的等价关系矩阵。

普通等价关系矩阵决定一个分类，彼此等价的元素同属于一类。

【定义 5-10】 分类：所谓 U 的一个分类是指可将 U 分成若干个子集 $\{A_t | t \in T\}$，使得 $A_s \cap A_t = \Phi$，$s \neq t$，$s, t \in T$；$\bigcup_{t \in T} A_t = U$

【定理 5-5】 若 $0 \leqslant \lambda < \mu \leqslant 1$，则 R_μ 所分出的每一个类必是 R_λ 所分出的某一类的子类，即 R_μ 的分法比 R_λ 的分法更细。

模糊聚类分析的步骤如下：

Step1 建立分析对象间的相似关系；

Step2 将上述相似关系转化为等价关系；

Step3 建立聚类的动态聚类图；

Step4 根据选定的阈值确定分类。

下面结合一个具体的实例对聚类过程进行说明。

【例 5-15】 环境单元的污染状况由空气污染度、水分污染度、土壤污染度和作物污染度四个要素进行描述。设五个环境单元的污染情况如表 5-9 所示：

表 5-9 五个环境单元的污染情况表

环境单元名称	空气污染度	水分污染度	土壤污染度	作物污染度
u_1	5	5	3	2
u_2	2	3	4	5
u_3	5	5	2	3
u_4	1	5	3	1
u_5	2	4	5	1

试根据上述数据实现五个环境单元的模糊聚类分析。

解：取论域为 $U = \{u_1, u_2, u_3, \cdots, u_n\}$，其中 $u_i = [x_{i1}, x_{i2}, x_{i3}, x_{im}]$。本例中 $n = 5$，$m = 4$。

建立 U 中元素的相似关系矩阵 $R = [r_{ij}]_{n \times n}$。相似关系的确定方法有许多种，总的原则就是 u_i 与 u_j 越相似，r_{ij} 就越大，且 $0 \leqslant r_{ij} \leqslant 1$。对于具体问题可根据实际情况来选取合适的一种，常用的方法有：

（1）相关系数法

$$r_{ij} = \frac{\sum_{k=1}^{m} |x_{ik} - \overline{x}_i| |x_{jk} - \overline{x}_j|}{\sqrt{\sum_{k=1}^{m} |x_{ik} - \overline{x}_i|^2} \cdot \sqrt{\sum_{k=1}^{m} |x_{jk} - \overline{x}_j|^2}}$$

式中，$\overline{x}_i = \dfrac{1}{m} \sum_{k=1}^{m} x_{ik}$；$\overline{x}_j = \dfrac{1}{m} \sum_{k=1}^{m} x_{jk}$。

（2）夹角余弦法

$$r_{ij} = \frac{\left| \sum_{k=1}^{m} x_{ik} x_{jk} \right|}{\sqrt{\sum_{k=1}^{m} x_{ik}^2} \cdot \sqrt{\sum_{k=1}^{m} x_{jk}^2}}$$

（3）绝对值减数方法

$$r_{ij} = \begin{cases} 1 & , i = j \\ 1 - c \sum_{k=1}^{m} |x_{ik} - x_{jk}| & , i \neq j \end{cases}$$

（4）主观评定法

由专家或分类者进行打分确定。

本例选择方法 3，建立 U 中元素的相似关系（取 $c = 0.1$），得相似矩阵 R。

$$R = \begin{matrix} & \begin{matrix} u_1 & u_2 & u_3 & u_4 & u_5 \end{matrix} \\ \begin{bmatrix} 1 & 0.1 & 0.8 & 0.5 & 0.3 \\ 0.1 & 1 & 0.1 & 0.2 & 0.4 \\ 0.8 & 0.1 & 1 & 0.3 & 0.1 \\ 0.5 & 0.2 & 0.3 & 1 & 0.6 \\ 0.3 & 0.4 & 0.1 & 0.6 & 1 \end{bmatrix} & \begin{matrix} u_1 \\ u_2 \\ u_3 \\ u_4 \\ u_5 \end{matrix} \end{matrix}$$

利用平方法求其传递闭包

$$R^2 = \begin{bmatrix} 1 & 0.3 & 0.8 & 0.5 & 0.5 \\ 0.3 & 1 & 0.2 & 0.4 & 0.4 \\ 0.8 & 0.2 & 1 & 0.5 & 0.3 \\ 0.5 & 0.4 & 0.5 & 1 & 0.6 \\ 0.5 & 0.4 & 0.3 & 0.6 & 1 \end{bmatrix}$$

$$R^4 = \begin{bmatrix} 1 & 0.4 & 0.8 & 0.5 & 0.5 \\ 0.4 & 1 & 0.4 & 0.4 & 0.4 \\ 0.8 & 0.4 & 1 & 0.5 & 0.5 \\ 0.5 & 0.4 & 0.5 & 1 & 0.6 \\ 0.5 & 0.4 & 0.5 & 0.6 & 1 \end{bmatrix}$$

$$R^8 = \begin{bmatrix} 1 & 0.4 & 0.8 & 0.5 & 0.5 \\ 0.4 & 1 & 0.4 & 0.4 & 0.4 \\ 0.8 & 0.4 & 1 & 0.5 & 0.5 \\ 0.5 & 0.4 & 0.5 & 1 & 0.6 \\ 0.5 & 0.4 & 0.5 & 0.6 & 1 \end{bmatrix}$$

由于 $R^4 = R^8$，因此 R^4 就是所求传递闭包矩阵。

令 λ 由 1 降至 0，求出 R_λ，按 R_λ 分类。

$$R_1 = \begin{bmatrix} 1 & 0 & 0 & 0 & 0 \\ 0 & 1 & 0 & 0 & 0 \\ 0 & 0 & 1 & 0 & 0 \\ 0 & 0 & 0 & 1 & 0 \\ 0 & 0 & 0 & 0 & 1 \end{bmatrix}$$

当 $r_{ij} = 1$ 时，i 与 j 归为同一类。相应的分类结果为 $\{u_1\}$、$\{u_2\}$、$\{u_3\}$、$\{u_4\}$、$\{u_5\}$。也就是说，当要求同类的环境单元完全相似时，上述五个环境单元只能分成五类，即各成一类。

$$R_{0.8} = \begin{bmatrix} 1 & 0 & 1 & 0 & 0 \\ 0 & 1 & 0 & 0 & 0 \\ 1 & 0 & 1 & 0 & 0 \\ 0 & 0 & 0 & 1 & 0 \\ 0 & 0 & 0 & 0 & 1 \end{bmatrix}$$

相应的分类结果为 $\{u_1,u_3\}$、$\{u_2\}$、$\{u_4\}$、$\{u_5\}$。也就是说，当要求同类的环境单元相似度为 0.8 以上时，u_1 和 u_3 可聚为一类，其他三个各成一类。

$$R_{0.6} = \begin{bmatrix} 1 & 0 & 1 & 0 & 0 \\ 0 & 1 & 0 & 0 & 0 \\ 1 & 0 & 1 & 0 & 0 \\ 0 & 0 & 0 & 1 & 1 \\ 0 & 0 & 0 & 1 & 1 \end{bmatrix}$$

相应的分类结果为 $\{u_1,u_3\}$、$\{u_2\}$、$\{u_4,u_5\}$。也就是说，当只要求同类的环境单元相似度为 0.6 以上时，u_1 和 u_3 可聚为一类，u_4 和 u_5 可聚为一类，u_2 仍单独成为一类。

$$R_{0.5} = \begin{bmatrix} 1 & 0 & 1 & 1 & 1 \\ 0 & 1 & 0 & 0 & 0 \\ 1 & 0 & 1 & 1 & 1 \\ 1 & 0 & 1 & 1 & 1 \\ 1 & 0 & 1 & 1 & 1 \end{bmatrix}$$

相应的分类结果为 $\{u_1,u_3,u_4,u_5\}$、$\{u_2\}$。当要求同类的环境单元相似度为 0.5 以上时，u_1、u_3、u_4 和 u_5 可聚为一类，u_2 仍单独成为一类。

$$R_{0.4} = \begin{bmatrix} 1 & 1 & 1 & 1 & 1 \\ 1 & 1 & 1 & 1 & 1 \\ 1 & 1 & 1 & 1 & 1 \\ 1 & 1 & 1 & 1 & 1 \\ 1 & 1 & 1 & 1 & 1 \end{bmatrix}$$

此时相应的分类结果为 $\{u_1,u_2,u_3,u_4,u_5\}$。当要求同类的环境单元相似度为 0.4 以上时，所有的环境单元就都聚为一类了。

上述过程可用如下动态聚类图表示。

具体的分类由最后选定的阈值 λ 确定。

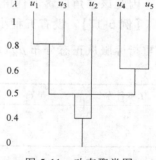

图 5-11　动态聚类图

5.5.2　模糊模式识别

模糊模式识别通常分为两类：个体模式识别和群体模式识别。个体模式识别是要确定一个给定的个体属于哪一类；群体模式识别则是要确定一组对象属于哪一类。本书介绍的模糊模式识别实现的依据是贴近度和择近原则。

【定义 5-11】 贴近度是 $U \times U$ 上的一个模糊关系 σ，它具有下列性质：

1）自反性：$\sigma(A,A) = 1$

2）对称性：$\sigma(A,B) = \sigma(B,A) \geqslant 0$

3）若 $\forall u \in U$ 有 $\mu_A \leqslant \mu_B \leqslant \mu_C$，或 $\mu_A \geqslant \mu_B \geqslant \mu_C$，则有

$$\sigma(B,C) \leqslant \sigma(A,C)$$

贴近度反映的是两个模糊集合的贴近（相似）程度，σ 越接近 1，两个模糊集合越相似。

【定义 5-12】 择近原则：若有 n 个模式 A_1，A_2，$\cdots$，A_n，对待识别（分类）的对象 B，若 $\sigma(B, A_i) = \max\{\sigma(B, A_1, \sigma(B, A_2), \cdots(B, A_n))\}$
则称 B 与 A_i 最贴近，因此 B 属于 A_i 类。

下面以两个例子来分别解释个体模式识别与群体模式识别的过程。

【例 5-16】 设论域为 $X = \{(A, B, C) \mid A + B + C = 180°, A \geq B \geq C > 0\}$。其中 A、B、C 为三角形的三个内角。设 E，R，I 分别表示等腰、直角、等边三角形。任一三角形 x 对这三种三角形的从属度为

$$\mu_E(x) = \left[1 - \frac{1}{B} \min\{A - B, B - C\} \right]^2$$

$$\mu_R(x) = 1 - \frac{1}{90°}|A - 90°|^2$$

$$\mu_I(x) = \left[1 - \frac{1}{180°}(A - C) \right]^2$$

设给定的一个三角形的内角 $A = 80°$，$B = 70°$，$C = 30°$，试判断它属于哪一类？

解：计算给定三角形对各种三角形的从属度。

$$\mu_E(x) = \left[1 - \frac{1}{70°} \min\{10°, 40°\} \right]^2 = 0.735$$

$$\mu_R(x) = \left[1 - \frac{1}{90°}|80° - 90°| \right]^2 = 0.790$$

$$\mu_I(x) = \left[1 - \frac{1}{180°}50° \right]^2 = 0.522$$

因此该三角形属于直角三角形。

【例 5-17】 设有五种小麦，分别为早熟、矮杆、大粒、高肥丰产和中肥丰产。它们百粒重指标服从正态分布 $\mu_{A_i}(x) = e^{-\left(\frac{x-a}{b}\right)^2}$。其参数统计值如表 5-10 所示。

表 5-10 五种小麦参数统计值

亲本名称	早熟	矮杆	大粒	高肥丰产	中肥丰产
a	3.7	2.9	5.0	3.9	3.7
b	0.3	0.3	0.3	0.3	0.2

现有一不知品种的小麦亲本 B，用统计方法测得其百粒重参数为 $a = 3.43$、$b = 0.28$。试确定它属于上述哪一品种。（两个正态函数的贴近度为：$\sigma(A, B) = \frac{1}{2}\left[e^{-\left(\frac{a_1-a_2}{b_1-b_2}\right)^2} + 1 \right]$）

解：由上述贴近度公式可计算出：
$\sigma(B, A_1) = 0.91$，$\sigma(B, A_2) = 0.72$，$\sigma(B, A_3) = 0.50$，$\sigma(B, A_4) = 0.76$，$\sigma(B, A_5) = 0.89$，由择近原则可得 B 应属于早熟型。

5.6 模糊聚类应用案例分析

一个国家犯罪率的高低反映了一个国家的社会和谐程度。犯罪率的研究对社会的稳定、

国家的发展有着重要的作用。一个国家的犯罪率与多种因素有关，这些因素与犯罪率之间的关系又十分复杂，如何分析清楚各因素的内在关系以及对犯罪率的影响，一直是法律工作者研究的难题。一些法律工作者试图根据已有的一些数据直接揭示犯罪率与这些因素之间的关系，并通过建立线性或者简单的函数模型来确定这些因素对犯罪率的影响。但由于现实问题的复杂性，很难获得有效的模型。法学工作者根据长期的理论分析，总结出对一个国家的犯罪率具有较大影响的五种主要因素，分别是国家的历史文化的悠久程度、国民的富裕程度、人口密集程度、失业率以及国民素质等。通常认为，国家的悠久历史和文化、国民的富裕程度和素质的提高、失业率的降低等都助于犯罪率的降低，但此结论的正确性却无法得到严谨的证明或证实，因此不具有很强的说服力。

利用模糊聚类分析方法，建立起各因素对犯罪率的影响关系，从而可得到对法律工作者具有借鉴意义的参考结论。

选择六个典型国家的数据作为已知训练样本，即高犯罪率的美国、瑞典，中犯罪率的法国和联邦德国，低犯罪率的埃及、菲律宾，具体数据如表 5-11 所示。

表 5-11 典型犯罪率国家的已知样本数据

类别	国名	犯罪率	建国时间/年	人均国民生产总值/美元	失业率/‰	人均教育支出/美元	人口密度/（人/km²）
高犯罪率	美国	45.8380	213	11360	9.6	676	24
	瑞典	50.8800	180	13520	1.9	1164	18
中犯罪率	法国	13.5868	1406	11730	7.7	560	98
	联邦德国	15.9764	40	13590	5.5	566	247
低犯罪率	埃及	0.1931	67	580	4.6	19	41
	菲律宾	0.4201	43	720	5.4	12	159

选择表 5-12 的六个国家数据作为测试样本。

表 5-12 测试样本数据

国名	犯罪率	建国时间/年	人均国民生产总值/美元	失业率/‰	人均教育支出/美元	人口密度/（人/km²）
印度	2.1669	42	240	8.5	6	198
英国	7.6210	923	7920	11.3	360	229
日本	5.1901	1406	9890	2.2	508	311
韩国	11.3564	41	1520	4.6	52	382
马里	1.0004	29	190	0.1	8	5
斯里兰卡	3.3616	41	270	12.8	5	225

表 5-11 和表 5-12 中的六个统计指标分别来源于国际刑警组织的《国际犯罪统计资料》、美国国会图书馆、《世界银行图表集》、联合国国际劳工局、联合国教科文组织以及《联合国人口统计年鉴》，数据所属时间为 1983 年。

利用上述五种指标作为聚类特征，在有监督的情况下，通过不断修改各因素权重的方法寻找最优值，将模糊动态聚类结果作为寻优指标。当聚类结果与期望结果一致时，即可确定各因素对犯罪率影响的权重。

设五个指标对犯罪率影响的权重系数向量 $Q=[q_1,q_2,q_3,q_4,q_5]$ 为优化变量，按照犯罪率高低对给定的六个国家进行聚类分析。

模糊聚类分析中的相似矩阵可采用绝对值减数法或夹角余弦法求取。

如果采用绝对值减数法求相似矩阵，其计算公式为

$$r_{ij} = \begin{cases} 1, & i=j \\ 1 - c \sum_{k=1}^{5} q_k |x_{ik} - x_{jk}| & i \neq j \end{cases}$$

式中，c 的选取应使 $0 \leqslant r_{ij} \leqslant 1$。

如果采用夹角余弦法求相似矩阵，其计算公式为

$$r_{ij} = \frac{\left| \sum_{k=1}^{5} q_k^2 x_{ik} x_{jk} \right|}{\sqrt{\sum_{k=1}^{5} q_k^2 x_{ik}^2} \cdot \sqrt{\sum_{k=1}^{5} q_k^2 x_{jk}^2}}$$

式中，r_{ij} 表示第 i 个国家与第 j 个国家的相似性系数；x_{ik} 表示第 i 个国家的第 k 个指标数据。

优化指标 J 衡量当前聚类结果与期望聚类结果的差异程度。期望的聚类结果传递闭包矩阵应具有下列形式

$$\min\{r_{ij} | \text{样本 } i \text{ 与样本 } j \text{ 为同类}\} > \max\{r_{ik} | \text{样本 } i \text{ 与样本 } k \text{ 非同类}\}$$

指标 J 为传递闭包矩阵中符合上式的元素数量。

具体优化过程可采用第 8 章中的混沌优化方法进行计算。

利用绝对值减数法求取相似矩阵，经过多次长时间计算都无法得到满意的聚类结果，说明绝对值减数法不适合描述该数据之间的相似性。利用夹角余弦法可得到正确的聚类结果，所得权值矩阵为

$$Q=[0.0003, 0.001221, 0.427000, 0.006460, 0.100000]$$

所得相似矩阵为

$$R = \begin{bmatrix} 1.000000 & 0.965309 & 0.633804 & 0.862912 & 0.155266 & 0.257044 \\ 0.965309 & 1.000000 & 0.684798 & 0.911517 & 0.244340 & 0.401231 \\ 0.633804 & 0.684798 & 1.000000 & 0.923181 & 0.853565 & 0.853125 \\ 0.862912 & 0.911517 & 0.923181 & 1.000000 & 0.607467 & 0.689493 \\ 0.155266 & 0.244340 & 0.853565 & 0.607467 & 1.000000 & 0.949920 \\ 0.257044 & 0.401231 & 0.853125 & 0.689493 & 0.949920 & 1.000000 \end{bmatrix}$$

传递闭包矩阵为

$$R^* = \begin{bmatrix} 1.000000 & 0.965309 & 0.911517 & 0.911517 & 0.853565 & 0.853565 \\ 0.965309 & 1.000000 & 0.911517 & 0.911517 & 0.853565 & 0.853565 \\ 0.911517 & 0.911517 & 1.000000 & 0.923181 & 0.853565 & 0.853565 \\ 0.911517 & 0.911517 & 0.923181 & 1.000000 & 0.853565 & 0.853565 \\ 0.853565 & 0.853565 & 0.853565 & 0.853565 & 1.000000 & 0.949920 \\ 0.853565 & 0.8535655 & 0.853565 & 0.853565 & 0.949920 & 1.000000 \end{bmatrix}$$

聚类阈值 λ 由 1 降至 0，即可实现动态聚类，所得动态聚类图如图 5-12 所示。

从上图可见，当 $\lambda = 0.923181$ 时，六个国家分别聚成三类，美国和瑞典为高犯罪率国家聚为一类，法国和联邦德国为较低犯罪率国家聚为一类，埃及和菲律宾为低犯罪率国家聚为一类。从而实现了已知样本的正确聚类。

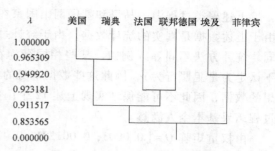

图 5-12　训练样本动态聚类结果

为验证上述结果的有效性，根据表 5-12 的测试数据，将印度的特征数据也加入到上述六国，进行动态聚类分析，所得传递闭包矩阵如下：

$$R^* = \begin{bmatrix} 1.000000 & 0.965309 & 0.911517 & 0.911517 & 0.853565 & 0.853565 & 0.853565 \\ 0.965309 & 1.000000 & 0.911517 & 0.911517 & 0.853565 & 0.853565 & 0.853565 \\ 0.911517 & 0.911517 & 1.000000 & 0.923181 & 0.853565 & 0.853565 & 0.853565 \\ 0.911517 & 0.911517 & 0.923181 & 1.000000 & 0.853565 & 0.853565 & 0.853565 \\ 0.853565 & 0.853565 & 0.853565 & 0.853565 & 1.000000 & 0.998498 & 0.955313 \\ 0.853565 & 0.853565 & 0.853565 & 0.853565 & 0.998498 & 1.000000 & 0.955313 \\ 0.853565 & 0.853565 & 0.853565 & 0.853565 & 0.955313 & 0.955313 & 1.000000 \end{bmatrix}$$

由于印度的犯罪率和训练样本的六个国家相比属于低犯罪率。当阈值 $\lambda = 0.923181$ 时，按照上述所得传递闭包矩阵可实现正确聚类，即：{美国，瑞典}，{法国，联邦德国}，{印度，埃及，菲律宾}。

将全部的 12 个国家样本共同实现聚类过程的结果如图 5-13 所示。

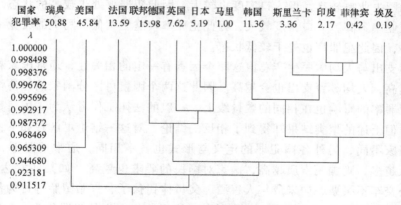

图 5-13　12 国数据的动态聚类结果

由上述动态聚类过程可见，12 个国家动态聚类过程基本符合要求，能够达到较满意的效果，如犯罪率较低的国家印度、菲律宾、斯里兰卡等能够较容易聚类在一起，英国、日本、联邦德国等犯罪率较接近的国家聚类在一起，瑞典和美国两个犯罪率高的国家聚类在一起。当 $\lambda = 0.923181$ 时，12 个国家聚成两类，一类是瑞典和美国两个犯罪率高的国家，另一类是其他犯罪率相对低的国家。这个聚类结果符合实际情况。由此可见，上述方法所确定的权重矩阵，可实现犯罪率问题的较为正确的分类。

上述聚类过程中，马里和韩国两个国家在最初的聚类过程中出现了一些偏差。这主要是由于上述数据是真实的统计数据，由于统计过程中的误差以及各类指标在各国的定义标准不同、统计方法不同等（例如，某些相同行为在某些国家是犯罪行为，但在其他国家可能并不认定为是犯罪行为），因此这些数据本身的标准并不一致，也就是数据本身并不是完全理想的数据，因此不可能保证实现上述 12 个国家完全理想的聚类过程。总体来看，上述聚类过程结果基本令人满意。

由权重矩阵 $Q = [0.0003, 0.001221, 0.427000, 0.006460, 0.100000]$ 可见，在上述五个因素中，失业率对犯罪率的影响最大，人口密集程度影响其次，并且这两个因素的影响程度在同一数量级上；国民素质（人均教育支出）再次，国民富裕程度（人均国民生产总值）影响更小，并且这两个因素的影响在同一数量级上。而国家的历史（建国时间）对犯罪率的影响最小，并且影响程度的数量级也较其他因素小很多。

结合实际数据和聚类结果，我们可以作出如下分析：

失业率越高则犯罪率越高，人口密度越小则犯罪率越高。这两个因素对一个国家的犯罪率起到决定性作用。例如，美国失业率较高，人口密度也较小，因此是典型的高犯罪率国家。

对于这一结果可作如下解释：高失业率造成社会不稳定人群数量增加，显然容易提高犯罪率，这一点大多数法律工作者是认可的。而人口密度对犯罪率的影响是与计算方法有关的。由于犯罪率的计算是犯罪的人数除以总人数，因此当人口密度较小，即使犯罪人口的绝对数量并不很多，但由于人口基数少，从而造成犯罪的相对值（犯罪率）较高。因此造成虽然失业率不高的瑞典，由于人口密度很小，也成为犯罪率高的国家。

据此可见，英国虽然失业率高，但人口密度较大，因此英国的犯罪率并不很高。法国、联邦德国、韩国失业率较高，但人口密度也较大，因此犯罪率处于较高的状态。日本与上述三国相比，失业率不高，人口密度较大，因此犯罪率较这三国低。马里的失业率最低，但人口密度也最小，因此犯罪率也处于较低状态。

人均教育支出与人均国民生产总值这两个因素有一定的相关性，通常国家越富裕，则国民生产总值越高，人均教育支出也会越高。因此这两个因素可区分国家的经济情况，并且这两个因素对犯罪率的影响也在相同的数量级上。一般的法律工作者认为，国民素质越高应该犯罪率越低。但上述的聚类结果却得到了相反的结论。对这一结论可解释如下：由于数据的统计方式各国家不同，另外各国犯罪的定义与形式也各不相同，通常情况下，国家越是发达，教育投入越多，则国民素质越高，国家对国民的要求也越高（如某些发达国家和地区，对于类似乘公交车不买票、向未成年人售酒、父母体罚孩子、打胎堕胎等行为都属于犯罪行为，而在某些发展中国家，上述这些行为则有可能不被认定为是犯罪行为），因此某些发达国家的犯罪阈值较低，犯罪的形式和种类较多，也就是说犯罪的认定标准在不同发达程度和不同认知的国家差异较大，因此造成相同情况下，发达国家的犯罪率较高。只有在发达程度相当的情况下，才可利用失业率和人口密度等因素来确定犯罪率的高低。

例如，斯里兰卡和印度与日本相比，失业率高、人口密度小，如果只按上述两个因素判断，则应属于较高犯罪率的国家，实际上日本属于发达国家，而印度和斯里兰卡属于发展中国家，因此相比日本，印度和斯里兰卡的犯罪率并不很高。同样的分析也适用于埃及和菲律宾。

由此可见，在相同情况下，发达国家的犯罪率高于发展中国家的犯罪率，这可能是由于发达国家本身对于犯罪的形式和程度的认定比发展中国家细化，发达国家对人们的要求高一些。一些在发展中国家不属于犯罪的行为，在发达国家则可能被认定为是犯罪行为，因此造成犯罪率统计结果较高。

最后，国家的历史文化悠久程度对于犯罪率的影响很小。也就是人们的思维方式以及形成的风俗习惯对犯罪率的影响很小，犯罪率的高低主要取决于当前的国家状况。

上述结论是从客观数据聚类结果分析所得，与传统的法学工作者的研究方法和研究手段不同，因此，所得结论也仅供法学工作者参考使用。

习　题

5.1　模糊性与随机性的区别是什么？

5.2　模糊集合与精确集合的区别是什么？

5.3　模糊推理的一般过程是什么？

5.4　设论域 $U=\{x_1, x_2, x_3, x_4, x_5\}$，$A$ 和 B 是定义在论域 U 上的两个模糊集合，其中

$$A = \frac{0.8}{x_1} + \frac{0.6}{x_2} + \frac{0.9}{x_3} + \frac{0.75}{x_4} + \frac{0.9}{x_5}$$

$$B = \frac{0.5}{x_1} + \frac{0.4}{x_2} + \frac{0.3}{x_3} + \frac{0.8}{x_4} + \frac{0.2}{x_5}$$

试求：$A \cap B$、$A \cup B$、$\overline{A}$ 和 $\overline{B}$。

5.5　设有三个病人组成的集合 $X=\{x_1,x_2,x_3\}$，病人的症状集合为 $Y=\{y_1,y_2,y_3,y_4,y_5\}$，三类病情集合为 $Z=\{z_1,z_2,z_3\}$，X 与 Y 之间的模糊关系 Q 以及 Y 与 Z 之间的模糊关系 R 分别为

$$Q = \begin{bmatrix} 0.2 & 0.6 & 0.3 & 0.7 & 0.2 \\ 0.7 & 0.1 & 0.2 & 0.2 & 0.9 \\ 0.9 & 0.3 & 0.8 & 0.3 & 0.4 \end{bmatrix}, R = \begin{bmatrix} 0.4 & 0.8 & 0.9 \\ 0.8 & 0.2 & 0.1 \\ 0.5 & 0.9 & 0.8 \\ 0.9 & 0.4 & 0.3 \\ 0.3 & 0.9 & 0.6 \end{bmatrix}$$

试求病人集合 X 与病情集合 Z 之间的模糊关系 S。

第6章

机器学习和神经网络

6.1　机器学习的基本概念和发展史

　　人类具有学习的本能，这也是人类的智能特征之一。长久以来，人们一直探索如何使机器也能够具有像人类一样的自我学习能力。

　　人们对机器学习的探索研究从 20 世纪 50 年代开始，经历了大致三个阶段。第一个阶段是从 20 世纪 50 年代中期开始的探索期。受神经生理学和生物学的影响，机器学习的研究主要侧重于神经元网络模型的研究。第二个阶段是从 20 世纪 70 年代开始的发展时期。在这一时期，由于专家系统的研究取得了较大的成功，知识获取成为当时迫切要求解决的难题，因此机器学习的研究者提出了基于高层知识符号表示的机器学习模型。由于符号学习研究的迅速发展，实例学习、观察和发现学习、类比学习以及解释学习等多种学习策略不断涌现出来。从 20 世纪 80 年代开始，机器学习的研究进入了快速发展时期。在这一时期，神经网络的研究重新兴起，符号学习由"无知"学习转向增长型学习。进化学习、知识发现和数据挖掘等研究得到了迅速发展。

　　虽然机器学习理论不断完善和发展，但目前为止，我们仍不知道如何使机器拥有像人类一样的学习能力。不过，一些针对求解特定任务的学习算法已经出现，并在许多领域中取得成功的应用。

　　另外，对于学习的概念目前仍无统一的定义，不同时期不同领域的学者曾给出过不同的概念。通常的观点是将学习描述为机器利用获取知识、发现规律、积累经验等方法和手段来改进或完善系统性能的过程。通常设计一个学习系统要明确三个问题：

　　1）任务：即要解决什么样的问题。

　　2）标准：即衡量或评价系统性能好坏的指标或标准。

　　3）知识源：即学习经验或知识的来源。

　　例如：对于一个机器人下棋的学习系统，所要明确的三个问题可列出如下：

　　1）任务：正确下棋。

　　2）标准：比赛中击败对手的概率或可能性。

　　3）知识源：对弈比赛训练。

　　而对于手写文字识别的学习系统，所要明确的三个问题可为：

　　1）任务：对手写文字进行分类和识别。

　　2）标准：分类或识别的正确率。

3）知识源：已知样本的数据库。

再如：对于机器人自动驾驶的学习系统，所要明确的三个问题为：

1）任务：在高速公路上自动驾驶汽车。

2）标准：无错行驶平均里程。

3）知识源：专家驾驶经验和驾驶指令。

一个机器学习的系统模型一般可以简单地表示成图 6-1 所示的形式。

其中，环境为系统学习提供外部信息，系统的学习机构通过对环境的搜索取得外部信息，经过分析、综合、类比、

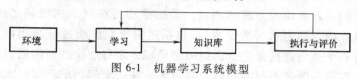

图 6-1　机器学习系统模型

归纳等思维过程获得知识，并将知识存入知识库中。执行环节应用所学到的知识求解现实问题。评价环节验证和评价执行的效果，并将执行效果反馈给学习部分，来完善和修改知识库中的知识，指导进一步的学习工作。

6.2　经典机器学习方法

1. 机械学习

机械学习也称为死记式学习，是一种最简单、最原始、最基本的学习方法。这种学习类似于小孩子最初对文字、单词等的学习过程。只是通过记忆把新的知识简单地存储起来，供需要时检索调用，不需要进行计算和推理。求解问题时就从知识库中检索出相应的知识直接用来求解问题。

机械学习由于其学习方式简单，因此应用范围有限，需要在某些特定情况下使用才有意义。例如，如果利用机械学习检索一个项目的时间比重新计算一个项目的时间要短，这时机械学习才有意义。检索得越快，其意义也越大。相反，如果检索一个数据所需时间比重新计算一个数据所需时间还要多，机械学习也就失去了意义。另外，机械学习所存储的信息应该能够适用于后来情况。如果信息变化特别频繁，所存储的信息很快就不适用了，那么机械学习同样也失去了意义。

2. 指导式学习

指导式学习是比机械式学习更复杂一点的学习方式，又称嘱咐式学习或教授式学习。在这种学习方式下，外部环境向系统提供一般性的指示或建议，系统把它们具体地转换为细节知识并送入知识库。在学习过程中要反复对形成的知识进行评价，使其不断完善。

对于使用指导式学习策略的系统来说，外界输入知识的表达方式与内部表达方式不完全一致，系统在接收外部知识时需要一点推理、翻译和转换工作。一般地，指导式学习系统需要通过请求、解释、实用化、并入、评价等步骤实现其功能。其中，请求就是征询指导者的指示或建议；解释就是消化吸收指导者的建议并把它转换成内部表示；实用化是把指导者的指示或建议转换成能够使用的形式；并入就是并入到知识库中；评价就是评价执行部分动作的结果，并将结果反馈到第一步。

指导式学习是一种比较实用的学习方法，可用于专家知识获取。它既可避免由系统自己进行分析、归纳从而产生新知识所带来的困难，又无需领域专家了解系统内部知识表示和组

织的细节，因此目前应用得较多。

3. 类比学习

类比是人们认识世界的一种重要方法，也是诱导人们学习新事物、进行创造性思维的重要手段。类比能够清晰、简洁地描述对象之间的相似性。类比学习就是通过类比，即通过相似事物加以比较所进行的一种学习。

类比学习的基础是类比推理。类比推理是由新情况与已知情况在某些方面的相似来推出它们在其他相关方面的相似。类比推理是在两个相似域之间进行的，一个是已经认识的源域，或者称为基（类比源），包括过去曾经解决过且与当前问题类似的问题以及相关知识；另一个是当前尚未完全认识的目标域，是待解决的新问题。类比推理的目的是从源域中选出与当前问题最近似的问题及其求解方法以求解当前问题，或者建立起目标域中已有命题间的联系，形成新知识。

类比学习主要包括以下四个过程：

1）输入一组已知条件（已解决问题）和一组未完全确定的条件（新问题）。

2）对输入的两组条件，根据其描述，按某种相似性的定义寻找两者可类比的对应关系。

3）根据相似变化的方法，将已有问题的概念、特性、方法、关系等映射到新问题上，以获得待求解新问题所需的新知识。

4）对类推得到的新问题的新知识进行校验。验证正确的知识存入知识库中，而暂时还无法验证的知识只能作为参考性知识，置于数据库中。

当前类比学习模拟的主要困难是基（类比源）的联想，即给定一个目标域，再从无数个错综复杂的结构中找出一个或数个候选的基。在当前实际应用中，基都是由用户给出的，这实际上决定了机器只能重复人们已知的类比，而不能帮助人们学到什么。

4. 归纳学习

归纳是人类拓展认识能力的重要方法，是一种从个体到一般、从部分到整体的推理行为。归纳推理是使用归纳方法所进行的推理，即从足够多的事例中归纳出一般性的知识，它是一种从个体到一般的推理。归纳学习是应用归纳推理进行学习的一类学习方法，也是研究最广的一种符号学习方法。

由于在进行归纳时，通常不能考察全部有关的事例，因而归纳出的结论不能绝对保证它的正确性，只能以某种程度相信它为真，这是归纳推理的一个重要特征。例如，由"喜鹊会飞""麻雀会飞""乌鸦会飞"这样一些已知事实，有可能归纳出"有羽毛的动物会飞""鸟会飞"等结论。这些结论一般情况下是正确的。但鸵鸟、企鹅等鸟类有羽毛，但是却不会飞，这就说明上面归纳的结论不是绝对为真的，只能以某种程度相信它为真。

在进行归纳学习时，学习者从所提供的事实或观察的假设进行归纳推理，获得某个概念。归纳学习可按其有无教师指导分为示例学习以及观察与发现学习。

（1）示例学习　又称概念获取或实例学习。是通过从环境中获取若干与某概念有关的例子，经归纳得出一般性概念的学习方法。在这种学习方法中，外部环境（教师）提供一组例子（包括正例和反例），学习系统从例子所蕴含的知识中归纳出具有更大适用范围的一般性知识或概念，以覆盖所有的正例和排除所有的反例。

例如，我们用一组动物为示例，告诉学习系统哪个动物是"牛"，哪个动物不是，当示例足够多时，学习系统就能掌握"牛"的概念，能够把牛和其他动物区分开。

在示例学习系统中，有两个重要概念：示例空间和规则空间。示例空间是我们向系统提供的训练例集合。规则空间是例子空间所潜在的某种事物规律的集合。学习系统应该从大量的训练例中自行总结出这些规律。可以把示例学习看成是选择训练例去指导规则空间的搜索过程，直到搜索出能够准确反映事物本质的规则为止。

（2）观察与发现学习　分为观察学习与机器发现两种。前者用于对事例进行概念聚类，形成概念描述；后者用于发现规律，产生定律或规则。

概念聚类是观察学习研究中的一个重要技术。基本思想是把事例按一定的方式和准则进行分组，如划分为不同的类、不同的层次等，使不同的组代表不同的概念，并且对每一个分组进行特征概括，得到一个概念的语义符号描述。例如对如下事例：

斑马、老虎、狮子、骆驼、大象、猪、牛、羊……

根据它们是否家养可分为两类：

野生动物 = ｛斑马，老虎，狮子，骆驼，大象，…｝

家畜 = ｛猪、牛、羊，…｝

这里，"野生动物"和"家畜"就是由分类得到的新概念，根据相应的动物特征还可得知：

"野生动物有毛、肺、腿、有奶、野生"

"家畜有毛、肺、腿、有奶、家养"

如果把它们的共同特性抽取出来，就可进一步形成"兽类""哺乳动物"等概念。

机器发现是指从观察的事例或经验中归纳出规律或规则，这是最困难、最富有创造性的一种学习。它可分为经验发现与知识发现两种。前者是指从经验数据中发现规律和定律；后者是指从已观察的事例中发现新的知识。

归纳学习方式在协助获取专家知识方面起到很好的作用。由于专家多年来积累的经验通常是"隐性知识"，甚至只是一种直觉，因此难以表述和提取。但专家经验来源于实践，是对大量实例和现象的归纳。因此，用归纳学习方法来获取专家知识恰到好处，它为解决专家系统的知识获取这个瓶颈问题提供了重要的手段。

但是，归纳学习仅通过实例之间的比较来提取共性与不同，难以区分重要的、次要的和不相关的信息。此外，归纳学习要求必须有多个实例，对有些领域来说给出多个实例并非易事，且得出的归纳结论的正确性问题进一步限制了其使用的范围。

5. 解释学习

基于解释的学习是通过运用相关领域知识，对当前的实例进行分析，从而构造解释并产生相应知识的一种学习方法。

在进行解释学习时，要向学习系统提供一个实例和完善的领域知识。在分析实例时，首先建立关于该实例是如何满足所学概念定义的一个解释。由这个解释所识别出的实例的特性，被用来作为一般性概念定义的基础；然后通过后继的练习，期待学习系统在练习中能够发现并总结出更一般性的概念和原理。在这个过程中，学习系统必须设法找出实例与练习间的因果关系，并应用实例去处理练习，把结果上升为概念和原理，并存储起来供以后使用。

在基于解释的学习系统中，系统通过应用领域知识逐步进行演绎，最终构造出训练实例满足目标概念的证明（即解释）。其中领域知识对证明的形成起着重要的作用，这就要求领域知识是完善的，可以解释被处理的所有例子。但是在现实世界中，大多数领域不具备这个特征。因此，必须研究如何使基于解释的学习在不完善的领域理论中依然有效；同时，还要研究如何修改不完善的领域理论，使之具有更强的解释能力。

6.3 基于神经网络的学习

6.3.1 神经网络概述

人工神经网络技术是当前机器学习研究的热点之一。人工神经元的研究起源于脑神经元学说。19 世纪末，在生物、生理学领域，Waldeger 等人创建了神经元学说。人们认识神经系统是由神经元组成的。大脑皮层包括有 100 亿个以上的神经元，它们互相联结形成神经网络，实现机体与内外环境的联系，协调全身的各种机能活动。

人工神经网络是由简单的处理单元组成的大量并行分布的处理机，具有一定的自适应与自组织能力。在学习或训练过程中改变突触权重值，以适应周围环境的要求。

神经网络的研究始于 20 世纪 40 年代，大致经历了由兴起、萧条和兴盛三个阶段。

1943 年，神经解剖学家 McCulloch 和数学家 Pitts 根据生物神经元的基本生理特征提出了 MP 神经元模型，揭开了神经网络研究的序幕。

1949 年，生理学家 D. O. Hebb 提出了 Hebb 规则，为神经网络的学习算法奠定了基础。

1957 年，Rosenblatt 提出感知机模型。次年，又提出了一种新的解决模式识别问题的监督学习算法，并证明了感知机收敛定理。

1969 年，Minsky 和 Papert 所著的《Perceptron》一书指出单层感知机的处理能力十分有限，甚至连异或分类这样的问题也不能解决，而多层感知机无有效的学习算法。由于 Minsky 对感知机的悲观态度以及其在人工智能领域的权威性，这些论点使得大批研究人员对于人工神经网络的前景失去信心。从此人工神经网络的研究进入了萧条期。不过，在这段期间，仍然有不少学者坚持人工神经网络的研究，并取得了一定的成果。其中典型的代表有：1967 年，日本学者甘利俊一（Shun Ichi Amarri）提出了自适应模式分类的学习理论；1972 年芬兰学者 T. Kohonen 提出了自组织映射理论。同年，日本学者 K. Fukushima 提出了认知机模型。1976 年，美国学者 S. A. Grossberg 提出了自适应谐振理论（Adaptive Resonance Theory，ART）。

到 20 世纪 80 年代，人工神经网络的研究迎来了又一个转折期。1982 年和 1984 年，美国加州理工学院生物物理学家 J. Hopfield 教授提出了离散型和连续型两种 Hopfield 网络，并在 TSP 优化计算等应用方面取得令人震惊的突破性进展。1984 年，G. Hinton 等人结合模拟退火算法提出了 Boltzmann 机（BM）网络模型。1986 年，D. E. Rumelhart 和 J. L. Mcclelland 提出了多层前馈网络的误差反向传播（Back Propagation，BP）学习算法，解决了 Minsky 对神经网络学习算法方面的悲观担忧。这使得神经网络的研究再次掀起高潮，从此神经网络的研究步入兴盛期。

1988 年，Broomhead 和 Lowe 用径向基函数（Radial Basis Functions，RBF）提出了分层反馈网络设计方法。特别是 20 世纪的最后十年，神经网络领域的研究取得了新进展，许多关于神经网络的新理论和新应用层出不穷。尤其 90 年代初期 Vapnik 等人提出了以有限样本学习理论为基础的支持向量机（Support Vector Machines，SVM）。支持向量机的特征在于 Vapnik-Chervonenkis（VC）维特征蕴含在向量机的设计中，VC 维数为衡量神经网络样本学习能力提供了一种有效的量度。

现在，随着人工智能技术的快速发展，人工神经网络再一次迎来了研究热潮。特别是深度学习、卷积神经网络等概念的出现，为人工神经网络的研究开辟了新方向，注入了新活力。

随着人工神经网络理论的不断完善和发展，神经网络的应用研究不断取得新的进展。其应用领域涉及计算机视觉、语言识别、优化计算、智能控制、系统建模、模式识别、理解与认知、神经计算机、知识推理等诸多领域。其理论研究涉及神经生物学、认知科学、数理科学、心理学、信息科学、计算机科学、动力学、生物电子学等诸多学科。尤其是美国和日本逐渐实现人工神经网络的硬件化，生产了一些神经网络专用芯片，并逐步形成产品。

目前，包括我国在内的诸多国家都在对人工神经网络方面的研究投入大量的资金支持。相信不久，大量的新模型、新理论和新的应用成果将不断涌现出来。

6.3.2　人工神经网络模型

1. 生物神经元模型

人类大脑皮层中有大约 100 亿个神经元，60 万亿个神经突触以及它们的联接体。神经元是信息处理的基本单元。如图 6-2 所示，神经元的基本结构可分为胞体和突起两部分。胞体包括细胞膜、细胞质和细胞核；突起由胞体发出，分为树突（dendrite）和轴突（axon）两种。

树突较多，粗而短，反复分支，逐渐变细。树突具有接受刺激并将冲动传入细胞体的功能。

轴突一般只有一条，细长而均匀，中途分支较少，末端则形成许多分支，每个分支末梢部分膨大呈球状，称为突触小体。轴突的主要功能是将神经冲动由胞体传至其他神经

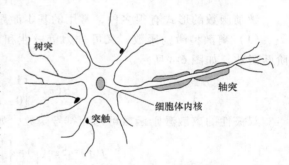

图 6-2　生物神经元模型示意图

元或效应细胞。轴突传导神经冲动的起始部位，是在轴突的起始段，沿轴膜进行传导。

突触是一个神经元和另一个神经元连接的部分，由突触前、后膜以及两膜间的窄缝——突触间隙所构成。胞体与胞体、树突与树突以及轴突与轴突之间都有突触形成，但常见的是某神经元的轴突与另一神经元的树突间所形成的轴突——树突突触，以及与胞体形成的轴突——胞体突触。

神经元的基本功能是通过接受、整合、传导和输出信息实现信息交换，具有兴奋性、传导性和可塑性。

2. 人工神经网络模型

人工神经网络模型是一种模仿动物神经网络行为特征，进行分布式并行信息处理的数学模型，是生物神经网络的抽象、简化和模拟，反映了生物神经网络的基本特性。人工神经网络由大量处理单元互连而成，依靠系统的复杂程度，通过调整内部大量节点之间相互连接的

关系，从而达到处理信息的目的。人工神经网络通常具有自学习和自适应的能力，可以通过预先提供的一批相互对应的输入—输出数据，分析和掌握其中蕴含的潜在规律，并根据这些规律，用新的输入数据来推算输出结果。这一学习分析的过程被称为"训练"。

人工神经元是组成人工神经网络的基本单元，一般具有三个要素：

1）具有一组突触或联结，神经元 i 和神经元 j 之间的联结强度用 w_{ij} 表示，称为权值。

2）具有反映生物神经元时空整合功能的输入信号累加器。

3）具有一个激励函数用于限制神经元的输出和表征神经元的响应特征。

一个典型的人工神经元模型如图 6-3 所示。

其中 $x_j(j=1,2,\cdots N)$ 为神经元 i 的输入信号，w_{ij} 为突触强度或联结权值。u_i 是神经元 i 的净输入，是输入信号的线性组合。θ_i 为神经元的阈值，也可用偏差 b_i 表示，v_i 是经偏差调整后的值，称为神经元的局部感应区。

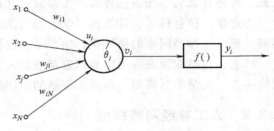

图 6-3　神经元模型

$$u_i = \sum_j w_{ij}x_j$$
$$v_i = u_i - \theta_i = u_i + b_i$$

$f(.)$ 是神经元的激励函数，y_i 是神经元 i 的输出

$$y_i = f(v_i)$$

激励函数的形式有很多种，常用的基本激励函数有以下三种。

（1）离散型激励函数　又可分为单极性和双极性两种，单极性的离散激励函数可选为阶跃函数，如图 6-4 所示。

$$f(v) = \begin{cases} 1 & if(v \geq 0) \\ 0 & else \end{cases}$$

双极性的离散激励函数可选为符号函数，如图 6-5 所示。

$$f(v) = \mathrm{Sgn}(v) = \begin{cases} +1 & if(v \geq 0) \\ -1 & else \end{cases}$$

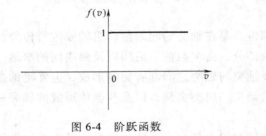

图 6-4　阶跃函数　　　　　　　　　　图 6-5　符号函数

（2）分段线性函数　单极性分段线性函数如图 6-6 所示。

$$f(v) = \begin{cases} 1 & if(v \geq +1) \\ v & if(0 < v < 1) \\ 0 & if(v \leq 0) \end{cases}$$

双极性分段线性函数如图 6-7 所示。

$$f(v) = \begin{cases} +1 & if(v \geqslant +1) \\ v & if(-1 < v < 1) \\ -1 & if(v \leqslant -1) \end{cases}$$

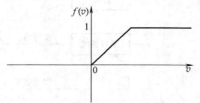

图 6-6 单极性分段线性函数

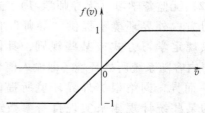

图 6-7 双极性分段线性函数

（3）Sigmoid 函数　也称为 S 型函数，如图 6-8 所示。由于其具有单调、连续、光滑、处处可导等优点，是目前人工神经网络中最常使用的激励函数。它也有单极性和双极性两种形式。单极性函数形式为

$$f(v) = \frac{1}{1 + \exp(-av)}$$

双极性 Sigmoid 函数可采用双曲正切函数表示，如图 6-9 所示。

$$f(v) = \frac{1 - e^{-cv}}{1 + e^{-cv}}$$

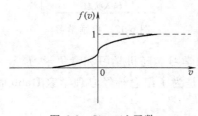

图 6-8　Sigmoid 函数

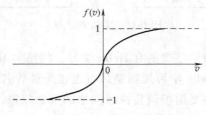

图 6-9　双曲正切函数

除上述几种常用的激励函数外，神经元的激励函数还可根据所要解决的具体问题来设计特定的激励函数形式。

将若干相同的或不同的神经元采用一定的连接方式组成网络，即可构成人工神经网络。人工神经网络的种类很多，从网络基本结构来看，大致可分为前向型网络和反馈型网络。前向型网络的典型代表是 BP 神经网络，反馈型网络的典型代表是 Hopfield 网络。还有一部分网络是在这二者基础上派生出来的新型网络。另外，还有一些学者结合其他学科的知识提出了大量新型复合神经网络模型。不同的神经网络具有不同的结构和特点，适用于求解不同的工程问题。

3. 人工神经网络的学习方式

人工神经网络的最大优点之一就是网络具有学习能力，神经网络可以通过向环境学习获取知识来改进自身性能。性能的改善通常是按照某种预订的度量，通过逐渐修正网络的参数（如权值、阈值等）来实现的。根据环境提供信息量的不同，神经网络的学习方式大致可分为 3 种。

（1）监督学习（有导师学习）　这种学习方式需要外界环境给定一个"导师"信号，

可对一组给定输入提供期望的输出。这种已知的输入/输出数据称为训练样本集，神经网络根据网络的实际输出与期望输出之间的误差来调节网络的参数，实现网络的训练学习过程，其原理框图如图 6-10 所示。

（2）无监督学习（无导师学习） 这种学习方式外界环境不提供"导师"信号，只规定学习方式或某些规则，具体的学习内容随系统所处环境（即输入信号情况）而异，网络根据外界环境所提供数据的某些统计规律来实现自身参数或结构的调节，从而表示出外部输入数据

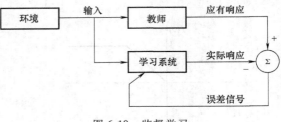

图 6-10　监督学习

的某些固有特征。系统可以自动发现环境特征和规律性，具有更近似人脑的功能，其原理框图如图 6-11 所示。

（3）再励学习（强化学习） 这种学习方式介于监督学习和无监督学习之间，外部环境对网络输出给出一定的评价信息，网络通过强化那些被肯定的动作来改善自身的性能，其原理框图如图 6-12 所示。

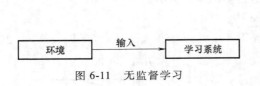

图 6-11　无监督学习

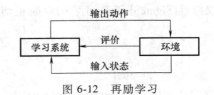

图 6-12　再励学习

常见的学习规则有 Hebb 学习、纠错学习、基于记忆的学习、随机学习和竞争学习等。

Hebb 学习规则是最古老也是最著名的学习规则，是为了纪念神经心理学家 Hebb 而命名的，主要用于调整神经网络的突触权值，可概括为：

1）如果一个突触（连接）两边的两个神经元被同时（即同步）激活，则该突触的能量就被选择性地增加。

2）如果一个突触（连接）两边的两个神经元被异步激活，则该突触的能量就被有选择地消弱或者消除。

纠错学习也称为 Delta 规则或 Widrow-Hoff 规则，学习过程通过反复调整突触权值使代价函数达到最小或使系统达到一个稳定状态来完成。

基于记忆的学习主要用于模式分类，在基于记忆的学习中，过去的学习结果被储存在一个大的存储器中，当输入一个新的测试向量时，学习过程就将该测试向量归到已存储的某个类中。

随机学习算法也称为 Boltzmann 学习规则，是为了纪念 Ludwig Boltzmann 而命名的。该学习规则是由统计力学思想而来的，在此学习规则基础上设计出的神经网络称为 Boltzmann 机，其学习算法实质就是模拟退火算法。

竞争学习规则有三项基本内容：

1）一个神经元集合，除了某些随机分布的突触权值之外，所有的神经元都相同，因此对给定的输入模式集合有不同的响应。

2）每个神经元的能量都被限制。

3）一个机制：允许神经元通过竞争对一个给定的输入子集作出响应。赢得竞争的神经元称为全胜神经元。

在竞争学习中，神经网络的输出神经元之间相互竞争，在任一时间只能有一个输出神经元是活性的，而在基于 Hebb 学习的神经网络中几个输出神经元可能同时是活性的。

6.4 BP 神经网络

BP 神经网络是研究最早、应用最广的神经网络之一。它是一种典型的前向型神经网络。除 BP 神经网络外，典型的前向型网络还包括 RBF（径向基函数）神经网络和 CMAC（小脑模型控制器）神经网络等。

典型的三层前向网络结构如图 6-13 所示，网络是具有一个隐藏层和一个输出层的全连接网络。在分层网络中，神经元（节点）以层的形式组织，输入层的源节点提供激活模式的输入向量，构成第二层（第一隐藏层）神经元的输入信号，最后的输出层给出相应于源节点的激活模式的网络输出。网络各神经元之间不存在反馈，通常又称为前馈网络。

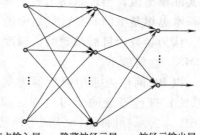

源节点输入层　　隐藏神经元层　　神经元输出层

图 6-13　前向型神经网络

20 世纪 70 年代，P. Werbos 在其博士论文中，首次谈到了 BP（Back Propagation，反向传播）的概念。直到 1985 年，Rumelhart 等人将 BP 理论在神经网络中实现，提出了最为著名的前向型多层反向传播算法，网络的学习包括正向传播（计算网络输出）和反向传播（实现权值调整）两个过程，因此，准确地讲，称之为 Error BP 网络更为合适。

从网络结构上看，BP 神经网络属于前向型神经网络；从网络训练过程上看，BP 神经网络属于有监督神经网络；从学习算法来看，BP 神经网络采用的是 Delta 学习规则；而从隐藏层激活函数类型上，BP 神经网络通常采用 Sigmoid 函数。

6.4.1 网络结构

图 6-14 给出了含有一个隐藏层的 BP 神经网络结构，其中，i 为输入层神经元数，$X = [x_1, x_2, \cdots x_i]^T$ 为网络的输入向量，j 为隐藏层神经元数，k 为输出层神经元数，写作 $i-j-k$ 结构。$[w_{ij}]$ 表示输入层到隐藏层的权值矢量，$[w_{jk}]$ 表示隐藏层到输出层的权值矢量。

在实际应用中，网络的输入层和输出层的节点数根据训练样本对的形式来确定，而对于隐藏层的数量及各隐藏层节点的数量并没有严格的设计准则，通常根据所解决问题的复杂程度来设计。一般来说，隐藏层的数量和隐藏层节点数量越多，网络的问题求解能力越强，但同时也导致训练参数增多，训练过程中容易出现训练失败或

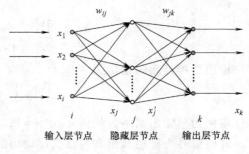

输入层节点　　隐藏层节点　　输出层节点

图 6-14　BP 神经网络结构

训练时间过长等现象。另外，由于已有定理证明（Cybenko 1988），任意函数可以被一个有三层单元的网络以任意精度逼近，因此，为了减少网络训练参数，一般选择三层 BP 神经网络求解工程问题。但该定理只是证明了网络的存在性，并没有指出如何针对具体问题来设计所需的三层网络结构。在实际应用中，也并不一定非要采用三层的网络结构，特别对于复杂问题的求解，适当增加隐藏层的数量，也有可能提高网络的求解效率。

6.4.2　网络学习算法

BP 算法的训练过程包括正向传播和反向传播两部分。借助于有监督（Supervised Learning）网络的学习思想，在正向传播过程中，由导师对外部环境进行了解并给出期望的输出信号（理想输出），而网络自身的输入信息经隐藏层，传向输出层，信息通过逐层处理，得到实际输出值，当理想输出和实际输出存在差异（某个精度上），网络转至反向传播过程。其基本思想是借助非线性规划中的"梯度下降法"（Gradient Descent），即采用梯度搜索技术，认为参数沿目标函数的负梯度方向改变，可以使网络理想输出和实际输出的误差均方差（RMS）达到最小。

以 BP 网作为通用逼近器为例，给出其对非线性函数（系统）进行逼近的学习过程。图 6-15 为逼近器结构图。其中，k 为采样时间，$u(k)$ 为控制信号，直接作用于被控对象，$y(k)$ 为过程的实际输出（理想输出，称为导师信号），两者共同作为 BP 逼近器的输入信号。$y_n(k)$ 为 BP 网络的实际输出，将理想输出和网络实际输出的误差作为逼近器的调整信号 $e(k)$。

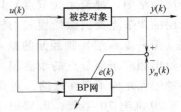

图 6-15　BP 神经网络逼近器

（1）正向传播　计算网络的实际输出。隐藏层神经元（对应第 j 个）输入为所有输入神经元的加权之和，即

$$x_j = \sum_i w_{ij}x_i$$

其中，$i=2$，代表输入层的两个神经元。方程仅给出一般表达式，以下不再做特殊说明。

隐藏层神经元（对应第 j 个）的输出 x_j' 为 x_j 的 Sigmoid 函数，即

$$x_j' = f(x_j) = \frac{1}{1+e^{-x_j}}$$

则

$$\frac{\partial x_j'}{\partial x_j} = \frac{e^{-x_j}}{(1+e^{-x_j})^2} = x_j'(1-x_j')$$

输出层神经元的输出为

$$y_n(k) = \sum_j w_{jk}x_j'$$

本例为单输出网络，权值 w_{jk} 中 $k=1$，代表输出层仅有一个神经元。

调整信号为理想输出和网络实际输出的误差，即

$$e(k) = y(k) - y_n(k)$$

建立目标函数，即误差性能指标函数，表示为

$$J = \frac{1}{2} e(k)^2$$

（2）反向传播　采用 Delta 学习算法，调节各层之间的权值矢量。首先调节输出层到隐藏层的权值矢量 w_{jk}，设相邻两次采样时间对应的变化量为 Δw_{jk}，则

$$\Delta w_{jk} = -\eta \frac{\partial J}{\partial w_{jk}} = \eta \cdot e(k) \cdot \frac{\partial y_n(k)}{\partial w_{jk}} = \eta \cdot e(k) \cdot x'_j \qquad (6\text{-}1)$$

求解偏导的过程称为连锁法（Chain Rule）。

式（6-1）中，$\eta \in [0,1]$ 称为学习效率，或步长，通常取 $\eta = 0.5$。

则 $k+1$ 时刻，网络的权值调整为

$$w_{jk}(k+1) = w_{jk}(k) + \Delta w_{jk}$$

为了避免权值的学习过程发生震荡、收敛速度慢，引入动量因子 α，修正后的权值矢量表示为

$$w_{jk}(k+1) = w_{jk}(k) + \Delta w_{jk} + \alpha(w_{jk}(k) - w_{jk}(k-1)) \qquad (6\text{-}2)$$

式（6-2）表明，下一时刻的权值不但与当前时刻权值有关，同时追加了上一时刻权值变化对下一时刻权值的影响，该方法被称为 BP 的改进算法，$\alpha \in [0,1]$ 也叫做惯性系数、平滑因子或阻尼系数（减小学习过程的振荡趋势），通常取 $\alpha = 0.05$；（$w_{jk}(k) - w_{jk}(k-1)$）称为惯性项。

依此原理，再次应用连锁法，隐藏层到输入层的权值矢量 w_{ij} 的学习算法为

$$\Delta w_{ij} = -\eta \frac{\partial J}{\partial w_{ij}} = \eta \cdot e(k) \cdot \frac{\partial y_n(k)}{\partial w_{ij}}$$

其中，$\dfrac{\partial y_n(k)}{\partial w_{ij}} = \dfrac{\partial y_n(k)}{\partial x'_j} \cdot \dfrac{\partial x'_j}{\partial x_j} \cdot \dfrac{\partial x_j}{\partial w_{ij}} = w_{jk}$

$(k) \cdot \dfrac{\partial x'_j}{\partial x_j} \cdot x_i = w_{jk}(k) \cdot x'_j(1-x'_j) \cdot x_i$

$k+1$ 时刻，网络的权值为

$$w_{ij}(k+1) = w_{ij}(k) + \Delta w_{ij} + \alpha(w_{ij}(k) - w_{ij}(k-1))$$

在程序设计中，对所有权值矢量赋以随机任意小值，预先设计最大迭代次数，并给出网络训练的最终目标，如 $J = 10^{-10}$，使网络跳出递归循环。BP 学习算法的程序框图如图 6-16 所示。

网络各连接权值的初始值必须赋较小的随机数，而不能将初始权值都设置为相同的值，否则网络不具有逼近能力，导致

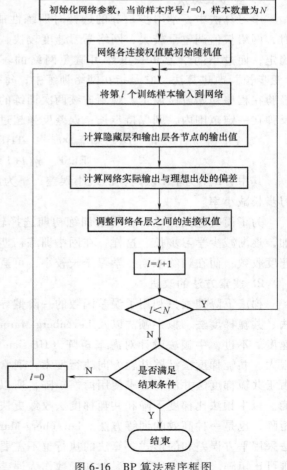

图 6-16　BP 算法程序框图

训练失败。另外，训练的结束条件一般有两个，一个是达到预先设计最大迭代次数，另一个是误差小于给定值。如果训练算法因训练误差小于指定值而退出训练程序，则网络训练成功；如果因达到预先设计最大迭代次数而退出训练程序，则网络训练有可能失败。网络训练失败一方面可能是网络结构设计不合理导致的，此时需要调整隐藏层数量或隐藏层节点数量；另一方面也可能是初始权值设置不合理导致的，因为每次训练网络初始化的权值都是不同的，因此，此时只需重新训练网络就有可能训练成功。

网络的训练样本由已知数据构成，在设计网络时，要预留出一部分已知样本作为训练样本，训练样本不参与网络训练，作为检测网络工作性能使用。

6.4.3　BP 网络的改进算法

上节所描述的训练方法，称作具有阻尼项（惯性项）的权值调整算法，它是在基本误差反向传播算法上加入了阻尼项而产生的，能够避免权值的学习过程中发生震荡，提高收敛速度，当阻尼系数 $\alpha = 0$ 时，训练算法则蜕化为基本的误差反向传播训练方法。误差反向传播训练方法虽然能够按照梯度下降的速度减小训练误差，但自身也有一定的缺点和不足，针对不同的缺点，学者还提出了许多其他改进方法，下面介绍几种常用的方法。

1. 变步长算法

学习算法中，学习步长 η 的选择对训练性能会产生一定影响，当学习步长 η 设定较大时，网络权值调整量较大，网络学习速度较快，但过大的学习步长会引起振荡，导致网络不稳定；而过小的学习步长虽然可避免网络的不稳定，但收敛速度会较慢。为此，可采用"变步长"改进算法。它是指在网络训练中，每一步的步长能够自适应地改变，而不是仅靠经验在程序初始阶段设定。观测连续两次训练的误差值，如果误差下降则增大学习率；误差反弹在一定范围内，则保持步长；误差反弹超过一定限度，则减小步长，具体描述为

$$\text{IF} \quad E(t) < E_{\min} \times er \qquad \text{THEN} \qquad \eta(t+1) = \eta(t) \times in$$
$$\text{ELSE} \qquad \eta(t+1) = \eta(t) \times de$$

其中，$E_{\min}$ 为前 t 次迭代的最小误差；er 为反弹许可率；in 为学习步长增加率；de 为学习步长减小率。

为了简化起见，也可在网络训练初期选择较大的学习步长，而随着训练迭代次数的增加，逐渐减少学习步长。这样，在网络训练初期可获得较大的训练速度，网络能够以较快的速度收敛；而在训练末期，学习步长较小，可避免网络振荡，确保稳定收敛。

2. 搜索方法的改进

梯度下降搜索只利用了误差函数的一阶偏导数信息，为了提高搜索速度，还可采用牛顿法、共轭梯度法、拟牛顿法以及 Levenberg-Marquardt 算法等替代梯度搜索，提高网络的训练速度。不过，牛顿法设计对海塞矩阵（Hessian matrix）及其逆阵的精确求解，导致计算量很大。共轭梯度法沿着共轭方向执行搜索，通常要比沿着梯度下降方向收敛速度更快。并且由于共轭梯度法并没有要求使用海塞矩阵，所以在大规模神经网络中可以获得良好的优化性能。拟牛顿法比梯度下降和共轭梯度法收敛更快，并且也不需要确切地计算海塞矩阵及其逆矩阵，也是一种高效的训练方法。Levenberg-Marquardt 算法，也称为衰减最小二乘法，该算法采用平方误差和的形式。算法的执行也不需要计算具体的海塞矩阵，仅仅使用梯度向量和雅可比矩阵。对于使用平方误差和函数作为误差度量的神经网络，该算法能够快速完成训练

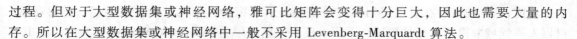

过程。但对于大型数据集或神经网络，雅可比矩阵会变得十分巨大，因此也需要大量的内存。所以在大型数据集或神经网络中一般不采用 Levenberg-Marquardt 算法。

3. 泛化性能的提高

神经网络的训练过程使得网络对训练样本的输出与期望值之间的误差变小，但这并不是神经网络设计和训练所追求的真正目标。衡量神经网络性能的重要指标是其泛化能力。简单地说，良好的泛化能力是指对未参与训练的样本，网络的输出与期望值之间具有较小的误差。相反，如果一味地追求训练样本误差的最小化，会导致神经网络出现过学习现象，从而恶化网络的泛化性能。因此，如何提高网络的泛化能力才是网络和学习算法设计的关键。例如，减少训练的迭代次数有时可以避免过学习现象的发生，从而可改善网络的泛化能力。另外，训练样本中可能存在一定的噪声污染，样本中的噪声有时对网络泛化能力的提升也会起到一定的积极作用。

另外，选择其他类型的扁平激活函数，如双曲正切函数代替 Sigmoid 函数，也可以在一定程度上提高收敛速度。在实际应用中，可根据具体的工程问题，选择合适的训练方案。由于 BP 神经网络研究较早，且应用较为成熟，因此网络的改进算法有许多种形式，感兴趣的读者可参阅相关参考文献进行学习。

6.4.4　BP 神经网络的特点

BP 神经网络的层与层之间采用全连接方式，即相邻层的任意一对神经元之间都有连接。同一层的处理单元（神经元）是完全并行的，层间的信息传递是串行的，由于层间节点数目要远大于网络层数，因此是一种并行推理。个别神经元的损坏或异常故障，对输入输出关系产生的影响较小，因此网络具有很好的容错性能。

BP 神经网络的突出性能还体现在其具有较强的泛化能力，可对其理解为：①用较少的样本进行训练时，网络能够在给定的区域内达到要求的精度；②用较少的样本进行训练时，网络对未经训练的输入也能给出合适的输出；③当神经网络输入矢量带有噪声时，即与样本输入矢量存在差异时，神经网络的输出同样能够准确地呈现应有的输出。BP 神经网络对测试样本的输出误差能够在一定程度上评价网络的泛化能力。

Kolmogorov 定理证明，对于任意 $\varepsilon>0$，存在一个结构为 $n-(2n+1)-m$ 的三层 BP 神经网络，能够以任意 ε^2 误差精度内逼近连续函数 $f: [0, 1]^n \rightarrow R^m$。而对于多层 BP 神经网络，理论上也可以证明，只要采用足够多的隐层和隐层节点数，利用扁平函数或线性分段多项式函数作为激活函数，可以对任意感兴趣的函数以任意精度进行逼近，因此，多层前向网络是一种通用的逼近器。但对于特定问题，直接确定网络的结构尚无理论上的指导，仍需根据经验进行试凑。

J 的超曲面可能存在多个极值点，按梯度下降法对网络权值进行训练，很容易陷入局部极小值，即收敛到初值附近的局部极值。

由于 BP 网隐藏层采用的是 Sigmoid 函数，其值在输入空间中无限大的范围内为非零值，因而是一种全局逼近网络。也正是由于 BP 网的全局逼近性能，每一次样本的迭代学习都要重新调整各层权值，使得网络收敛速度慢，难以满足实际工况的实时性要求。而 RBF 网络所采用的是高斯基函数，大大加快了网络的学习速度，适合于实时控制的要求，详细算法在下一节给出。

目前，BP 网络已在模式识别、图像处理、函数拟合、优化计算、软测量、信息融合、机器人等领域取得了广泛的应用。下面以模式识别应用（Pattern Recognition）为例，给出一个 BP 网在模式识别中的应用实例。

6.4.5 神经网络应用实例解析

在现实世界中，声音、图像、文字、震动、温度等都以各种模式存在着，随着对人工智能研究的深入，人们希望对这些模式的描述、辨识、分类和解释等过程通过计算机来完成。大多数的人工智能都是以符号为基础，在此意义下，可以将图像、声音等变换为一定的符号信息，如"0""1"等数值数据，以便进行信息处理。

【例 6-1】 设参考模式（或称模板）为四输入、三输出的样本，如表 6-1 所示，设计 BP 神经网络，并计算测试样本的输出。测试样本的输入模式如表 6-2 所示。

表 6-1 参考模式

输入				输出		
1	0	0	0	1	0	0
0	1	0	0	0	0.5	0
0	0	1	0	0	0	0.5
0	0	0	1	0	0	1

表 6-2 测试样本的输入模式

输入			
0.950	0.002	0.003	0.002
0.003	0.980	0.001	0.001
0.002	0.001	0.970	0.001
0.001	0.002	0.003	0.995
0.500	0.500	0.500	0.500
1.000	0.000	0.000	0.000
0.000	1.000	0.000	0.000
0.000	0.000	1.000	0.000
0.000	0.000	0.000	1.000

根据表 6-1 给出的输入输出样本对的形式，所设计的 BP 神经网络输入层应含有 4 个神经元，输出层应含有 3 个神经元，如果设计含有一个隐层的 BP 神经网络，隐层神经元的数量可根据问题的复杂程度按经验选取，这里隐层选择 9 个神经元，这样所设计的 BP 神经网络结构为 4-9-3 的结构形式。

（1）BP 网络初始参数 初始网络权值矢量 $W_1 = [w_{ij}]$ 和 $W_2 = [w_{jk}]$，取 $[-1, +1]$ 之间的随机值，学习效率为 $\eta = 0.50$，动量因子为 $\alpha = 0.05$。网络训练的最终目标为 $J = 10^{-20}$。

（2）测试结果 网络训练结束后，将测试样本输入到网络中，即可计算测试样本的输出结果。表 6-3 为测试样本及结果。

表 6-3 测试样本及结果

输入				输出		
0.950	0.002	0.003	0.002	0.9645	0.0032	0.0179
0.003	0.980	0.001	0.001	0.0051	0.4931	0.0058
0.002	0.001	0.970	0.001	0.0059	0.0037	0.4948
0.001	0.002	0.003	0.995	0.0007	0.0007	0.9967
0.500	0.500	0.500	0.500	0.3529	0.0914	0.4390
1.000	0.000	0.000	0.000	1.0000	-0.0000	0.0000
0.000	1.000	0.000	0.000	-0.0000	0.5000	-0.0000
0.000	0.000	1.000	0.000	-0.0000	0.0000	0.5000
0.000	0.000	0.000	1.000	-0.0000	-0.0000	1.0000

图 6-17 为 BP 网络对样本训练的收敛过程。

整个网络的训练步数为 $k = 358$，程序在嵌有 Vista 系统的 PC 上总运行平均时间为 0.2810s。从仿真结果看，该改进的 BP 神经网络具有很好的逼近非线性系统能力，样本训练的收敛过程也很快。

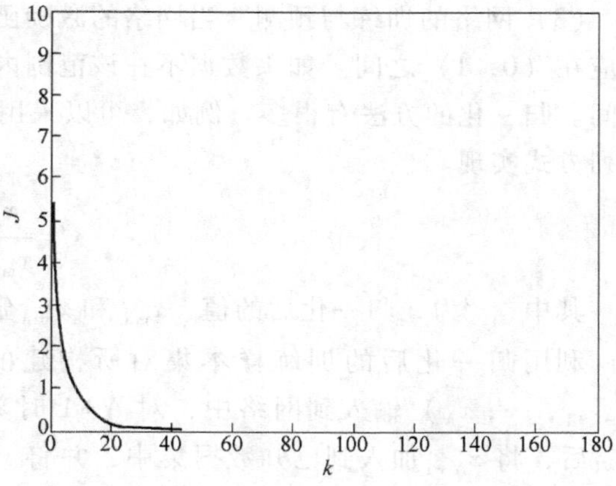

上述实例只是采用 BP 神经网络解决问题的简单应用。在实际应用中，为了得到良好的应用效果，还要涉及许多数据处理方面的内容。下面给出一个采用 BP 神经网络进行风速序列预测分析的应用案例分析设计过程。

图 6-17　BP 网收敛过程

【例 6-2】　设已知某风电场的历史风速数据，给出采用 BP 神经网络实现该风电场风速序列 1 步预测的设计方案。

（1）风速预测的意义和可行性分析　随着化石燃料的日益枯竭，以及环境污染的日益严重，风能作为一种无污染、可再生能源，得到世界各国的高度重视，风力发电成为世界各国重点发展的可再生能源发电技术之一。目前，开发和利用风能的主要形式是大规模并网风力发电。风具有波动性、间歇性、低能量密度等特点，因此风电属于一种间歇性能源，具有很强的随机性和不可控性，其输出功率的波动范围通常较大，速度较快，导致电网调峰、无功及电压控制十分困难。风电穿透功率超过一定值之后，会严重影响电能质量和电力系统的运行。这些因素给电网的安全稳定及正常调度带来新的问题和挑战。因此，风电并网的技术问题一直制约着风能的利用和发展。

风速预测是解决上述问题的关键技术之一。对风电场的风速进行有效预测，进而根据风机的功率曲线预测其功率出力，将使电力调度部门能够提前根据风电出力变化及时调整调度计划，从而保证电能质量，减少系统的备用容量，降低电力系统运行成本，提高风电穿透功率极限，减轻风电对电网的影响。

另外，由于风速序列决定于自然界的气象规律，其自身蕴含着内在规律性，这决定了风速预测的可行性。由于气象系统的复杂非线性，一般认为风速时间序列具有短期可预测、而长期不可预测性。因此，对风速序列进行短期预测分析具有可行性。

（2）训练样本构成　预测结果的最终性能不仅取决于网络结构及学习算法，还与数据的预处理方式方法有重要的关系。例如，设风速的历史数据为 $x_1, x_2, \ldots, x_N$，网络训练样本的构造方式对预测性能有着重要的影响。一般可认为被预测的风速数据与之前 k 个已知数据有关，则可构造如表 6-4 所示的训练样本对。

表 6-4　训练样本对

输入	输出
$x_1, x_2, \cdots, x_k$	x_{k+1}
$x_2, x_3, \cdots, x_{k+1}$	x_{k+2}
$\cdots$	$\cdots$
$x_{N-k}, x_{N-k+1}, \cdots, x_{N-1}$	x_N

其中，k 的选取应适中，过小的 k 值会造成预测信息的丢失，不利于预测性能的提高，过大的 k 值会增加预测中的冗余信息，同样不利于预测性能的提高。

根据表 6-4 的训练样本，可构造 k 个输入 1 个输出的预测网络结构，隐层既可选 1 个，也可选多个。多隐层网络具有更强的逼近能力，但网络训练参数较多。

（3）网络的训练与预测　当网络的激励函数选择 Sigmoid 函数时，一般要求输入输出数据应在（0，1）之间。如果数据不在该范围内，可采用归一化的方法将数据映射到（0，1）之间。归一化的方法有很多，例如，可以采用将所有数据除以最大值的方式实现，也可采用下列方式实现

$$x_i' = \frac{x_i - x_{\min}}{x_{\max} - x_{\min}}$$

其中，x_i' 为 x_i 归一化后的值，$x_{\max}$ 和 $x_{\min}$ 分别为数据序列的最大值和最小值。

利用归一化后的训练样本集对所构建的网络进行训练，训练完成后，将（x_{N-k+1}，x_{N-k+1}，$\cdots$，x_N）输入到网络中，对 $N+1$ 时刻风速进行预测。待得到 $N+1$ 时刻的真实值 x_{N+1} 后，将 x_{N+1} 加入到已知数据集中，并将 x_1 从已知数据集中移出，保证已知数据集中数据量不变，并按照表 6-4 重新构建训练样本，利用所构建的新样本集对网络重新训练，按照同样的方式实现对 $N+2$ 时刻风速进行预测，依次滚动进行，从而完成风速序列的一步在线预测分析。

上述预测过程中，及时将获取到的真实值加入到样本集中，保证网络训练过程中信息的持续更新，有助于提高网络的预测性能。

6.5　RBF 神经网络

RBF（Radial Basis Function，径向基函数）网络的理论与径向基函数理论有着密切的联系，因而有较为坚实的数学基础。RBF 网络结构简单，为具有单隐层的三层前向网络，网络的第一层为输入层，将网络与外界环境连结起来；第二层为径向基层（隐藏层），其作用是输入空间到隐层空间之间进行非线性变换；第三层为线性输出层，为作用于输入层的信号提供响应。

6.5.1　径向基函数

RBF 是数值分析中的一个主要研究领域，该技术就是要选择一个函数具有下列形式：

$$F(x) = \sum_{i=1}^{I} w_i \varphi(\parallel x - c_i \parallel) \tag{6-3}$$

其中，$\{\varphi(\parallel x - c_i \parallel) | i = 1, 2, \cdots, I\}$ 是 I 个任意函数的集合，称为径向基函数；$\parallel \cdot \parallel$ 表示范数，通常是欧几里德范数；数据 c_i 与 x 具有相同的维数，表示第 i 个基函数的中心，当 x 远离 c_i 时，$\varphi(\parallel x - c_i \parallel)$ 很小，可以近似为零。实际上，只有当 $\varphi(\parallel x - c_i \parallel)$ 大于某值（例如 0.05）时，才对相应的权值 w_i 进行修正。

典型的径向基函数包括：

（1）多二次（Multiquadrics）函数

$$\varphi(x) = (x^2 + p^2)^{\frac{1}{2}} \qquad p > 0, x \in R$$

（2）逆多二次（Inverse multiquadrics）函数

$$\varphi(x) = \frac{1}{(x^2 + p^2)^{\frac{1}{2}}} \qquad p > 0, x \in R$$

（3）高斯（Gauss）函数

$$\varphi(x) = \exp\left(-\frac{x^2}{2\sigma^2}\right) \qquad \sigma > 0, x \in R$$

（4）薄板样条（Thin plate spline）函数

$$\varphi(x) = \left(\frac{x}{\sigma}\right)^2 \log\left(\frac{x}{\sigma}\right) \qquad \sigma > 0, x \in R$$

函数的曲线形状如图 6-18 所示。

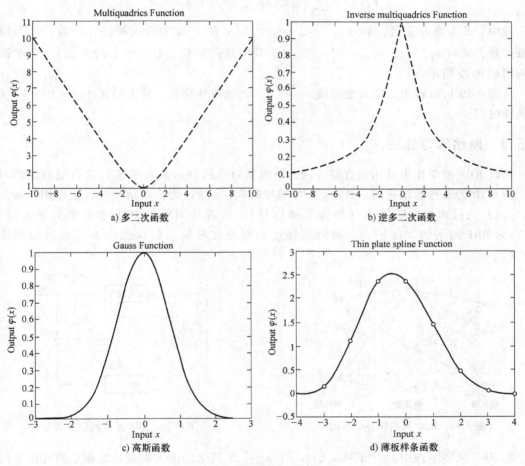

a) 多二次函数   b) 逆多二次函数

c) 高斯函数   d) 薄板样条函数

图 6-18　径向基函数曲线形状

由于 Gauss 函数形式简单、径向对称、解析性和光滑性好，即便对于多变量输入也不增加太多复杂性，一般选取 Gauss 函数作为 RBF 神经网络的径向基函数。表示为

$$g_i(x) = g_i(\|x - c_i\|) = \exp\left(-\frac{\|x - c_i\|^2}{2\sigma_i^2}\right) \qquad i = 1, 2, \cdots, I$$

这里，σ_i 为第 i 个感知的变量，它决定了该基函数围绕中心点的宽度。I 为隐藏层激活函数的个数。$g_i(x)$ 在 c_i 处有一个唯一的最大值，随着 $\|x - c_i\|$ 的增大，$g_i(x)$ 迅速衰减到零。对于给定的输入 $x \in R^n$，只有一小部分靠近 c_i 中心的被激活。

6.5.2　径向基函数网络结构

RBF 神经网络的基本思想是：径向基函数作为隐单元的"基"，构成隐含层空间，通过输入空间到隐层空间之间的非线性变换，将低维的模式输入数据变换到高维空间，使低维空间线性不可分转换到高维空间的线性可分。

由式（6-3），RBF 网络输出函数表示为（对应第 k 个输出神经元）：

$$F_k(x) = \sum_{i=1}^{I} w_{ik} g_i(x) \qquad k = 1, 2, \cdots, n$$

其中，X 为输入变量，$X = (x_1, x_2, \cdots, x_m)^T \in R^m$；$m$ 为输入神经元个数；W 为输出层权矢量，$W = (w_1, w_2, \cdots, w_I)^T \in R^I$；$I$ 为径向基函数的个数（中心的个数）。RBF 网络结构图如 6-19 所示。

从图 6-19 可以看出，输入层完成 $x \to g_i(x)$ 的非线性映射，输出层实现从 $g_i(x) \to F_k(x)$ 的线性映射。

6.5.3　网络学习算法

仍以 RBF 网络作为通用逼近器为例，给出其对非线性函数（系统）进行逼近的学习过程。图 6-20 为逼近器结构图。其中，k 为采样时间，$u(k)$ 为控制信号，直接作用于被控对象，$y(k)$ 为过程的实际输出（称为导师信号），两者共同作为 RBF 逼近器的输入信号。$y_n(k)$ 为 RBF 网络的实际输出，将理想输出和网络实际输出的误差作为逼近器的调整信号 $e(k)$。

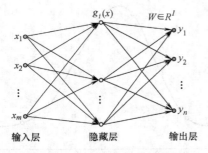

图 6-19　RBF 网络拓扑结构图

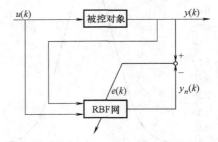

图 6-20　RBF 神经网络逼近器

在 RBF 网络结构中，设 $X = [x_1, x_2, \cdots x_m]^T$ 为网络的输入向量，隐藏层的径向基向量表示为 $G = [g_1, g_2, \cdots g_i]^T$，即

$$g_i = \exp\left(-\frac{\|X - C_i\|^2}{2\sigma_i^2}\right) \qquad i = 1, 2, \cdots, I$$

其中，隐藏层第 i 个节点中心向量为 $C_i = [c_{ij}]^T = [c_{i1}, c_{i2}, \cdots c_{im}]^T$，$j = 1, 2, \cdots, m$。设网络的基宽向量为

$$\Sigma = [\sigma_1, \sigma_2, \cdots \sigma_i]^T$$

其中，σ_i 为节点 i 的基宽参数。网络的权值矢量表示为

$$W = [w_{ik}]^T = [w_1, w_2, \cdots w_i]^T (k = 1，网络只有一个输出节点)$$

则 RBF 网络的实际输出为

$$y_n(k) = w_1 g_1 + w_2 g_2 + \cdots + w_i g_i$$

调整信号为理想输出和网络实际输出的误差，即

$$e(k) = y(k) - y_n(k)$$

建立目标函数，即误差性能指标函数为

$$J = \frac{1}{2} e(k)^2 = \frac{1}{2}(y(k) - y_n(k))^2$$

借助梯度下降法、连锁法和带有惯性项的权值修正法，对待训练的各组参数进行修正，算法如下：

$$\Delta w_i = -\eta \frac{\partial J}{\partial w_i} = \eta \cdot e(k) \cdot \frac{\partial y_n(k)}{\partial w_i} = \eta \cdot e(k) \cdot g_i$$

$$w_i(k+1) = w_i(k) + \Delta w_i + \alpha(w_i(k) - w_i(k-1))$$

$$\Delta \sigma_i = -\eta \frac{\partial J}{\partial \sigma_i} = \eta \cdot e(k) \cdot \frac{\partial y_n(k)}{\partial g_i} \cdot \frac{\partial g_i}{\partial \sigma_i} = \eta \cdot e(k) \cdot w_i \cdot g_i \cdot \frac{\| X - C_i \|^2}{\sigma_i^3}$$

$$\sigma_i(k+1) = \sigma_i(k) + \Delta \sigma_i + \alpha(\sigma_i(k) - \sigma_i(k-1))$$

$$\Delta c_{ij} = -\eta \frac{\partial J}{\partial c_{ij}} = \eta \cdot e(k) \cdot \frac{\partial y_n(k)}{\partial g_i} \cdot \frac{\partial g_i}{\partial c_{ij}} = \eta \cdot e(k) \cdot w_i \cdot g_i \cdot \frac{x_j - c_{ij}}{\sigma_i^2} \quad (j = 1, 2, \cdots, m)$$

$$c_{ij}(k+1) = c_{ij}(k) + \Delta c_{ij} + \alpha(c_{ij}(k) - c_{ij}(k-1))$$

其中，η 为学习效率，$\eta \in [0, 1]$；α 为动量因子，$\alpha \in [0, 1]$。

在程序设计中，对所有权值矢量 W、基宽向量 Σ 和中心矢量 $C_i (i = 1, 2, \cdots, I)$ 赋以随机任意小值，预先设计迭代步数，或给出网络训练的最终目标，如 $J = 10^{-10}$，使网络跳出递归循环。

6.5.4 RBF 网与 BP 网的对比

1）从结构上看，两者均属于前向网络，RBF 网为三层网络，即只有一个隐藏层；而 BP 网的拓扑结构可以实现多隐藏层。

2）在训练中，BP 网络主要训练 2 组参数，分别是输入层到隐藏层的权值向量以及隐藏层到输出层的权值向量；而 RBF 网络不仅需要训练隐藏层到输出层的权值向量，还要对基宽参数和中心矢量进行训练。

3）RBF 网的激活函数多采用高斯基函数，其值在输入空间的有限范围内为非零值，因而是一种局部逼近的神经网络。相比 BP 网，RBF 网具有学习收敛快的优点，适合于实时性要求高的场合。

4）RBF 网络中隐含层节点数比采用 Sigmoid 型激活函数的前向网络所用数目多很多。这是由于 RBF 网络只对输入空间的较小范围产生响应。

5）RBF 网络在功能上与模糊系统有一定的联系，与 BP 网络相比，其更适合用于设计模糊神经网络系统。

在技术上，很难找到不同形式和类型的基函数作用于同一个 RBF 网络中，同时也很难证明可以在同一个 RBF 网络中采用不同类型的激活函数。理论已经证明，只要隐藏层选择

足够的神经元，一个 RBF 网络可以以任意期望精度逼近任意函数。RBF 网络良好的数学基础已使其在函数逼近、函数插值、数值分析等领域得到广泛地应用。

6.6　CMAC 神经网络

1975 年，J. S. Albus 提出小脑模型控制器（Cerebellar Model Articulation Controller，CMAC）。它是仿照小脑如何控制肢体运动的原理而建立的神经网络模型，其并不具备人工神经网络的层次连接结构，也不具备动力学行为，而只是一种非线性映射。W. T. Miller 等人随后将 δ（Delta）算法引入到 CMAC 的学习中，利用其成功地实现了机器人手臂协调运动控制，成为神经网络在机器人控制中的一个经典范例。

6.6.1　CMAC 网络结构

CMAC 是典型的前向网络，一个简单的 CMAC 模型结构如图 6-21 所示。

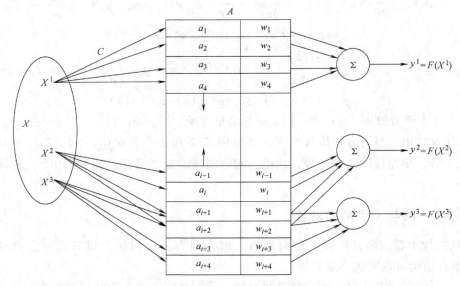

图 6-21　CMAC 模型结构

图中，X 表示 n 维输入状态空间，A 为具有 m 个单元的存储区（联想记忆空间）。设 CMAC 网络的输入向量用 n 维输入状态空间 X 中的点 $X^p = (x_1^p, x_2^p, \cdots x_n^p)^{\mathrm{T}}$ 表示，对应的输出向量用 $y^p = F(x_1^p, x_2^p, \cdots x_n^p)$ 表示，这里，$p = 1, 2, 3$。A 中的每个元素只取 0 或 1 两种值，输入空间的一个点 X^p 将同时激活 A 中的 C 个元素（如图 6-21，$C = 4$），使其同时为 1，而其他多数元素为 0，网络的输出 y^p 为 A 中 4 个被激活单元对应的权值之和。C 称为泛化参数，它规定了网络内部影响网络输出的区域大小。

6.6.2　网络学习算法

CMAC 网络由输入层、中间层和输出层组成。CMAC 网络的设计主要包括输入空间的划分、输入层至输出层非线性映射的实现、输出层权值自适应线性映射。网络的工作过程由以下两个基本映射实现。

（1）概念映射（$X \rightarrow A$） 概念映射实质上就是输入空间 X 至概念存储器 A 的映射。

鉴于在实际应用中要实现硬件对网络结构的模拟，网络中输入向量的各个分量均来自于不同的传感器，其值一般为模拟量，而 A 中的每个元素或者为 1，或者为 0，因此就必须将 X^p 量化，即使其成为输入空间中的离散点，以实现空间 X 的点对 A 空间的映射。

设输入向量每个分量可量化为 q 个等级，则 n 个分量可组合为输入状态空间 q^n 种可能的状态 X^p，$p = 1$，2，$\cdots q^n$，而每一个状态 X^p 都要映射为 A 空间存储区的一个集合 A^p，A^p 中的 C 个元素均为 1。

设输入状态空间向量为 $X^p = (x_1^p, x_2^p, \cdots x_n^p)^{\mathrm{T}}$，量化编码为 $[x^p]$，则映射后的向量可表示为

$$A^p = S([x^p]) = [s_1(x^p), s_2(x^p), \cdots, s_C(x^p)]^{\mathrm{T}} \tag{6-4}$$

式（6-4）中，$s_j([x^p]) = 1$，$j = 1$，2，$\cdots$，C。

映射原则为：在输入空间相邻的两个点，在 A 空间有部分的重叠单元被激励。距离越近，重叠越多；距离越远，重叠越少。正如图 6-21 所示，X 空间的两个相邻样本 X^2 和 X^3 在 A 中的映射 A^2 和 A^3 出现了交集 $A^2 \cap A^3$，即其对应的 4 个权值中有两个是相同的，因此由权值累加之和计算的输出也比较接近。从函数映射的角度看，这一特点可起到泛化的作用。类似地，距离较远的两个样本 X^1 和 X^3 所映射的 $X^1 \cap X^3$ 为空，这种泛化不起作用，因此称为局部泛化。从分类角度看，不同输入样本在 A 中产生的交集起到了将相近样本聚类的作用。

（2）实际映射（$A \rightarrow A_p$） 实际映射是由概念存储器 A 中的 C 个单元，用编码技术映射至实际存储器 A_p 的 C 个单元。图 6-22 为 $A \rightarrow A_p$ 的映射图示。

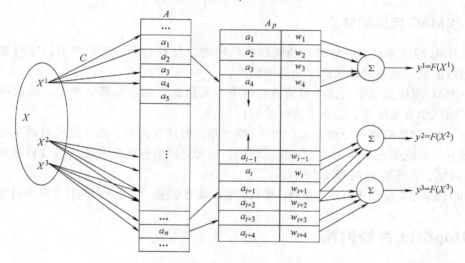

图 6-22 $A \rightarrow A_p$ 映射

由于 A 为具有 m 个单元的存储区，为了使 X 空间的每一个状态在 A 空间均存在唯一的映射，即使 A 存储区中单元的个数至少等于 X 空间的状态个数，则

$$m \geqslant q^n$$

若将三维输入的每个分量量化为 10 个等级，则应满足 $m \geqslant 1000$。但是对于许多实际系统，q^n 往往要大得多，由于大多数的学习问题不会包含所有可能的输入值，如在机器人控

制中，不是每个可能的状态都要进行学习，因此，实际上并不需要 q^n 个存储单元来存放学习的权值。通常，采用哈希编码（Hashing-coding）可将具有 q^n 个存储单元的地址空间 A 映射到一个小得多的物理地址空间 A_p 中。

通常地，采用哈希编码技术中的除留余数法实现 CMAC 的实际映射。设杂凑表长（A 存储区大小）为 m（m 为正整数），以元素值 $s(k)+i$ 除以某数 $N(N \leqslant m)$ 后所得余数 +1 作为杂凑地址，实现实际映射，即

$$ad(i) = (s(k) + iMOD\ N) + 1 \qquad\qquad (6-5)$$

式（6-5）中，$i=1, 2, \cdots, C$，$ad(i)$ 表示 A_p 中的地址。

网络的输出为 A_p 中 C 个单元的权值之和，表示为

$$y^i = F(X^i) = \sum_j w_j \qquad j \in C$$

w_j 可以通过学习得到，采用 δ（Delta）学习规则调整权值。

以单输出为例，设期望输出为 $r(t)$，则误差性能指标函数为

$$J = \frac{1}{2C} e(t)^2$$

其中，$e(t) = r(t) - y^1(t) = r(t) - \sum_j w_j \ (j \in C)$。

采用梯度下降法、连锁法和带有惯性项的权值修正法，权值迭代调整为：

$$\Delta w_j(t) = -\eta \frac{\partial E}{\partial w_j} = -\eta \frac{\partial E}{\partial y^1} \cdot \frac{\partial y^1}{\partial w_j} = \eta \frac{r(t) - y^1(t)}{C} \cdot \frac{\partial y^1}{\partial w_j} = \eta \frac{e(t)}{C}$$

$$w_j(t+1) = w_j(t) + \Delta w_j + \alpha(w_j(t) - w_j(t-1))$$

6.6.3　CMAC 网络的特点

1）CMAC 网络是具有联想记忆功能的神经网络，具有一定的泛化能力，即所谓相近输入产生相近输出，远离的输入产生独立的输出；

2）CMAC 网络是基于局部学习的神经网络，其信息存储在局部结构上，每次修正的权值很少，因此学习速度快，适合于实时控制；

3）CMAC 网络的每一个神经元的输入/输出是一种线性关系，由于对网络的学习只在线性映射部分，因此采用简单的 δ（Delta）算法，即可完成对权值的修正，其收敛速度要明显优于 BP 网络，且不存在局部极小问题。

CMAC 网络已广泛用于机器人控制、模式识别、动态建模、信号处理和自适应控制等领域。

6.7　Hopfield 神经网络

1982 年和 1984 年，美国加州理工学院物理学家霍普费尔德（J. J. Hopfield）提出了离散型和连续型的 Hopfield 神经网络。Hopfield 在网络中引入了"能量函数"的概念，采用类似 Lyapunov 稳定性的分析方法，构造了一种能量函数，并证明，当满足一定的参数条件时，该函数值在网络演化过程中不断降低，网络最后趋于稳定。另外 Hopfield 利用该网络成功地解决了 TSP 问题的优化计算，而且还采用电子电路硬件实现了该神经网络的构建。这是 Hopfield 在神经网络领域的三个突出贡献。

Hopfield 网络的提出推进了神经网络理论的发展，并开拓了神经网络在联想记忆和优化计算等领域应用的新途径。

6.7.1 离散型 Hopfield 网络

Hopfield 是全互联反馈网络，其拓扑结构如图 6-23 所示。

Hopfield 网络具有单层结构，每个神经元的输出反馈到其他神经元，影响其状态的变化，具有了动态特性，因此与静态的 BP 神经网络相区别，Hopfield 网络是一种动态神经网络。另外，Hopfield 网络的神经元无自反馈，这也是 Hopfield 网络的一个显著特点。对于连续性的 Hopfield 网络，如果对其神经元增加了自反馈，网络将会表现出极其复杂的动力学行为（可参见混沌神经网络一节的介绍）。

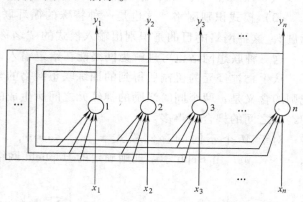

图 6-23　Hopfield 网络结构图

离散型 Hopfield 网络的数学模型表示如下：

$$v_i(t+1) = f(u_i(t)) \tag{6-6}$$

$$u_i(t) = \sum_{j \neq i} w_{ij} v_j(t) - \theta_i \tag{6-7}$$

其中 $v_i(t)$ 表示第 i 个神经元 t 时刻的输出状态，$u_i(t)$ 表示第 i 个神经元 t 时刻的内部输入状态，θ_i 表示神经元 i 的阈值，w_{ij} 为连接权值，可按照 Hebb 学习规则设计。式（6-7）求和中标出 $i \neq j$，表明网络不具有自反馈。式（6-6）中的激励函数 $f(\ )$ 可选择离散型的激励函数。

离散型 Hopfield 网络有同步和异步两种工作方式。同步工作方式下，神经网络中所有神经元的状态更新同时进行。异步工作方式下，神经网络中神经元的状态更新依次进行，每一时刻仅有一个神经元的状态获得更新，神经元的更新顺序可以是随机的。

离散型 Hopfield 网络的能量函数定义为

$$E = -\frac{1}{2} \sum_{i=1}^{n} \sum_{\substack{j=1 \\ j \neq 1}}^{n} w_{ij} v_i v_j + \sum_{i=1}^{n} \theta_i v_i$$

随着神经元状态的更新，神经网络不断演化，如果从某一时刻开始，神经网络中的所有神经元的状态都不再发生改变，则称该神经网络演化到稳定状态。

下面给出离散型的 Hopfield 网络在联想记忆中的应用实例。

联想记忆的目的在于能够识别过去已经学过的输入矢量，即使加上噪声干扰也应当能够识别出来。联想记忆神经网络具有信息记忆和信息联想的功能，能够从部分信息或有适当畸变的信息联想出相应的存储在神经网络中的完整的记忆信息。许多识别问题都可以转化为联想记忆问题加以解决。例如人脸图像的识别，字符识别等都可以看作为联想记忆问题。

联想记忆网络可以是有反馈的，也可以是没有反馈的。目前，主要有三类互相有些重叠的联想记忆网络。

（1）异联想网络　这种网络将 n 维空间的 m 个输入矢量 x^1，x^2，…，x^m 映射到 k 维空间的 m 个输出矢量 y^1，y^2，…，y^m，且使 $x^i{\rightarrow}y^i$。如果 x^i 的邻域 x' 能够满足 $\parallel x'-x^i\parallel^2<\varepsilon$，则仍有 $x'{\rightarrow}y^i$。

（2）自联想网络　这是一种特殊的循环联想网络类型，这种网络矢量与自身联想，即 $y^i=x^i$（$i=1$，2，…，m），这类网络的功能是除去输入中的噪声干扰。

（3）模式识别网络　这也是一种特殊的循环联想网络类型，每一个矢量 x^i 联想于一个标量 i，这种网络的目的是识别出输入模式的"名称"。

这三种联想网络也可理解为网络能在给定输入下，产生期望输出的自动机。

从生物神经元的机制所得到的训练联想网络的学习算法称为 Hebb 学习规则。Hebb 学习规则的含义是：两个同时激励的神经元之间所生成的互相耦合程度，要比那些互相无关联的神经元之间的耦合大得多。

对于 M 个不同的存储模式 x^1，x^2，……，x^M，其中 $x^u=$（x^u_1，……，x^u_N），$u=1$，2，……，M，由 Hebb 学习规则确定的 Hopfield 网络连接权值为

$$w_{ij}=\begin{cases}\sum_{u=1}^{M}x^u_i x^u_j & i\neq j \\ 0 & i=j\end{cases}\qquad(6\text{-}8)$$

例如，设联想记忆模式为下列的 5 个字符，每个字符为 10×10 的点阵，即每个模式为含有 100 个元素的向量，按照式（6-8）设计 100×100 的权值矩阵，当添加的噪声（黑色反转为白色，或白色反转为黑色）小于 20% 时，联想成功率可达 90% 以上。

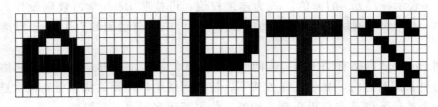

图 6-24　联想记忆样本

6.7.2　连续型 Hopfield 网络

连续型 Hopfield 网络的拓扑结构与离散型网络相同，且可采用如图 6-25 所示的硬件电路模型实现。

图 6-25 为一个神经元的硬件电路模型，u_i 为神经元的输入状态，R_i 和 C_i 分别为输入电阻和输入电容，I_i 为输入电流，w_{ij} 为第 j 个神经元到第 i 个神经元的连接权值。v_i 为神经元的输出，是神经元输入状态 u_i 的非线性函数。

根据基尔霍夫定律，建立第 i 个神经元的微分方程为

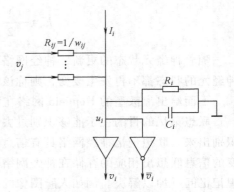

图 6-25　连续性 Hopfield 神经网络神经元电路模型

$$\begin{cases} C_i \dfrac{\mathrm{d}u_i}{\mathrm{d}t} = \displaystyle\sum_{j=1}^{n} w_{ij}v_j - \dfrac{u_i}{R_i} + I_i \\ v_i = f(u_i) \end{cases} \tag{6-9}$$

式中，$i = 1, 2, \cdots, n$。

激励函数 $f(\cdot)$ 可取为双曲函数

$$f(s) = \rho\,\frac{1 - \mathrm{e}^{-s}}{1 + \mathrm{e}^{-s}}$$

式中，$\rho > 0$。

连续型 Hopfield 网络的权值也是对称的，且无自反馈，即 $w_{ij} = w_{ji}$，$w_{ii} = 0$。

连续性 Hopfield 网络的能量函数定义为

$$E = -\frac{1}{2}\sum_{i=1}^{n}\sum_{j=1}^{n} w_{ij}v_iv_j + \sum_{i=1}^{n}\frac{1}{R_i}\int_{0}^{v_i} f_i^{-1}(v)\,\mathrm{d}v - \sum_{i=1}^{n} v_i I_i$$

当权值矩阵是对称阵（即 $w_{ij} = w_{ji}$）时

$$\frac{\mathrm{d}E}{\mathrm{d}t} = \sum_{i=1}^{n}\frac{\partial E}{\partial v_i}\cdot\frac{\mathrm{d}v_i}{\mathrm{d}t} = -\sum_i \frac{\mathrm{d}v_i}{\mathrm{d}t}\left(\sum_j w_{ij}v_j - \frac{u_i}{R_i} + I_i\right) = -\sum_i \frac{\mathrm{d}v_i}{\mathrm{d}t}\left(C_i\frac{\mathrm{d}u_i}{\mathrm{d}t}\right)$$

由于 $v_i = f(u_i)$，则

$$\frac{\mathrm{d}E}{\mathrm{d}t} = -\sum_i C_i \frac{\mathrm{d}f^{-1}(v_i)}{\mathrm{d}v_i}\left(\frac{\mathrm{d}v_i}{\mathrm{d}t}\right)^2$$

由于 $C_i > 0$，双曲函数是单调上升函数，因此它的反函数 $f^{-1}(v_i)$ 也是单调上升函数，则可得到 $\mathrm{d}E/\mathrm{d}t \leqslant 0$，因此能量函数具有负的梯度，当且仅当 $\mathrm{d}v_i/\mathrm{d}t = 0$ 时，$\mathrm{d}E/\mathrm{d}t = 0$，（$i = 1, 2, \cdots, n$）。由此可见，随着时间的演化，网络的解总是朝着能量 E 减小的方向运动。网络最终到达一个稳定平衡点，即能量函数 E 的一个极小点上。

我国学者廖晓昕指出，Hopfield 网络的稳定性并不是 Lyapunov 意义下的稳定性，而是指平衡点集的吸引性，并称之为 Hopfield 意义下的稳定性。有关 Hopfield 网络稳定性的深入分析请参阅文献［1］中的相关内容。

连续型 Hopfield 神经网络的典型应用是对优化计算问题进行求解。

优化计算涉及的工程领域很广，问题种类与性质繁多。归纳而言，最优化问题可分为函数优化问题和组合优化问题两大类，很多实际的工程问题都可以转换为其中之一进行求解。其中函数优化的对象是一定区间内的连续变量，而组合优化的对象则是解空间中的离散状态。

函数优化问题通常可描述为：令 S 为 R^n 上的有界子集（即变量的定义域），$f: S \to R$ 为 n 维实值函数，所谓函数 f 在 S 域上全局最小化就是寻求点 $X_{\min} \in S$，使得 $f(X_{\min})$ 在 S 域上全局最小，即 $\forall X \in S: f(X_{\min}) \leqslant f(X)$。对于 n 变量的优化问题，$X = [x_1, x_2, \cdots\cdots, x_n]^{\mathrm{T}}$，并且 $a_1 \leqslant x_1 \leqslant b_1$，$a_2 \leqslant x_2 \leqslant b_2$，$\cdots$，$a_n \leqslant x_n \leqslant b_n$，其中 "T" 为转置。

组合优化问题通常可描述为：令 $\Omega = \{s_1, s_2, \cdots, s_n\}$ 为所有状态构成的解空间，$C(s_i)$ 为状态 s_i 对应的目标函数值，要求寻找最优解 s^*，使得 $\forall\ s_i \in \Omega$，$C(s^*) = \min C(s_i)$。组合优化往往涉及排序、分类、筛选等问题，它是运筹学的一个重要分支。

典型的组合优化问题有旅行商问题（traveling salesman problem，TSP）、加工调度问题

（scheduling problem）、0-1 背包问题（knapsack problem）、装箱问题（bin packing problem）、图着色问题（graph coloring problem）、聚类问题（clustering problem）等。

1985 年 Hopfield 利用连续型 Hopfield 神经网络成功求得 30 城市 TSP 问题的次优解，从而使得该网络的研究得到学者们的重视。

旅行商问题（TSP 问题）是数学领域中著名问题之一。假设有一个旅行商人要拜访 n 个城市，每个城市只能拜访一次，最后回到原来出发的城市。求如何选择最短路径。

TSP 的历史很久，最早的描述是 1759 年欧拉研究的骑士周游问题，即对于国际象棋棋盘中的 64 个方格，走访 64 个方格一次且仅一次，并且最终返回到起始点。

1962 年我国学者管梅古教授给出了另一个描述方法：一个邮递员从邮局出发，到所辖街道投邮件，最后返回邮局，如果他必须走遍所辖的每条街道至少一次，那么他应该如何选择投递路线，使所走的路程最短。这个描述也被称为中国邮递员问题（Chinese Postman Problem，CPP）。

TSP 问题是一个 NP（nondeterministic polynomial）问题。对于 n 个城市的 TSP 问题，可能存在的闭合路径数为 $(n-1)!/2$。为了求得最短路径，传统的求解方式需要搜索全部路径。随着城市数量 n 的增加，计算量急剧增大，产生所谓的"组合爆炸"问题。表 6-5 给出了每秒可进行数亿次运算的计算机搜索 TSP 问题所需的时间。

表 6-5　TSP 问题的计算量

城市数/n	7	15	20	50	100	200
加法数	2.5×10^3	6.5×10^{11}	1.2×10^{18}	1.5×10^{64}	5×10^{157}	1×10^{374}
搜索时间	2.5×10^{-5} 秒	1.8 小时	350 年	5×10^{48} 年	10^{142} 年	10^{358} 年

TSP 问题的解答形式有多种，其中之一可采用如表 6-6 所示的方阵形式（以 $n=5$ 为例）：

表 6-6　TSP 问题的解答形式

城市 \ 路径	1	2	3	4	5
A	0	1	0	0	0
B	0	0	0	1	0
C	1	0	0	0	0
D	0	0	0	0	1
E	0	0	1	0	0

在表 6-6 的方阵中，A，B，C，D，E 表示城市名称，1，2，3，4，5 表示路径顺序。为了保证每个城市只去一次，方阵每行只能有一个元素为 1，其余为零。为了在某一时刻只能经过一个城市，方阵中每列也只能有一个元素为 1，其余为零。为使每个城市必须经过一次，方阵中 1 的个数总和必须为 n。对于所给方阵，其相应的路径顺序为：C-A-E-B-D-C，所走的距离为 $d=d_{CA}+d_{AE}+d_{EB}+d_{BD}+d_{DC}$。

采用 Hopfield 网络求解 n 城市 TSP 问题，网络应由 $n\times n$ 个神经元组成。当网络达到稳定状态时，各神经元状态对应于方阵中的各元素值（0 或 1）。

由于 Hopfield 网络能够稳定到能量函数的一个局部极小，因此可将描述 TSP 问题的优化函数对应为能量函数，从而设计出对应的网络结构。

TSP 问题的优化函数可有多种形式，其中之一为

$$E = \frac{A}{2} \sum_x \sum_i \sum_{j \neq i} v_{x,i} v_{x,j} + \frac{B}{2} \sum_i \sum_x \sum_{y \neq x} v_{x,i} v_{y,i} + \frac{C}{2} \left(\sum_x \sum_i v_{x,i} - n \right)^2$$
$$+ \frac{D}{2} \sum_x \sum_{y \neq x} \sum_i d_{x,y} v_{x,i} (v_{y,i-1} + v_{y,i+1}) \tag{6-10}$$

式（6-10）能量函数中，第 1 项对应解矩阵中每一行最多有一个 1，第 2 项对应解矩阵中每一列最多有一个 1，第 3 项对应解矩阵中共有 n 个 1。这三项是解矩阵的约束项。只有同时满足这三项的解才是合法解。如果解矩阵不满足某项约束条件，则可增大该项的系数来增大该项的约束权重。最后一项是问题的指标项，对应最短距离。

在进行优化问题求解时，令 $\sum w_{ij} v_j - \frac{u_i}{R_i} + I_i = -\partial E / \partial v_i$ 即可实现问题的求解。由于 Hopfield 网络的寻优机制是基于梯度寻优，所得优化结果与初值选取密切相关，而网络的初始值的选取通常缺少指导信息，因此该网络通常仅能对小规模的 TSP 等优化问题给出合法解，且寻优效率并不高。

另外，以 Hopfield 网络为基础，结合混沌理论可构造出暂态混沌神经网络，其寻优效率和网络性能可得到明显改善，有关混沌神经网络的介绍请参见第 8 章中的相关内容。

6.8 Elman 神经网络

Elman 神经网络是 J. L. Elman 于 1990 年针对语音处理问题而提出来的，是一种典型的局部回归网络。Elman 网络可以看作是一个具有局部记忆单元和局部反馈连接的递归神经网络。它是在 BP 神经网络的基本结构基础上，通过引入存储内部状态的方式使其具备映射动态特征的功能，从而使得系统具有适应时变特性的能力。

6.8.1 Elman 神经网络结构

Elman 神经网络具有四层结构：输入层、隐层、反馈层和输出层，其结构如图 6-26 所示。

反馈层节点数量与隐层节点数量相同，其输入是隐层节点输入的一步延迟，则网络的计算过程描述为

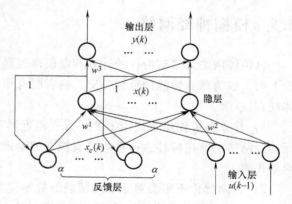

图 6-26 Elman 神经网络结构

$$x(k) = f(w^1 x_c(k) + w^2 u(k-1))$$
$$x_c(k) = \alpha x_c(k-1) + x(k-1)$$
$$y(k) = g(w^3 x(k))$$

其中，$x_c(k)$、$x(k)$ 及 $y(k)$ 分别为 k 时刻反馈层、隐层及输出层的输出，w^1、w^2 和 w^3 分别为反馈层至隐层、输出层至隐层以及隐层至输出层的连接权矩阵，$u(k-1)$ 为网络外部输入向量，f 为激励函数，选用 Sigmoid 函数形式。

6.8.2　Elman 神经网络学习算法

Elman 神经网络的学习算法仍然可以选用梯度下降法对网络进行训练。训练的目标是通过对网络各层权值调节，使网络输出与期望输出的均方误差达到最小。具体学习算法可描述为

$$E(k) = \frac{1}{2}(y_d(k) - y(k))^{\mathrm{T}}(y_d(k) - y(k))$$

$$\Delta w_{i,j}^3 = \eta_3 \delta_j^0 x_j(k)$$

$$\Delta w_{j,q}^2 = \eta_2 \delta_j^h u_q(k-1)$$

$$\Delta w_{j,l}^1 = \eta_1 \sum_{i=1}^m (\delta_l^0 w_{l,j}^3) \frac{\partial x_j(k)}{\partial w_{j,l}^{11}}$$

$$\delta_i^0 = (y_{di}(k) - y_i(k)) g_i'(\cdot)$$

$$\frac{\partial x_j(k)}{\partial w_{j,l}^1} = f_j'(\cdot) x_l(k-1) + \alpha \frac{\partial x_j(k-1)}{\partial w_{j,l}^1}$$

$$\delta_j^h = \sum_{i=1}^m (\delta_i^0 w_{i,j}^3) f_j'(\cdot)$$

其中，$i = 1, 2, \cdots, m$；$j = 1, 2, \cdots, n$；$q = 1, 2, \cdots, r$；η_1、η_2 和 η_3 分别是 w^1、w^2 和 w^3 的学习步长。

Elman 神经网络由于能够存储隐层神经元的历史信息，因此在时间序列预测分析、系统辨识等领域有着独特的应用性能。

6.9　模糊神经网络

以神经网络为基础的神经计算和以模糊逻辑为基础的模糊计算，都是建立在数值计算基础上的，成为计算智能的重要分支，两者既有相似的特性，又有各自适用的领域。其相同点体现在：

1）建立在模糊逼近理论上的"万能逼近器"，能够对非数值型的非线性函数进行逼近；而神经网络的突出特性也体现为具有很好的逼近非线性映射能力。两者均为非线性逼近器的典型代表。

2）模糊理论不需要对系统用精确的数学模型进行描述，仅依靠数学工具进行处理；而神经网络是一种"黑箱式"的学习，仅通过输入/输出的映射关系，就能实现对一个动态系统的逼近和估计。

不同点在于：

1）在推理机制方面，模糊理论依赖"启发式搜索"策略，即借用领域专家的经验，加快推理进程，求得问题最优解；而神经网络依赖大量神经元之间的高度连接，通过"并行计算"推理输出。

2）在获取知识方面，模糊理论依靠专家经验，即模糊的语言信息；而神经网络则依靠对数据样本的学习，即算法实例训练。

3）在学习机制方面，模糊理论借用对本领域专家经验的归纳，通过模糊关系合成运算进行推理；而神经网络依靠调节权值，即对网络层间权值参数进行训练。

4）在应用领域上，模糊理论主要用于控制；而神经网络主要用于模式识别与分类器。

一般说来，模糊系统缺乏自学习能力，将人工神经网络（ANN）的学习机制和模糊逻辑（FLN）的人类思维和推理结合起来，便构成了一类"模糊神经网络"。具体地，将神经网络的学习能力引入到模糊系统中，将模糊系统的模糊化处理（实现难以确定的隶属函数）、模糊推理（校正模糊规则，驱动推理过程）、反模糊化计算通过分布式的网络来表示。

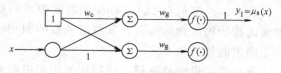

图 6-27 为用 BP 神经网络实现隶属函数的图示。

图中，$f(\cdot)$ 为非线性函数，采用 Sigmoid 函数生成。令 $\mu_s(x)$ 为论域为 "小" 的隶属函数，w_c 和 w_g 分别确定 Sigmoid 函数的中心和宽度。则

图 6-27　BP 网络实现隶属函数

$$\mu_s(x) = \frac{1}{1+\exp\left[-w_g(x+w_c)\right]}$$

修正 w_c 和 w_g 的值，完成对隶属函数曲线的绘制。

按模糊理论和神经网络的结合方式，大致可以划分为以下几种类型：

（1）神经元、模糊模型　以模糊控制为主体，应用 ANN 实现模糊控制的决策过程，样本学习完成以后，这个神经网络，就是一个聪明、灵活的模糊控制规则表。其本质还是模糊系统，主要用于控制领域。

（2）模糊、神经模型　该模型以 ANN 为主体，将输入空间分割成不同形式的模糊推论组合，对系统先进行模糊逻辑判断，以模糊控制器的输出作为 ANN 的输入。其本质还是 ANN，主要用于模式识别领域。

（3）神经与模糊模型　该模型根据输入量的不同性质分别由 ANN 和模糊控制直接处理输入信息，并作用于控制对象，二者有机结合，更能发挥各自的控制特点。

（4）模糊神经网络　在结构上将模糊技术与 ANN 融为一体，构成模糊神经网络，使该网络同时具备模糊控制的定性知识表达和 ANN 的自学习能力。

由于 RBF 网络在功能上与模糊系统有一定的联系，因此，选取模糊 RBF 网络为例，探讨其网络结构和学习过程。

6.9.1　网络结构

网络由输入层、模糊化层、模糊推理层和输出层组成，如图 6-28 所示。

融合了模糊理论和 RBF 映射结构的模糊 RBFNN 中信号传播及各层的功能表示为：

第一层：输入层。该层的神经元（节点）直接与输入量的各个分量连接，将输入量传到模糊化层。对每个神经元 i 的输入/输出表示为

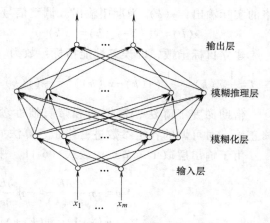

图 6-28　模糊 RBF 神经网络结构

$$f_1(i) = x_i$$

第二层：模糊化层。每个节点代表一个语言变量值，如 ZO（零），PB（正大）等。使用神经网络实现隶属函数，仍采用 Gauss 函数激活，表示为

$$f_2(i,j) = \exp(net_j^2)$$

$$net_j^2 = -\frac{(f_1(i) - c_{ij})^2}{(b_j)^2}$$

其中，c_{ij} 和 b_j 分别为 Gauss 函数的中心和基宽，代表了第 i 个输入变量第 j 个模糊集合隶属函数的均值和标准差，其隶属函数的 Matlab 表达式为 $gaussmf(x, [c_{ij}, b_j])$，参数 c_{ij} 用于确定曲线的中心。

第三层：模糊推理层。该层用于校正模糊规则，驱动推理过程，各个节点之间实现模糊关系运算，利用各个模糊节点的组合得到相应的点火强度，表示每条规则的适用度，即

$$f_3(j) = \min\{f_2(i,1), f_2(i,1), \cdots, f_2(i,N)\}$$

在此，借用"乘积"运算代替"取小"运算，每个节点 j 的输出为该节点所有输入信号的乘积，表示为

$$f_3(j) = \prod_{j=1}^{N} f_2(i,j)$$

其中，$N = \sum_{i=1}^{n} N_i$，N_i 为输入层中第 i 个输入隶属函数的个数，即模糊化层的节点数。

第四层：实现 f_3 到 f_4 的线性映射，即去模糊化运算，表示为

$$f_4(l) = W \cdot f_3 = \sum_{j=1}^{N} w(i,j) \cdot f_3(j) \tag{6-11}$$

其中，l 为输出层节点个数，W 为输出层节点与模糊推理层节点的连接权值矩阵。

6.9.2　学习过程

仍以模糊 RBF 网络作为通用逼近器为例，给出其对非线性函数（系统）进行逼近的学习过程，图 6-29 为逼近器结构图。

设网络结构为 2-4-4-1，$y_n(k) = f_4$ 为模糊 RBF 网络的实际输出，$y(k)$ 为期望输出。调整信号为

$$e(k) = y(k) - y_n(k) = y(k) - f_4$$

建立目标函数，即误差性能指标函数为

$$J = \frac{1}{2}e(k)^2 = \frac{1}{2}(y(k) - y_n(k))^2 = \frac{1}{2}(y(k) - f_4)^2$$

借助梯度下降法、连锁法和带有惯性项的权值修正法，对可调的各组参数进行修正，算法如下：

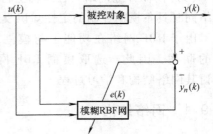

图 6-29　模糊 RBF 神经网络逼近

由于输出层取 1 个节点，故式（6-11）中 $l = 1$。

$$\Delta w = -\eta \frac{\partial E}{\partial w(k)} = -\eta \frac{\partial E}{\partial e} \cdot \frac{\partial e}{\partial y_n} \cdot \frac{\partial y_n}{\partial w(k)} = \eta e(k) f_3$$

$$w(k+1) = w(k) + \Delta w + \alpha(w(k) - w(k-1))$$

$$\Delta c_{ij} = -\eta \frac{\partial E}{\partial c_{ij}} = \eta \cdot e(k) \cdot \frac{\partial y_n(k)}{\partial net_j^2} \cdot \frac{\partial net_j^2}{\partial c_{ij}} = \eta \cdot e(k) \cdot w \cdot f_3 \cdot \frac{2(x_i - c_{ij})}{b_j^2}$$

其中，$\dfrac{\partial y_n(k)}{\partial net_j^2} = \dfrac{\partial y_n(k)}{\partial f_3} \cdot \dfrac{\partial f_3}{\partial f_2} \cdot \dfrac{\partial f_2}{\partial net_j^2} = wf_3$

$$c_{ij}(k+1) = c_{ij}(k) + \Delta c_{ij} + \alpha(c_{ij}(k) - c_{ij}(k-1))$$

$$\Delta b_j = -\eta \frac{\partial E}{\partial b_j} = \eta \cdot e(k) \cdot \frac{\partial y_n(k)}{\partial net_j^2} \cdot \frac{\partial net_j^2}{\partial b_j} = \eta \cdot e(k) \cdot w \cdot f_3 \cdot \frac{(x_i - c_{ij})^2}{b_j^3}$$

$$b_j(k+1) = b_j(k) + \Delta b_j + \alpha(b_j(k) - b_j(k-1))$$

　　从类型上看，模糊 RBF 网络可看作是一种高级神经网络；在结构上看，其为多层前向网络；从网络训练过程上看，为有监督网；从学习算法来看，仍采用的是 Delta 学习规则，同 RBF 网络一样，属于局部逼近网络。

　　模糊神经网络已在函数逼近、导航系统滤波器、移动机器人避障控制、模式识别等领域获得比较广泛地应用。

6.10　其他类型的神经网络介绍

　　神经网络的研究虽然经历的时间不长，但传统单一特性的人工神经网络的研究已经相对成熟，目前神经网络的研究热点逐渐转向为多种特性相结合的复合特性神经网络的研究，即以神经生物学的实验研究结果为基础，将存在于生物神经系统中的各种非线性特性与传统神经网络相结合，构造出具有一种或多种复合特性的神经网络，一方面从神经生物学与认知科学的角度完善现有人工神经网络的模型结构，另一方面改善现有神经网络信息处理的能力。

　　除前面介绍的混沌神经网络、模糊神经网络之外，其他类型的复合神经网络还有：迟滞神经网络、随机神经网络、时滞神经网络、脉冲耦合神经网络等。另外，多种复合特性的神经网络还有随机模糊神经网络、迟滞混沌神经网络、混沌时滞随机神经网络等。

　　这类复合特性的神经网络研究的共同特点之一，就是尽量充分利用所结合的非线性特性来改善神经网络的性能和品质。大量的理论和实验研究也证实，这些非线性特性确实对改善神经网络的性能能够起到积极的作用。

1. 随机神经网络

　　按照神经生理学的观点，生物神经元本质上是随机的。因为神经网络重复地接受相同的刺激，其响应并不相同。这就意味着随机性在生物神经网络中起着重要的作用。随机神经网络（Random neural network，RNN）正是仿照生物神经网络的这种机理进行设计和应用的。随机神经网络一般有两种形式：一种是采用随机型神经元激活函数；另一种是采用随机型加权连接，即在普通人工神经网络中加入适当的随机噪声。

　　在随机神经网络研究方面有较大影响的是美国佛罗里达大学（UCF）的 Erol Gelenbe 教授。他在 1989 年提出了人们公认的 Gelenbe 随机神经网络（GNN）。该网络的重要意义在于：仿照实际的生物神经网络接收信号流激活而传导刺激的生理机制来定义网络。对于实际的生物细胞来说，它们发射信号与否与自身存在的电势有关。历史上，著名的 Hodgkin_Huxley 方程曾经描述过这一行为，但没有一个独立的数学模型能够准确地描述神经元发射信号这一特征。Gelenbe 的 RNN 模型填补了这个空白。此后，Gelenbe 还提出了多种随机神经网络模型，为随机神经网络的研究做出了较大的贡献。

2. 脉冲耦合神经网络

从 20 世纪 90 年代开始，Reinhard Eckhorn 等根据对猫的视觉皮层神经元脉冲串同步振荡现象的研究，得到了哺乳动物神经元模型，并由此发展形成了脉冲耦合神经网络模型。1989 年，Reinhard Eckhorn 在论文中首次提出脉冲耦合神经网络（Pulse-Coupled Neural Network，PCNN），并用来解释在猫的大脑皮层实验中出现的由于视觉特征刺激而引起的神经元同步兴奋现象。PCNN 以其神经元集团的接收场、链接场、尖脉冲发放和同步建立等各种机制，体现出了许多普通神经网络所不具备的特性，被称为第三代神经网络。脉冲耦合神经网络更加接近真实哺乳动物视觉神经网络中神经细胞的工作原理，并且非常适合图像分割、图像平滑、降噪等图像处理方面的应用。

PCNN 的神经元模型由"链接部分"和"尖脉冲发生器"两部分构成，如图 6-30 所示。"链接部分"包含了若干个树突，每个树突又含若干个与视网膜神经元轴突连接的馈送输入突触。各链接输入信号和各馈送输入信号被调制耦合形成神经元的内部行为。"尖脉冲发生器"是以时间常数 α_θ 对该神经元的输出进行漏电容积分的变阈值函数和硬限幅函数组成，它通过对内部行为和动态阈值进行不断比较来决定是否输出尖脉冲。PCNN 的神经元模型可以用数学表达式描述为

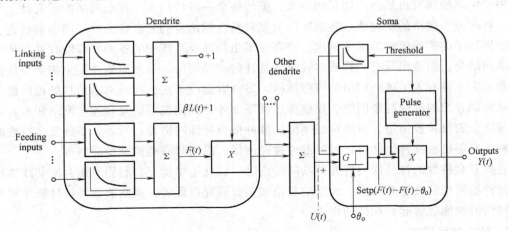

图 6-30 PCNN 的神经元模型

$$F_{ij}[n] = e^{-\alpha_F} F_{ij}[n-1] + S_{ij} + V_F \sum_{kl} m_{ijkl} Y_{kl}[n-1] \tag{6-12}$$

$$L_{ij}[n] = e^{-\alpha_L} L_{ij}[n-1] + V_L \sum_{kl} w_{ijkl} Y_{kl}[n-1] \tag{6-13}$$

$$U_{ij}[n] = F_{ij}[n]\{1+\beta L_{ij}[n]\} \tag{6-14}$$

$$Y_{ij}[n] = \begin{cases} 1 & U_{ij}[n] > \theta_{ij}[n] \\ 0 & \text{otherwise} \end{cases} \tag{6-15}$$

$$\theta_{ij}[n] = e^{-\alpha_\theta} \theta_{ij}[n-1] + V_\theta Y_{ij}[n] \tag{6-16}$$

式（6-12）~式（6-16）中 S 为输入的刺激信号，F 为输入的馈送信号，L 为输入的链接信号，U 为神经元的内在活性函数，Y 为神经元输出的脉冲信号，θ 为阈值，β 为链接的

强度，m 和 w 代表接受域中突触的权重，α_F、V_F、α_L、V_L 和 α_θ、V_θ 是分别对应于 F、L 和 θ 的衰减常数和电压。i 和 j 标明了当前神经元的位置，k 和 l 标明了神经元 (i,j) 受其他神经元影响的范围。

由于 Eckhorn 提出的原始神经元模型比较复杂，在实现的过程中存在参数过多不易设定等困难，因此，许多学者提出了多种改进的神经元模型，并且在图像处理的各个方面得到了很好的应用。

3. 时滞神经网络

考虑到生物神经元之间的信号传递通常需要一定的时间，而且在人工神经网络中，电子信号的有限传输速度也能导致神经网络中出现时间滞后现象。因此人们结合现有神经网络模型提出了各种具有时滞特性的神经网络模型。目前这一领域的研究主要集中在时滞特性对网络稳定性影响的分析等方面。

4. 迟滞神经网络

生物学实验表明，生物的神经网络中存在着迟滞现象，迟滞特性体现了生物神经系统的某些记忆行为和记忆能力。据此，人们尝试将神经网络的激励函数改为具有迟滞响应的激励函数来提高网络的性能。例如，对于离散型的单极性和双极性的二值激励函数可改为如下形式：

$$v_i(t+1)=f[u_i(t+1)]=\begin{cases} 1 & u_i(t+1)>a \\ 0 & u_i(t+1)<b \\ v_i(t) & b\leqslant u_i(t+1)\leqslant a \end{cases}$$

$$v_i(t+1)=f[u_i(t+1)]=\begin{cases} 1 & u_i(t+1)>a \\ -1 & u_i(t+1)<b \\ v_i(t) & b\leqslant u_i(t+1)\leqslant a \end{cases}$$

激励函数的形式如图 6-31 及图 6-32 所示。

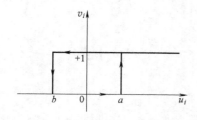

图 6-31　单极性迟滞激励函数

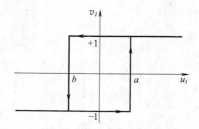

图 6-32　双极性迟滞激励函数

同样，可构造出具有迟滞特性的连续性的激励函数，如图 6-33 所示。

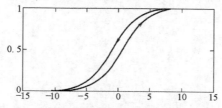

图 6-33　具有迟滞特性的连续性的激励函数

$$f(s) = \begin{cases} (1+e^{-c_1(s-a)})^{-1} & s(t+1) \geqslant s(t) \\ (1+e^{-c_2(s+b)})^{-1} & s(t+1) < s(t) \end{cases}$$

理论分析和实验都证明了迟滞神经网络在记忆特性等方面具有良好的性能。

此外，近年来以卷积神经网络为代表的深度学习方法得到了迅速发展，本书将在下一章中进行专门介绍。

习　题

1. 经典的机器学习方法有哪些？
2. 基本神经元的结构包含哪些部分？试绘制出基本神经元模型，并写出数学表达式。
3. BP 神经网络与 RBF 神经网络各有那些特点？
4. 如何利用 Hopfield 神经网络求解 TSP 问题？
5. 误差反向传播算法有哪些优缺点？

第7章

卷积神经网络及TensorFlow应用实践

7.1 卷积神经网络发展简介

卷积神经网络的概念最早出自科学家 20 世纪 60 年代时提出的感受野。当时 Hubel 和 Wiesel 在研究猫脑皮层中用于局部敏感和方向选择的神经元时发现，每个视觉神经元只会处理一小块区域的视觉图像，视觉信息从视网膜传递到大脑中是通过多个层次的感受野激发完成的。1974 年，Paul Werbos 提出采用反向传播方法来训练一般的人工神经网络，随后，该算法进一步被杰夫·辛顿（Geoffrey Hinton）和伊恩·勒坤（Yann LeCun）等人应用于训练具有深度结构的神经网络。1980 年，基于传统的感知器结构，深度学习创始人，杰夫·辛顿采用多个隐含层的深度结构来代替感知器的单层结构，多层感知器模型是其中最具代表性的，而且多层感知器也是最早的深度学习网络模型。1984 年，日本学者福岛邦彦提出了卷积神经网络的原始模型——神经感知机（Neocognitron）。1998 年，伊恩·勒坤提出了深度学习常用模型之一的卷积神经网络 LeNet-5（Convoluted Neural Network，CNN），采用基于梯度的反向传播算法对网络进行有监督的训练，经过训练的网络通过交替连接的卷积层和下采样层将原始图像转化成一系列的特征图，最后通过全连接的神经网络针对图像的特征表达进行分类。2006 年，杰夫·辛顿提出了深度学习的概念，随后与其团队在文章 "A fast Learning Algorithm for Deep Belief Nets" 中提出了深度学习模型之一的深度信念网络，并给出了一种高效的半监督算法，即逐层贪心算法，并利用该算法训练深度信念网络的参数，打破了长期以来深度网络难以训练的僵局。2009 年，Yoshua Bengio 提出另一种深度学习的常用模型，即堆叠自动编码器（Stacked Auto-Encoder，SAE），该模型采用自动编码器来代替深度信念网络的基本单元来构造深度网络。2012 年 Krizhevsky 等提出的 AlexNet 在大型图像数据库 ImageNet 的图像分类竞赛中以准确度超越第二名 11% 的巨大优势夺得了冠军，使得卷积神经网络成为了学术界的焦点。在 AlexNet 以后，新的卷积神经网络模型陆续被提出，比如牛津大学的 VGG、Google 的 GoogLeNet、微软的 ResNet 等。2016 年 3 月，谷歌 AlphaGo 和世界围棋冠军李世石开展了世纪人机大战，结果谷歌 AlphaGo 战胜了李世石，由此，深度学习开启了一个新的纪元。

7.2 卷积神经网络工作原理

最初的卷积神经网络是为了解决识别等问题而设计的，是一种从信号处理衍生过来的数字信号处理方式。近年来卷积神经网络在语言识别、人脸识别、自然语言处理、运动分析和通用物体识别等方面都展现出独特的优势。

通常，卷积神经网络由卷积层、池化层和全连接层组成。其中，卷积层和池化层相配合进行特征提取，最终通过若干个全连接层来完成分类。卷积神经网络的主要特点就是局部连接、权值共享和池化层中的降采样。在卷积神经网络中局部连接和权值共享技术降低了参数的数量，使得训练复杂度大大下降，并克服了过拟合现象的发生。权值共享赋予了卷积神经网络对目标平移的容忍性，池化层采样会进一步降低输出参数数量，提高了模型的泛化能力。与一般的神经网络相比，卷积神经网络最大的优势在于可以在训练过程中自动完成特征的提取和抽象，同时进行模式分类，降低了图像识别的难度。

在卷积神经网络中，第一个卷积层会直接接受图像像素级的输入，每一个卷积操作只处理一小块图像，进行卷积变化后再传到后面的网络层中，每一层卷积都会提取数据中最有效的特征。这种方法可以提取到图像中最基本的特征，比如不同方向的边或者拐角，之后，再进行组合和抽象，从而形成更高层的特征，并具有对图像的缩放、平移和旋转的不变性。一般的卷积神经网络由多个卷积层构成，每个卷积层中包括以下几个操作：

1）图像经过多个不同的卷积核，提取出局部特征，每一个卷积核都会重新映射出一张新的图像。

2）将前面卷积核的滤波输出结果，进行非线性的激活函数处理。

3）对激活函数的结果再进行池化操作。

1. LeNet 网络模型

下面以典型的 LeNet 网络模型为例进行具体分析。如图 7-1 所示。网络共有 8 层结构，为了便于理解，这里对每一层进行详细分析。

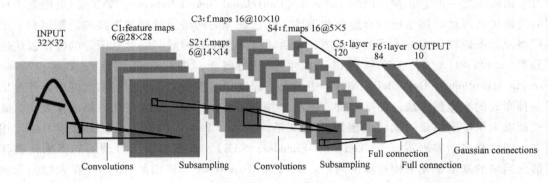

图 7-1　LeNet 网络模型

（1）第一层——输入层（INPUT）　CNN 特别适用于图像信息的处理。从图 7-1 中可见，输入的是 1 张由 32×32 像素构成的矩阵形式的图像。需要说明的是，如果所输入图像的尺寸为非规定的尺寸，则需要通过裁剪、缩放、插值等方法将其转换为规定尺寸。

（2）第二层——卷积层（Convolution）　卷积层是神经网络的核心部分，主要的作用就是通过不同的卷积核，来获取图像的信息。从图中可以看出，输入的是一张黑白图片，在第二层变成了 28×28 的 6 张图片。这就意味着，采用了 6 个不同的卷积核，对图像进行了 6 种不同特征的提取。关于如何提取特征，会在后面章节中进行介绍，这里只需要了解卷积神经网络的工作原理即可。

（3）第三层——池化层（Subsamping）　池化层也是神经网络的核心部分，主要的目的是为了降维。一般采用的是最大值池化或者均值池化，这些池化方法的具体操作也会在后面章节中进行介绍。从图中可以看到，在第二层中拥有 6 张 14×14 的图像，也就是说，当图像经过池化层以后，图像的尺寸会缩减一半，从而达到降维的目的。这样做的好处主要有两点，一方面提高了系统的鲁棒性，另一方面也可在一定程度上防止网络过拟合。当然这样做必然也会造成部分信息的丢失。

（4）第四层——卷积层（Convolution）　和第二层一样都是通过不同的卷积核来提取不同的图像特征，和第二层不一样的地方在于卷积核变多了。注意观察的话会发现，在这一层中拥有 16 张 10×10 的图片，也就是说采用了 16 个不同的卷积核，提取了 16 种不同的图像特征。

（5）第五层——池化层（Subsamping）　和第三层的池化层操作一样，这一层中拥有 16 张 5×5 的图像。

（6）第六层——全连接层（Full connection）　作用是把矩阵转换为一个向量，方便后面网络进行判定。

（7）第七层——全连接层（Full connection）　作用是获得高维空间数据的表达。

（8）第八层——输出层（OUTPUT）　输出网络的最终结果。

通过了解典型的 LeNet 模型之后，即可对 CNN 网络的工作原理有初步认识，接下来将对 CNN 网络中的运算过程进行详细介绍。

2. 卷积运算

设输入图像为灰度图像，则可将灰度图像看作是一个大型的矩阵，图像中的每个像素可以看作矩阵中的元素，像素灰度值的大小就是矩阵中元素的数值。在数字图像处理中最基本的处理方法为线性滤波，通常使用的滤波工具是另一个小型矩阵，这个矩阵称为卷积核。在介绍卷积操作前需要特别强调两个概念，即协相关和卷积的概念。协相关是把卷积核与输入数据对应相乘再求和，而卷积是先把卷积核翻转 180°，再做协相关。如图 7-2a 所示为将所取的卷积核翻转180°后所得结果，图 7-2b 为利用翻转后的卷积核与图像进行相关运算所得结果。其中，协相关后左上角第一个元素的计算为：$0×4+0×3+0×2+1×1=1$。本章中，如果不特别说明，卷积神经网络部分的卷积核都是翻转过后的卷积核。

卷积核的大小通常远小于图像矩阵，进行卷积计算的过程比较简单，可以把卷积核想象成一

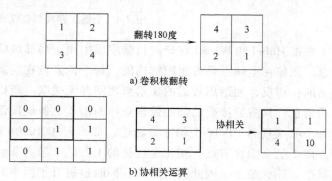

a) 卷积核翻转

b) 协相关运算

图 7-2　卷积核翻转及协相关运算操作示例

个滑动窗口，使得卷积核在图像矩阵上按照从左到右、从上到下的顺序遍历整个图像矩阵，每滑动一次，就计算其周围的像素与卷积核对应位置的乘积再求和，所得到的值作为新的像素值，这样就完成了一次卷积运算，如图 7-3 所示为 3×3 的卷积核在图像矩阵上的卷积运算，可以表示为卷积核与图像矩阵相对应位置的数的乘积之和，因此，卷积后所得矩阵左上

角的元素计算为：$1×1+1×0+1×1+0×0+1×1+1×0+0×1+0×0+1×1=4$。

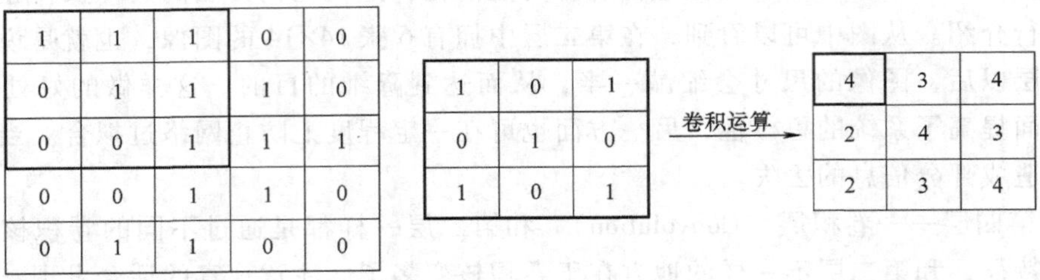

1	1	1	0	0
0	1	1	1	0
0	0	1	1	1
0	0	1	1	0
0	1	1	0	0

1	0	1
0	1	0
1	0	1

卷积运算 →

4	3	4
2	4	3
2	3	4

图 7-3　卷积运算

卷积神经网络利用局部感受野原理和权值共享原理来降低网络权值参数数量。首先来理解如何利用局部感受野原理来降低参数数量。如图 7-4 所示，如果图像的尺寸是 1000×1000 像素，则该图像就有 100 万个像素点，如果连接一个相同大小的隐含层，即 100 万个隐含节点，就将会有 1 万亿个连接权重需要去计算，从而所造成的复杂程度令人难以想象。

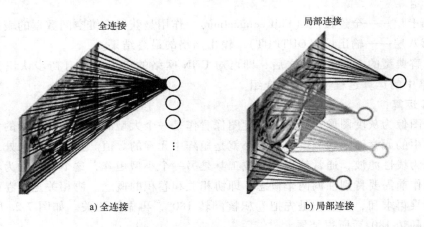

全连接　　　　　　　　　　　　　　　局部连接

a) 全连接　　　　　　　　　　　　b) 局部连接

图 7-4　全连接和局部连接比较

根据 Hubel 和 Wiesel 在研究猫脑皮层中用于局部敏感和方向选择的神经元得出的感受野概念，图像在空间上是有组织结构的，每个像素点在空间上和周围的像素点实际上是有紧密联系的；相反，和距离较远的像素点之间并无关联。所以每一个神经元不需要接受全部像素点的信息，只需要接受局部的像素点作为输入。假设局部感受野的大小是 10×10，即隐含层的每个节点只和 10×10 个像素点相连，那么对于 1000×1000 像素的图像只需要 10×10×100 万，即 1 亿个隐含节点。相比全连接的 1 万亿个隐含节点而言，局部连接隐含层节点数量大大减少，计算难度也因此大大降低，同时也提升了网络的泛化性能。

虽然在上述过程中参数数量大大降低，但是参数仍然过多，还需要利用权值共享进一步降低参数数量。

如图 7-5 所示，如果图像中一部分统计特性和其他部分的统计特征是一样的，那么也就意味着这部分学习的特征也可以用在另一部分上，这就是权值共享。

一个卷积核只能提取一种卷积核滤波的结果，这就意味着一个卷积核只提取了一种图像特征，所以在 CNN 的一个卷积层中，通常需要多个卷积核用于生成若干个特征平面（fea-

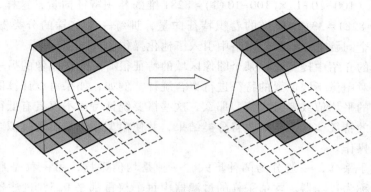

图 7-5 权值共享原理图

tureMap），从而提取多个图像特征。每个特征平面由一些矩形排列的神经元组成，同一特征平面的神经元共享权值，这里共享的权值就是卷积核。如图 7-6 所示，图中含有多个卷积核，每个卷积核都会生成另一张图像。

对于灰度图像，即只有一个颜色通道的图像，卷积操作可采用上述方式进行运算。而对于彩色图像，即多通道的图像，其卷积操作可按图 7-7 所示进行运算。

设有一张彩色图像，即三种颜色通道的图像。假设卷积核为 W，在进行卷积操作时，需要对三个通道的图像分别与卷积核 W 进行卷积操作，将相应位置的卷积结果进行相加，再经过激励函数获得最终结果。对于具有多个卷积核的操作也按此方式进行。

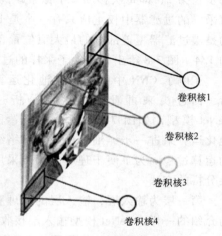

图 7-6 多卷积核操作

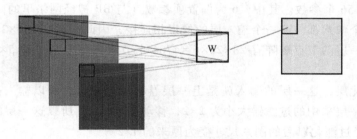

图 7-7 多通道图像卷积操作

3. 池化运算

上面介绍了如何利用卷积操作对图像进行特征提取。在提取到特征之后，需要做的就是利用所提取出来的特征进行分类。一般的分类都是利用提取到的特征去训练分类器，这和传统的神经网络的分类原理一样，例如 Softmax 分类器等。利用特征去训练分类器的时候，特征量比较复杂的情况下，计算量往往都是很大的。例如，对于一个 100×100 像素的图像，利用 400 个 10×10 的卷积核得到 400 个图像特征，根据之前所述可知，每一个特征和图像卷

积都会得到一个 $(100-10+1)\times(100-10+1)=8281$ 维的卷积特征向量，这样，400 个图像特征就会得到 $400\times8281=3312400$ 维的卷积特征向量，训练一个这样的分类器显然是很困难的。为了解决这个问题，卷积神经网络中引入了池化操作。

在权值共享的介绍中提到过，某个图像区域的特征很有可能在图像的另一部分区域同样适用。由此，可对图像不同位置的特征进行聚合统计。例如，如果可以计算图像一个区域上的某个特定特征的平均值或者最大值，那么，这些概要统计特征不仅具有低得多的维度，同时还会减少多余的特征信息，从而改善分类结果，并使模型不容易出现过拟合现象。这种聚合操作就是池化操作。

池化也叫做子采样，一般分为两种形式，一种是均值采样，另一种是最大值采样。这里，将池化单元称为过滤器。均值采样的过滤器中每个权重都是 0.5，过滤器在原图上的滑动步长为 2，即每次移动 2 个像素距离。均值子采样相当于把原图缩减到原来的 1/4。最大值采样的过滤器中权重值只有一个是 1，其他的权重值都是 0，过滤器中为 1 的位置所对应的是被过滤器覆盖部分的最大值位置，滑动步长同样为 2，同样，也会把原图像缩减到原来的 1/4。图 7-8 给出了最大子采样的过程。

了解了 CNN 中的卷积和池化运算之后，回过头来再看一下之前分析过的 LeNet 模型，如图 7-1 所示。结合卷积和池化运算来进一步详细分析一下网络结构的运算过程。为了便于理解，仍然采用逐层分析的方法。

图 7-8　池化操作

第一层为输入层，输入层的原理和之前介绍的一样，LeNet 模型输入层接收 $32\times32\times1$ 的图像，不涉及计算。

第二层为卷积层，根据图 7-1，第一层的输入就是原始图像，LeNet 模型第一个卷积层的卷积核尺寸为 5×5，深度为 6（即有 6 个不同的卷积核），步长为 1（即卷积核每次仅移动一个像素点），这样，这层输出的尺寸为 $32-5+1=28$，即 28×28 的图像矩阵。这一卷积层共有 $5\times5\times1\times6+6=156$ 个参数。其中，6 为偏置项参数（与 BP 神经网络里的阈值类似）。对于卷积层来说，每个像素都与前一个输入层的像素相连接，因此总共有 $156\times28\times28=122304$ 个连接。同理，下一层的节点矩阵有 $28\times28\times6=4704$ 个节点，每个节点和 5×5 个当前层节点相连。

第三层为池化层，这一层的输入就是上一层卷积层的输出，所以输入是一个 $28\times28\times6$ 的节点矩阵。这一层采用的过滤器大小为 2×2，移动步长为 2，所以这一层的输出大小为 $14\times14\times6$，这样，经过池化以后的图片尺寸变为原来的 1/2。

第四层又为卷积层，与前一个卷积层相似，这一层的输入为上一层的输出，即 $14\times14\times6$，采用 5×5 的卷积核，深度为 16，步长为 1。这样，该层的输出尺寸为 $14-5+1=10$，深度为 16，输出为 $10\times10\times16$，本层总共有 $5\times5\times1\times16+16=2416$ 个参数，拥有 $10\times10\times16\times(25+1)=41600$ 个连接。

第五层又为池化层，与前一个池化层相似，这一层输入矩阵是 $10\times10\times16$，所采用的过滤器大小同样为 2×2，移动步长为 2，这样，该层输出为 $5\times5\times16$。

第六层全连接层，这一层的输入为上一层的输出，大小为 $5\times5\times16$。因为这一层的卷积

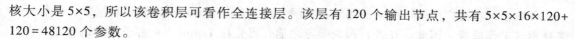

核大小是 5×5，所以该卷积层可看作全连接层。该层有 120 个输出节点，共有 5×5×16×120+120＝48120 个参数。

第七层也为全连接层，这一层拥有 84 个节点数，输出有 1×1×120×84+84＝10164 个参数。

第八层为输出层，这一层输出节点个数是 10 个，总共参数是 1×1×84×10+10＝850 个。

4. 卷积神经网络的训练

对于 LeNet 这样的典型卷积神经网络，其开始阶段都是卷积层和池化层的相互交替使用，之后采用全连接层将卷积核池化后的特征全部提取进行概率计算处理。在权值训练方面，不论是全连接层还是卷积层，使用的都是误差反向传播学习算法。具体的训练过程主要包括数据的前向计算、误差的反向传播以及权值的更新三个主要部分。简单地来看，正向计算过程中所涉及的权值和数值的传递计算包括：①输入层—卷积层；②卷积层—池化层；③池化层—全连接层；④全连接层—输出层。而当权重更新时，则需要对其进行反向更新，即：①输出层—全连接层；②全连接层—池化层；③池化层—卷积层；④卷积层—输出层。

尽管卷积神经网络比前一章所介绍的 BP 神经网络结构复杂，但其训练的基本原理是相似的，这里不再展开介绍。

卷积神经网络的实现方法有很多，特别是目前有很多公司开发了大量的开源框架，为卷积神经网络的构建提供了便利的平台基础，例如 TensorFlow 就是其中运用较为广泛的开源框架之一。下面就对如何利用 TensorFlow 实现卷积神经网络的开发进行简单的介绍。

7.3　TensorFlow 学习

7.3.1　TensorFlow 简介

TensorFlow 是由 Jeff Dean 领导的谷歌大脑团队基于谷歌内部第一代深度学习系统 DisBelief 改进而来的通用计算框架。DisBelief 是谷歌 2011 年开发的内部深度学习工具，基于 DisBelief 的 ImageNet 图像分类系统 Inception 模型赢得了 ImageNet2014 年的比赛。利用 DisBelief 谷歌在海量的非标注 YouTube 视频中习得了"猫"的概念，并在谷歌搜索中开创了图像搜索的功能。TensorFlow 是由谷歌公司于 2015 年 11 月 9 日正式开源的计算框架。相比 DisBelief，TensorFlow 的计算模型更加通用、计算速度更快、支持的计算平台更多、支持的深度学习算法更广、系统的稳定性也更好。

TensorFlow 计算框架可以很好的支持深度学习的各种算法，同时，TensorFlow 还支持 Python、C++等多种编程语言，而且它的应用也不局限于深度学习，不过，本章仅针对深度学习的相关内容进行简要介绍。

Python 是一个高层次的脚本语言，是由 Guido van Rossum 在 20 世纪 80 年代末和 90 年代初，在荷兰国家数学和计算机科学研究所设计出来的。Python 本身是由诸多其他语言发展而来的，其中包括 ABC、Modula-3、C、C++、Algol-68、SmallTalk、Unix shell 和其他的脚本语言等。Python 结合了解释性、编译性、互动性和面向对象等功能，拥有易于维护、可移植、可扩展、可嵌入和 GUI 编程等特点。因此本章所给例程采用 Python 语言进行编写。

谷歌公司在推广 TensorFlow 的同时，在网上还发布了 TensorFlow 游乐场网站，便于开发者理解其工作原理。因此，在进行理论学习之前，可先在 TensorFlow 游乐场中试着训练自己构建的神经网络。下面对 TensorFlow 游乐场的使用进行简单介绍。

打开 TensorFlow 游乐场的网址（http：//playground.TensorFlow.org），可以看到如图 7-9 所示的网络首页。

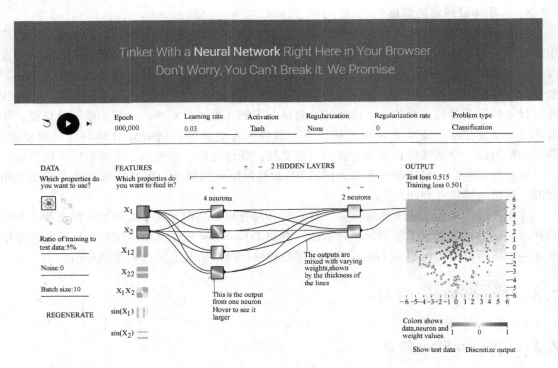

图 7-9　TensorFlow 游乐场首页

TensorFlow 游乐场首页的左上角，DATA 部分给出了四种数据分布，如图 7-10 所示，从左到右依次是环形数据分布、均与分布、集合分布和交融分布。从每个子图中可以看到两种深浅不同的颜色，分别代表两类数据。

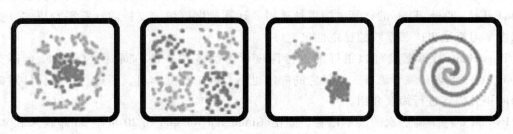

图 7-10　数据分布

在数据类型图的下方，有一些参数调节的设置功能，如图 7-11 所示。data 部分可以设置数据用于训练和测试的比例，Noise 可以设置添加在数据集内的噪声量，Batch size 部分可以设置用于训练时每批次输入的数据量的大小。

图 7-12 给出了采用不同 data 比例、Noise 量和 Batch size 参数时同一个神经网络的训练结果。

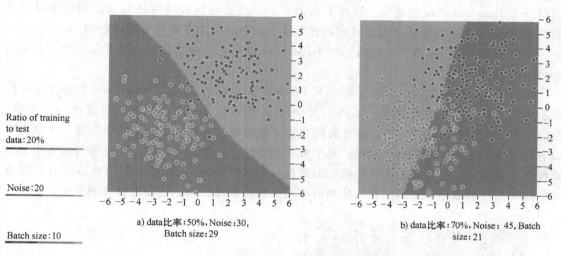

Ratio of training to test data：20%

Noise：20

Batch size：10

a) data比率：50%，Noise：30，Batch size：29

b) data比率：70%，Noise：45，Batch size：21

图 7-11　参数调
节设置功能图

图 7-12　不同参数下同一神经网络训练结果

由图 7-12 可见，即使同一个神经网络也会因为 data 比率、Noise 和 Batch size 的选取不同而得到不同的训练结果。上述两种情况中，选取第一组参数（data 比率：50% ，Noise：30，Batch size：29）时能够达到更好的分类结果，即颜色深浅不一的两种数据能被更好地分开。而第二组参数（data 比率：70% ，Noise：45，Batch size：21）时网络的训练结果就不好。因此，参数的设置对神经网络的性能影响很大。

在 TensorFlow 游乐场中，可以自由设计神经网络的模型结构，即可以自行定义隐藏层的数量以及每个单独隐藏层的节点个数，利用图上给出的加减号进行调节即可。如图 7-13 所示，所构造的神经网络中含有 2 个隐藏层，第一个隐藏层含有 4 个节点，第二个隐藏层含有 6 个节点，选择 data 比率：50%，Noise：30，Batch size：29。从 OUTPUT 输出部分可以看出，该神经网络拥有较好的训练结果，能够很好地将两类数据区分开。

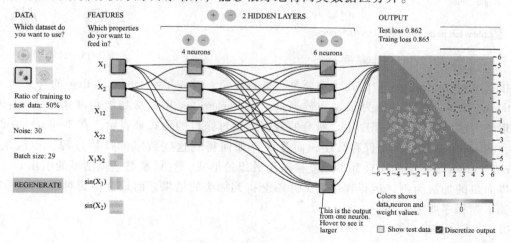

图 7-13　神经网络构造图

对于训练好的神经网络，还可以查看测试结果。仔细看 OUTPUT 部分就会发现，在下面有一个 Show test data 的选项，在框上点击一下，就会看到神经网络对应的测试结果，如图 7-14 所示，其中颜色较深的点代表测试数据，颜色较浅的点就代表训练数据。

了解了 TensorFlow 游乐场之后，对 TensorFlow 就有了初步的认识，接下来介绍一下 TensorFlow 的基本内容。

学习 TensorFlow 之前，先要了解一下 TensorFlow 的核心理念。TensorFlow 中的计算可以表示为一个有向图或者计算图，如图 7-15 所示，其中的每一个运算操作可看作一个节点，节点与节点之间的连接称为边。该计算图描述了数据的计算流程，计算图中的每一个节点可以有任意多个输入和任意多个输出，每个节点都描述了一种运算操作，节点也可以看作是运算操作的实例化。在计算图的边中流动的数据称为张量 tensor，在计算图中有些没有数据流动的边称为控制依赖。所谓的控制依赖简单理解就是条件控制，后面还会详细说明。

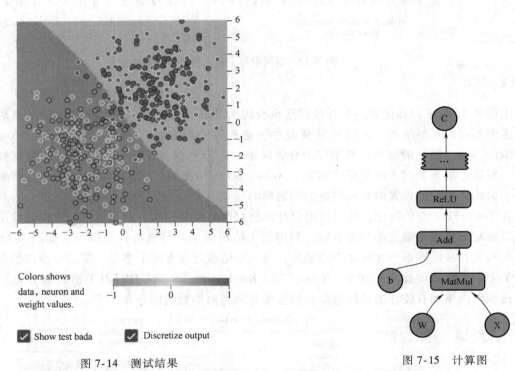

图 7-14　测试结果　　　　　　　　　　　　图 7-15　计算图

接下来对 TensorFlow 中的几个重要概念进行介绍。首先了解 tensor 和 flow 的含义。

tensor 和 flow 可以翻译为张量和数据量。在 TensorFlow 中，从功能角度来看，tensor 可简单理解为多维数组。在程序中，所有的数据都通过张量的形式来表示。在 TensorFlow 的运算中，tensor 中并没有真正保存数字，而是保存如何得到这些数字的计算过程，也就是说，tensor 在 TensorFlow 中的实现并不是直接采用数组的形式，它只是对运算结果的引用。

以向量的加法为例，运行程序后，并不会得到加法的结果，而只会得到对结果的一个引用。如下列程序所示：

```
import tensorflow as tf
a=tf. constant([1.2 2.0], name=' a')
```

b = tf. constant([2.0, 3.0], name ='b')

result = tf. add(a, b, name =' c ')

print(result)

上述程序代码输出的最终结果为：

Tensor("c:0", shape =(2,), dtype = float32)

由此可见，所得到的不是一个具体的数字，而是一个张量的结构，主要保存了 name、shape 和 type 这三个属性，即名字、维度和类型。TensorFlow 中支持的张量具有的数据属性如表 7-1 所示。

表 7-1 张量数据属性

Python 类型	描 述	数据类型
tf. float32	32 位浮点型	DT_FLOAT
tf. float64	64 位浮点型	DT_DOUBLE
tf. int64	64 位有符号整型	DT_INT64
tf. int32	32 位有符号整型	DT_INT32
tf. int16	16 位有符号整型	DT_INT16
tf. int8	8 位有符号整型	DT_INT8
tf. uint8	8 位无符号整型	DT_UINT8
tf. string	可变长度的字节数组，每一个张量元素都是一个字节数组	DT_STRING
tf. bool	布尔型	DT_BOOL
tf. comlex64	由两个 32 位浮点数组成的复数	DT_COMPLEX64
tf. qint32	用于量化操作的 32 位有符号整数	DT_QINT32
tf. qint8	用于量化操作的 8 位有符号整数	DT_QINT8
tf. quint8	用于量化操作的 8 位无符号整数	DT_QUINT8

在 TensorFlow 中 tensor 的使用可以分为两种情况：

1) 对中间计算结果的引用，当一个计算过程包含多个中间结果时，使用张量可以在很大程度上提高代码的可读性，同时也可以很方便地获取中间结果。

2) 张量可以用来获取计算结果，在计算图构造完成之后，张量可以得到真实的数字。虽然张量本身并没有存储数据，但是可以使用 Session 来得到计算结果。Session 是 TensorFlow 的主要交互方式。一般情况，TensorFlow 处理数据的顺序就是建立会话，然后生成空图，再添加各个节点和边，最后形成一个有连接点的计算图，执行系统计算，如图 7-16 所示。

接下来了解一下 TensorFlow 中另外两个比较重要的概念：nodes 和 edges。

如图 7-16 所示，Nodes 也就是节点，指的

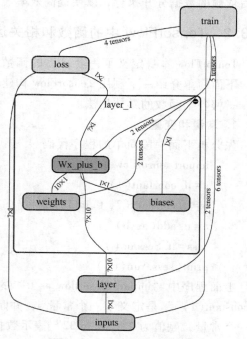

图 7-16 可视化模型结构图

是某个输入数据在算子中的具体运行和实现，算子就是集成的现有并且已经实现的经典机器学习算法，一般用来表示施加的数学运算，也可以表示数据输入的起点以及输出的终点，或者是读取变量的终点。常用的 TensorFlow 的实现算子包括数学运算、数组运算、矩阵运算、状态运算、神经网络构建、队列和同步、控制张量流动等。以数学运算为例，常用的数学运算函数如表 7-2 所示。

表 7-2　常用计算函数

函　　　数	描　　　述
tf. add(x，y，name = None)	求和
tf. sub(x，y，name = None)	减法
tf. mul(x，y，name = None)	乘法
tf. div(x，y，name = None)	除法
tf. mod(x，y，name = None)	取模
tf. ads(x，y，name = None)	求绝对值
tf. neg(x，y，name = None)	取负
tf. inv(x，y，name = None)	取反
tf. square(x，y，name = None)	计算平方
tf. minimum(x，y，name = None)	返回最小值
tf. maximum(x，y，name = None)	返回最大值
tf. log(x，y，name = None)	计算 log
tf. cos(x，y，name = None)	计算三角函数 cos

　　TensorFlow 的 edges 有数据依赖和控制依赖两种连接关系，一种是数据 tensor 流动的通道，通常所说的张量即指数据依赖。在机器学习算法中，张量在数据流图中从前往后流动一遍就完成一次前向计算，残差从后往前流动一遍就完成一次反向传播。另一种是特殊 edges，用来控制节点之间的依赖关系，简单地说就是让数据的处理遵循一定的顺序进行，对于没有前后依赖的数据分开执行，以便提高效率。

7.3.2　TensorFlow 中的函数和相关运算

　　TensorFlow 本身定义了一套自己的函数，能够根据需要将不同的量设置成所需要的形式。下面简单介绍一下利用 TensorFlow 构建卷积神经网络时经常使用的函数，并结合程序代码，了解各个函数的具体用法。

1. 常量和变量

先分析下面一段简单的程序代码。

```
import tensorflow as tf
a = tf. constant( 1 )
b = tf. constant( 2，tf. int32 )
c = tf. add( a，b )
sess = tf. Session( )
print( sess. run( c ) )
```

上面程序中 "import tensorflow as tf" 的作用是导入 TensorFlow 包，并以 tf 命名。"a = tf. constant(1)" 是定义了一个常量 a，并赋值为 1。"b = tf. Variable（2，tf. int32）" 则定义了一个常量，赋值为 2，"tf. int32" 表示数据类型为 32 位整数，同理，"tf. float" 则表示浮点数，"tf. uint" 表示无符号整数。"c = tf. add(a，b)" 表示用加法运算定义了一个变量 c， "sess = tf. Session（ ）"表示建立了一个会话，用于程序的完整运行。"print（sess. run（c ） ）"则是输出"c = tf. add（）"的运算结果。

常用运算函数如表 7-2 所示，TensorFlow 拥有常见数学运算的调用函数，这里不在一一写出，基本的调用操作形式都是 tf. +函数名。

TensorFlow 提供了通过变量名称来创建或者获取一个变量的机制，通过这个机制，在不同的函数中可以直接通过变量的名字使用变量，而不需要将变量通过参数的形式进行传递。TensorFlow 中通过变量名获取变量的机制主要是通过 tf. Variable 函数、tf. variable. scope 函数以及 tf. get_ variable 函数实现。tf. get_ variable 函数和 tf. Variable 函数的主要区别在于指定变量名称的参数，对于 tf. Variable 函数来说变量名称是一个可选的参数，通过 name = " v "的形式给出，但对于 tf. get_ variable 函数来说变量名称是一个必填的参数，tf. get_ variable 函数会根据这个名字去创建或者获取变量，例如下列程序所示：

w = tf. get_variable（" v "，shape = [1]，initializer = tf. constant_initializer（1. 0））

w = tf. Variable（tf. constant（1. 0，shape = [1]），name = " v "）

在 TensorFlow 中提供了以下七种变量初始化函数：

1）tf. constant_ initializer 函数：将变量初始化为给定常量。主要参数包括常量的取值。

2）tf. random_ normal_ initializer 函数：将变量初始化为满足正态分布的随机数。主要参数包括正态分布的均值和标准差。

3）tf. truncated_ normal_ initializer 函数：将变量初始化为满足正太分布的随机数，但如果随机数的值偏离平均值 2 个标准差以上，那么这个数会被重新生成。主要参数包括正态分布的均值和标准差。

4）tf. random_ uniform_ initializer 函数：将变量初始化为满足平均分布的随机值。主要参数包括最大值和最小值。

5）tf. uniform_ unit_ scaling_ initializer 函数：将变量初始化为满足平均分布但不影响输出数量级的随机值。

6）tf. zeros_ initializer 函数：将变量设置为 0。

7）tf. ones_ initializer 函数：将变量设置为 1。

2. 矩阵函数

分析下列程序：

```
import tensorflow as tf
tf. constant（[ 1，2，3 ]，shape = [ 2，3 ]）
tf. random_normal（shape = [ -1 ]，mean = 0. 0，stddev = 1. 0，dtype = tf. float32，seed = None，
              name = None）
tf. truncated_normal（shape = [ -1 ]，mean = 0. 0，stddev = 1. 0，dtype = tf. float32，seed = None，
              name = None）
tf. random_uniform（shape = [ 1，2，3 ]，minval = 0，maxval = None，dtype = tf. float32，seed = None，
              name = None）
tf. matrix_determinant（input，name = None）
tf. matmul（a，b，transpose_a = False，transpose_b = False，a_is_sparse = False，b_is_sparse = False，
              name = None）
```

上面的程序是对矩阵进行一系列计算。"tf. constant（[1，2，3]，shape＝[2，3]）"这行代码创建了一个 2×3 的矩阵。"tf. random_ normal（）"用于生成正态分布的随机数，其中，mean 为均值，stddev 为标准差。"tf. truncated_ normal（）"用于生成截断正态分布随机数，"tf. random_ uniform（）"用于生成均匀分布随机数，"tf. matrix_ determinant（）"用于返回方阵的行列式，"tf. matmul（）"用于实现矩阵相乘。

3. 与神经网络有关的重要函数

（1）输入数据的处理　对于图像来说，可以看作是一个像素矩阵，假设图像大小是 28×28，也就是说图像有 28×28＝784 个像素。在进行输入的时候，用占位符对输入的数据进行处理，代码如下：

x_data＝tf. placeholder("float32"，[None，784])

括号内分别表示占位符接收 float32 类型的数据，None 表示第一个行向量的数可以为任意值，784 表示输入矩阵列的数量。

（2）权重和偏置值的处理　对于神经网络来说，权重和偏置值是很重要的部分，在TensorFlow 中对于二者常规的设置方法是使用变量，这样有利于在网络中根据需要进行修改，例如下面程序：

weight＝tf. Variable(tf. ones([784，10]))
bais＝tf. Variable(tf. ones([10]))

（3）激励函数的使用　神经网络之所以能够解决像图像处理和语音识别这样的非线性问题，本质上就是因为激励函数中加入了非线性的因素，从而提升了线性模型的表达能力，把神经元的特征通过激励函数保留并且映射到下一层。TennsorFlow 中比较常用的激活函数是以下 4 种：

tf. nn. relu（）：该函数是目前最常用的激励函数，可以缓解 Sigmoid 函数的梯度消失问题，有更快的收敛速度。但是随着训练的进行，部分输入会落到硬饱和区，导致对应的权重无法更新。

tf. nn. sigmoid（）：该函数是传统神经网络中最常用的激励函数之一，输出映射在 0 和 1 之间，单调连续，非常适用于作输出层，但具有软饱和性，容易产生梯度消失。

tf. nn. tanh（）：该函数也是传统神经网络最常用的激励函数之一，输出映射在-1 和 1之间，同样具有软饱和性，但输出以 0 为中心，收敛速度比 Sigmoid 函数快。

tf. nn. dropout（）：该激励函数可令一个神经元以概率的方式决定是否被抑制，如果抑制，该神经元的输出就会为 0。

（4）损失函数　损失函数最常用的优化方法是最小二乘法，即通过最小化误差的二次方和来寻找数据的最佳函数匹配。利用最小二乘法可以简便地求得未知的数据，并使得这些求得的数据与实际数据之间误差的二次方和为最小。在神经网络中最小二乘法是计算模型值和真实值之差的二次方和。例如，如下程序：

loss＝tf. reduce_sum(tf. pow(y_model－y_data，2))

这里简单介绍一下在神经网络中另一种比较常用的损失函数，即交叉熵。一般来说，通过神经网络解决多分类问题最常用的方法就是设置 n 个输出节点，其中 n 为类别个数，对于每一个样例，神经网络都可以得到一个 n 维的数组作为输出结果，数组中每一个维度分别对应一个类别。在理想情况下，如果一个样例属于某个类别，那么输出就是 1，否则输出就是 0。例如，有5个类别，设样本属于第2类，那么输出结果越接近 $[0,1,0,0,0]$ 就越好。

利用交叉熵可以判断输出向量和期望向量之间的差异，它可以刻画出两个概率分布之间的距离，如果假设两个概率分布为 m 和 n，那么交叉熵可以表示为

$$H = (m,n) = -\sum_x m(x)\log n(x)$$

交叉熵刻画的是两个概率分布之间的差异，但是神经网络的输出不一定是概率分布，所以，一般交叉熵都是与 softmax 函数一起配合使用，在 TensorFlow 中交叉熵的调用函数是 -tf. reduce_ mean ( )。

（5）分类函数 TensorFlow 中常用的分类函数主要有 sigmoid_ cross_ entropy_ with_ logits、Softmax、log_ softmax 等，在这里介绍一个分类函数 softmax。

在 Logistic regression 二分类问题中，可以使用 sigmoid 函数将输入 $Wx+b$ 映射到 (0，1) 区间中，从而得到属于某个类别的概率。也就是说，任意事件的概率都在 0 和 1 之间，且总有一个事件发生（概率和为 1）。如果将分类问题看作某个样例属于某种类别的概率问题，那么训练样本的分类就可描述为概率分布。所以分类问题中，可以将神经网络前向计算的结果看作概率分布，并使用对输出的值归一化为概率值，其公式可表示为

$$f(x_i) = \sum_j w_{ij}x_j + b_i$$

$$\text{softmax}(f(x_i)) = \frac{e^{x_i}}{\sum_j e^{x_j}}$$

$$y_i = \text{softmax}(f(x_i)) = \text{softmax}(w_{ij}x_j + b_i)$$

其中，$f(x_i)$ 为定义的训练模型，这里采用的是输入数据与权重的乘积和再加上一个偏置的形式，w_{ij} 代表前一层第 j 个单元与当前层第 i 个单元之间的连接权重，x_j 代表前一层的第 j 个特征，x_i 代表当前层的第 i 个特征，b_i 代表当前层的第 i 个偏置。softmax $(f(x_i))$ 的作用就是将输入转化成概率值。

由上述公式可见，原神经网络的输出被用作置信度来生成新的输出，这样，新的输出满足概率分布的要求。这个新的输出可以理解为经过神经网络的计算，某个样本属于某个类别的概率，这样就把神经网络的输出也转换成了概率分布，从而可以利用交叉熵来计算预测的概率分布和真实的概率分布之间的差异。上述公式的程序如下：

　　y_model = tf. nn. softmax(tf. matmul(x_data，weight) + bais)

（6）模型的训练 目前模型的训练一般采用的都是梯度下降方法，例如下列程序：

　　train_setp = tf. train. GradientDescentOptimizer(0. 01). minimize(loss)

其实 TensorFlow 中提供了 8 种优化方法，即 BGD、SGD、Momentum、Nesterov Momentum、Adagrad、Adadelta、RMSprop 和 Adam。这里主要介绍一下梯度下降方法。

BGD 和 SGD 都属于梯度下降法，区别在于 BGD 是批梯度下降方法，该方法是利用现有参数对训练集中的每一个输入生成一个估计输出，并和实际输出进行比较，以统计所有误差，由此得到平均误差。SGD 是随机梯度下降法，该方法将数据集拆分成若干批次，采用随机抽取的方式进行训练。

Momentum 方法在更新参数时在一定程度上会保留之前的梯度更新方向，利用当前批次微调本次参数。Nesterov Momentum 法是对 Momentum 方法的改进。Adagrad 法是具有自适应

学习率的优化方法，能够通过自适应地为各个参数分配不同的学习率来控制每个维度的梯度方向。Adadelta 也是具有自适应学习率的优化方法，它可看作是对 Adagrad 的改进。RMSprop 和 Momentum 类似，在实际应用中适用于循环神经网络。Adam 方法根据损失函数对各参数梯度的一阶矩和二阶矩估计来动态调整各参数的学习速率。

（7）模型的运行　模型运行的程序如下：

```
init = tf. initialize_all_variables( )
sess = tf. Session( )
sess. run( init )
for _ in range( 1000 )：
        batch_xs, batch_ys = mnist. train. next_batch( 100 )
        sess. run( train_setp, feed_dict = {x_data：batch_xs, y_data：batch_ys} )
```

上述程序中 tf. initialize_ all_ variables（ ）是初始化函数，而 sess. run（init）是对 init 的运行函数，sess. run（train_ setp，feed_ dict = {x_ data：batch_ xs，y_ data：batch_ ys}）是实现模型的运行，即对 train_ step 的运行。其中 for 语句的作用是每次随机取 100 个数据批量送入模型中进行计算，一共取 10 次。

（8）模型的准确率评估　TensorFlow 对于模型的评估给出了一个函数，即 tf. argmax（ ）函数，该函数的主要作用是计算张量在某一维度上最大值的索引，它可以检测出模型输出值与真实值是否相互匹配，该函数的使用例程如下：

```
if _ % 50 = =0：
        correct_prediction = tf. equal( tf. argmax( tf. y_model, 1 ), tf. argmax( y_data, 1 ) )
        accuracy = tf. reduce_mean( tf. cast( correct_prediction, "float" ) )
        print ( sess. run ( accuracy, feed _ dict = { x _ data：mnist. test. images, y _ data：
mnist. test. labels} ) )
```

程序中 tf. equal（ ）函数返回一系列的布尔值，为了更好地对这些布尔值进行描述，先利用 tf. cast（ ）函数把这些布尔值转化为浮点值，再利用 tf. reduce_ mean（ ）求取平均值。

7.3.3　卷积函数

卷积函数是构建卷积神经网络的重要组成，先看一下 conv2d（ ）卷积函数在 TensorFlow 中的用法，例程如下：

tf. nn. conv2d(input, filter, strides, padding, use_cudnn_on_gpu, name)

该函数是 TensorFlow 的卷积函数之一，它包含了 6 个重要参数：

（1）input 参数　该参数是需要做卷积的输入图像，它要求是一个 tensor，也就是一个张量，这个张量的形式为

[batch, in_ height, in_ width, in_ channels]。

简单地说，input 这个参数中 batch 表示的是训练的图像数量，in_ heigh 表示输入图像的高度，in_ width 表示输入图像的宽度，in_ channels 表示图像的通道数。例如，[1, 2, 2, 1] 就表示一个 2×2 的单通道图像。

（2）filter 参数　该参数用于设置卷积核参数，其张量形式为

[filter_ height, filter_ width, in_ channels, out_ channels]

其中，filter_ height 表示卷积核的高度，filter_ width 表示卷积核的宽度，in_ channels 表示卷积核的通道数，out_ channels 表示卷积核的数量。

（3）strides 参数　该参数代表卷积核移动的步长，例如，［1，2，2，1］就是水平方向步长为2，竖直方向步长也为2。

（4）padding 参数　该参数表示边界的处理方式，其类型为 string，取值有"SAME"和"VILAD"两种，"SAME"表示采用补全方式，"VILAD"表示采用丢弃方式。

（5）use_ cudnn_ on_ gpu 参数　该参数表示是否使用 gpu 进行计算，一般默认为使用状态。

（6）name 参数　一般 name=None，表示行向量的数可以是任意的，即行向量的维度不确定。

TensorFlow 提供了多种卷积函数，可以满足不同卷积运算的要求，例如，tf. nn. convolution （）卷积函数可以计算 N 维卷积的和，tf. nn. separable_ conv2d （）卷积函数可以利用几个分离的卷积核做卷积，tf. nn. conv2d_ transpose （）卷积函数是对 conv2d （）进行转置操作。

为了能够直观地了解卷积的作用，这里给出一个利用 tf. nn. conv2d （）卷积函数对图像进行特征提取的例子，程序如下：

```
import tensorflow as tf
import cv2
import numpy as np
img = cv2. imread(" 1. jpg ")
img = np. array( img, dtype = np. float32)
x_image = tf. reshape( img, [ 1, 482, 500, 3])
filter = tf. Variable( tf. ones([ 6, 6, 3, 1]))
init = tf. global_variables_initializer( )
with tf. Session( ) as sess:
    sess. run( init)
    res = tf. nn. conv2d( x_image, filter, strides = [ 1, 2, 2, 1], padding = ' SAME ')
    res_image = sess. run( tf. reshape( res, [ 241, 250]))/128 + 1
    cv2. imshow(" test ", res_image. astype(' uint16 '))
    cv2. waitKey( )
```

图 7-17 为采用不同卷积核进行计算的输出结果，从图中可见，使用了 7×7 的卷积核所生成的图片具有一定的边缘特征，而使用 15×15 的卷积核后，图像的区域特征则非常明显。

a) 原图　　　　　　　b) 7×7卷积核效果　　　　　　　c) 15×15卷积核效果

图 7-17　卷积效果

7.3.4 池化函数

池化函数是 TensorFlow 作为池化计算的函数之一，也是搭建卷积神经网络最核心的函数之一。先来看一下该函数在 TensorFlow 中的用法，程序如下：

tf. nn. max_pool(value, ksize, strides, padding, name)

从上述程序可见，该函数包含了 5 个重要参数：

（1）value 参数　该参数表示池化层的输入，该参数的张量形式为：［batch, height, width, channels］。

（2）ksize 参数　该参数表示池化窗口的大小，一般为［1, height, width, 1］的形式。

（3）strides 参数　该参数为池化的步长，一般为［1, height, width, 1］的形式。

（4）padding 参数　该参数同样是 string 类型，取值有"SAME"和"VILAD"两种。

（5）name 参数　一般 name = None，表示行向量的数可以是任意的，即行向量的维度不确定。

在卷积神经网络中，池化函数一般位于卷积函数的下一层中，在 TensorFlow 中也提供了不同的池化函数来满足不同池化操作的需求，上面程序中的池化函数为最大值池化函数，用来计算池化区域中元素的最大值。tf. nn. avg_ pool（ ）池化函数计算池化区域中元素的平均值，tf. nn. max_ pool_ with_ argmax（ ）函数计算池化区域中元素的最大值和该最大值的所在位置，tf. nn. pool（ ）函数执行一个 N 维的池化操作，tf. nn. avg_ pool3d（ ）函数计算三维下的平均池化。

为了能够直观地了解池化的作用，对上述进行了 7×7 卷积核处理后的图像再进行最大池化操作。程序如下：

```
import tensorflow as tf
import cv2
import numpy as np
img = cv2. imread("1. jpg")
img = np. array(img, dtype = np. float32)
x_image = tf. reshape(img, [1, 482, 500, 3])
filter = tf. Variable(tf. ones([6, 6, 3, 1]))
init = tf. global_variables_initializer()
with tf. Session() as sess:
    sess. run(init)
    res = tf. nn. conv2d(x_image, filter, strides = [1, 2, 2, 1], padding =' SAME ')
    res = tf. nn. max_pool(res, [1, 2, 2, 1], [1, 2, 2, 1], padding =' VALID ')
    res_image = sess. run(tf. reshape(res, [120, 125]))/128 + 1
    cv2. imshow(" test ", res_image. astype(' uint8 '))
    cv2. waitKey()
```

图 7-18 是池化效果图，从图中可见，经过池化后的图像尺寸缩小了。

a) 原图　　　　　　　　b) 7×7卷积核效果　　　　　c) 最大池化效果

图 7-18　池化效果

7.4　利用 TensorFlow 进行图像处理

卷积神经网络的应用离不开图像处理操作，例如图像的读取、缩放、拉伸、灰度变化、几何校正等处理操作。TensorFlow 中关于图像处理的部分可借助 OpenCV 实现。OpenCV 是 Intel 公司开发的用于计算机视觉处理的开源软件库，采用 C 语言和 C++语言编写，同时也提供了 Python 和 Matlab 等语言接口，通过合理的使用和搭配，OpenCV 可以构建一个简单易用的计算机视觉处理框架，实现计算机视觉的相关应用开发。OpenCV 中包含了许多常用的机器视觉处理函数和方法，在医学影像、外观设计、定位标记等很多领域都有广泛的应用。下面结合 OpenCV 对 TensorFlow 的图像处理方法进行介绍。

7.4.1　图像的读取与存储

OpenCV 可以读取多种类型的图像数据，支持常用的图像格式。例如下面的程序：

```
import tensorflow as tf
import cv2
img = cv2. imread(" 1. jpg", cv2. IMREAD_GRAYSCALE)
cv2. imwrite(" test. jpg", img)
```

上面程序中，利用 imread 函数以灰度图像的方式从当前目录下读入名为 "1.jpg" 的图像，然后利用 imwrite 函数将读取到的图像以文件名 "test.jpg" 存储到当前目录下。可见，在图像存储时，可根据需要改变图片的存储类型。

7.4.2　图像处理常用函数

大量的数据样本是 TensorFlow 进行图像识别的基础，图像的缩放和裁剪等操作可用于生成大量的图像样本，TensorFlow 中定义了相关的函数。

（1）resize（ ）函数　该函数常用于对图像进行缩放操作，使用例程如下：

```
import tensorflow as tf
import cv2
```

```
dst = cv2. imread("1. jpg")
img = cv2. resize(dst, (150, 250))
cv2. imshow("test. jpg", img)
cv2. waitKey()
```

利用 resize 函数可以对图像按指定尺寸进行缩小或者放大，例如，上述程序中读入图像"1. jpg"，然后利用 resize 函数将原图像转化为 150×250 像素大小的图像。例如，原图的尺寸大小为 250×250，执行上述程序后，运行结果如图 7-19 所示。

a) 原图　　　　　　　　　　　b) 运行结果

图 7-19　resize 函数的处理结果

（2）getRotationMatrix2D（）函数　该函数可以对图像进行旋转操作，使用例程如下：

```
import cv2
dst = cv2. imread("1. jpg")
rows, cols, depth = dst. shape
dst_change = cv2. getRotationMatrix2D((cols/2, rows/2),45, 1)
res = cv2. warpAffine(dst, dst_change, (rows, cols))
cv2. imshow("test. jpg", res)
cv2. waitKey(0)
```

上述程序中，getRotationMatrix2D（）中的参数表示以图像的中心为原点，对图像按逆时针方向旋转了 45°，warpAffine（）函数对图像重新进行了压缩，程序执行结果如图 7-20 所示。

a) 原图　　　　　　　　　　　b) 运行结果

图 7-20　图像旋转操作的结果

利用上述旋转操作可生成大量的数据样本，实现对数据库的扩充，从而能够对卷积神经网络进行充分的训练。

（3）resize_ image_ with_ crop_ or_ pad（）函数　该函数用于调整图像尺寸的大小，使用例程如下：

```
import tensorflow as tf
import cv2
img = cv2. imread('4. jpeg')
with tf. Session() as sess:
    nn_image = tf. image. resize_image_with_crop_or_pad(img, 200, 200)
    nn_image1 = tf. image. resize_image_with_crop_or_pad(img, 600, 600)
    nn_image = sess. run(nn_image)
    nn_image1 = sess. run(nn_image1)
    cv2. imshow('test', nn_image)
    cv2. imshow('test1', nn_image1)
    cv2. waitKey()
```

resize_ image_ with_ crop_ or_ pad（）函数的第一个参数是待处理的图像名称，后两个参数是定义的目标图像尺寸。如果待处理图像的尺寸大于目标图像，该函数会自动截取原图像居中部分作为目标图像，如果待处理图像的尺寸小于目标图像，该函数会自动在原图像的四周进行填充。上述例程执行效果如图 7-21 所示。

a) 原图像　　　　　　　　b) 截取图像结果　　　　　　　　c) 填充图像结果

图 7-21　resize_ image_ with_ crop_ or_ pad 函数对图像进行尺寸调整结果图

（4）tf. image. flip_ up_ down（）函数和 tf. image. flip_ left_ right（）函数　这两个函数可实现对图像的翻转操作，使用例程如下：

```
import tensorflow as tf
import cv2
img = cv2. imread('4. jpeg')
with tf. Session() as sess:
    nn_image = tf. image. flip_up_down(img)
```

```
nn_image1 = tf. image. flip_left_right( img)
nn_image = sess. run( nn_image)
nn_image1 = sess. run( nn_image1)
nn_image = np. uint8( nn_image)
cv2. imshow(' test ', nn_image)
cv2. imshow(' test1 ', nn_image1 )
cv2. waitKey( )
```

tf. image. flip_ up_ down ( ) 函数可实现图像的上下翻转，而 tf. image. flip_ left_ right ( ) 函数可以实现图像的左右翻转，上述程序执行结果如图 7-22 所示。

a) 原图　　　　　　　　　b) 上下翻转　　　　　　　　　c) 左右翻转

图 7-22　翻转结果图

此外，还有沿对角线翻转的函数 tf. image. flip_ transpose_ right ( )，使用方法与上述函数相似。

（5）cvtColor ( ) 函数　该函数可实现图像色彩和亮度的调节，在 OpenCV 中，对图像色彩的处理可在 HSV 模型中进行，该函数的使用例程如下：

```
import cv2
dst = cv2. imread(" 1. jpg ")
img_hsv = cv2. cvtColor( dst, cv2. COLOR_BGR2HSV )
color_hsv = img_hsv. copy( )
color_hsv[ :,:,0] = color_hsv[ :,:,0] * 0. 01
image = cv2. cvtColor( color_hsv, cv2. COLOR_HSV2BGR )
cv2. imshow(" test. jpg ", image)
cv2. waitKey( 0)
```

上述程序中，color_ hsv [:,:, 0] 方括号中的第一个和第二个参数代表图像矩阵的坐标，第三个参数代表 HSV 的通道选择，0 代表色调，1 代表饱和度，2 代表明亮度。在上面的程序中，选择了对色调的调节，程序执行结果如图 7-23 所示。

此外，OpenCV 中还有用于图像去噪处理、图像边缘裁剪等操作的相关函数，使用方法可查阅相关手册。

a) 原图

b) 色调调整结果图

图 7-23　色调调整结果图

7.5　卷积神经网络在 MNIST 的应用实例

学习了卷积神经网络相关知识后，接下来介绍一个完整卷积神经网络的应用实例。这里，以典型的 MNIST 手写体识别为例构建一个简单的卷积神经网络。

MNIST 是一个手写体数据库，它有 60000 个训练样本集和 10000 个测试样本集，如果打开数据库查看，就可看到如图 7-24 所示的样本集。

MNIST 数据集包含以下 4 个文件：

（1）train-labels-idx1-ubyte. gz　该文件是训练集标记文件，含有 28881 个字节。

（2）train-images-idx3-ubyte. gz　该文件是训练集图像文件，含有 9912422 个字节。

（3）t10k-labels-idx1-ubyte. gz　该文件是测试集标记文件，含有 4542 个字节。

图 7-24　MNIST 手写体样本集

（4）t10k-images-idx3-ubyte. gz　该文件是测试集图像文件，含有 1648877 个字节。

MNIST 的训练集标签文件结构和图像文件结构如图 7-25 所示。

从图 7-25 中可见，训练集图像文件中含有 60000 个样本，训练集标记文件中含有相对应的 60000 个标记，每一个标记值都是 0~9 之间的数。文件里的数都采用二进制数进行存储，读取的时候要以 "rb" 的方式进行读取。

［value］项是数据项，［type］描述的是数据类型。根据 ［offset］ 可知，pixel 是从 0016 开始存储的，因此在读取样本数据之前，需要先读取 4 个 32 位整数，分别是 magic number、number of imager、number of rows、number of columns。在 MNIST 中所有图片都是 28×28，也就是说每个图像都有 $28\times28=784$ 个像素。

了解了 MNIST 数据集后，就可以利用深度学习开源框架 TensorFlow 进行卷积神经网络的编程实现了。

TRAINING SET IMAGE FILE (train-images-idx3-ubyte)

[offset]	[type]	[value]	[description]
0000	32 bit integer	0x00000803(2051)	magic number
0004	32 bit integer	60000	number of images
0008	32 bit integer	28	number of row
0012	32 bit integer	28	number of columns
0016	unsigned byte	??	pixe
0017	unsigned byte	??	pixe
......			
xxxx	unsigned byte	??	pixe

a) 训练集标记文件

TRAINING SET IMAGE FILE (train-labels-idx1-ubyte)

[offset]	[type]	[value]	[description]
0000	32 bit integer	0x000008031(2049)	magic number
0004	32 bit integer	60000	number of items
0008	unsigned byte	??	label
0009	unsigned byte	??	label
......			
xxxx	unsigned byte	??	label

The labels vales are 0 to 9

b) 训练集图像文件

图 7-25　MNIST 的训练集标记文件和训练集图像文件结构

首先按照下列步骤建立一个 project。

第一步，打开 TensorFlow 的安装平台 PyCharm，如图 7-26 所示。

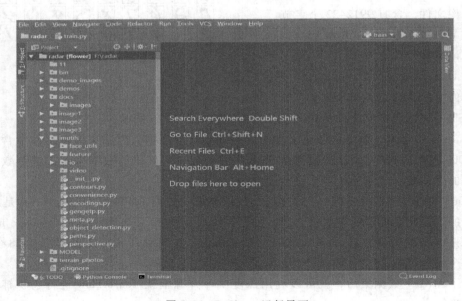

图 7-26　PyCharm 运行界面

第二步，单击左上角的 file 选项，在显示的选项中选 new project 选项。如图 7-27
所示。

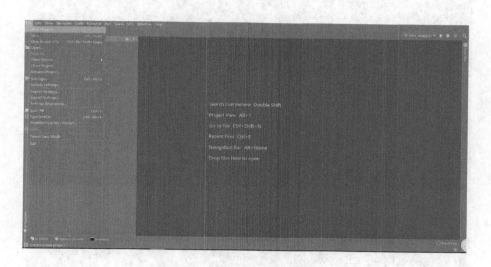

图 7-27　PyCharm 新建工程

第三步，在跳出的界面中，为 project 建立文件夹，注意文件夹的名字要用英文字母，
不要用中文。如图 7-28 所示。

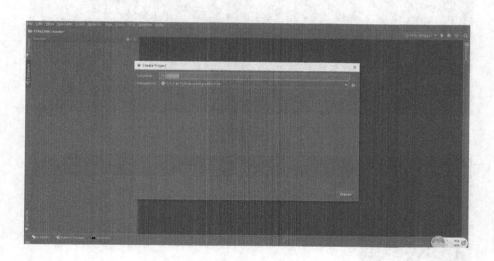

图 7-28　PyCharm 新建工程命名

第四步，在打开的 project 中，用鼠标单击左上位置的 untitled，然后鼠标右击，选中
new 选项，再选择 Python file 选项，如图 7-29 所示。

第五步，为 Python file 设置名字，同样要使用英文字母，然后单击 OK 选项，如图 7-30
所示。

第六步，如图 7-31 所示，在右侧空白处就可进行代码的编写了。

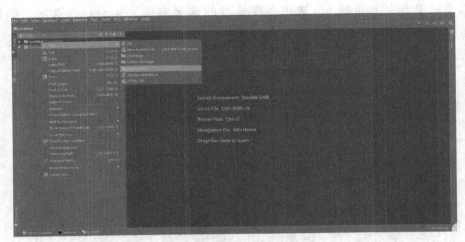

图 7-29　python 文件创建

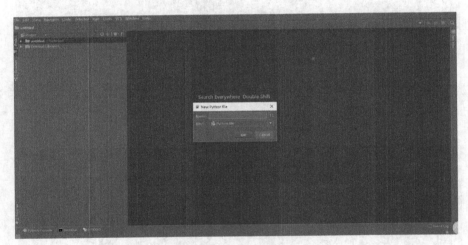

图 7-30　python 文件名命名

图 7-31　python 代码编写界面

按照以上步骤建立好 project 后，还需要到 MNIST 数据库的官方网站（http：//yann. lecun. com/exdb/mnist/）下载数据集。获得数据集后，在 project 文件夹下新建一个名为 MNIST_ data 的文件夹，将数据集放入其中。这样，准备工作就完成了。

然后，就可以构建卷积神经网络了。如图 7-32 所示，建立了只有一个卷积层和一个池化层的简单卷积神经网络模型。

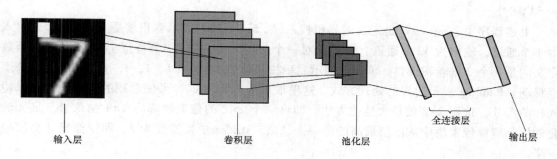

图 7-32　卷积神经网络简单模型

该模型中各层作用分别为：

1）输入层：用于对网络进行数据输入。

2）卷积层：使用给定的核函数对输入数据进行特征提取，并生成特征图像。

3）池化层：对数据进行降维操作，提取显著特征。

4）全连接层：对已提取出的特征数据进行全连接计算，并输出分类结果。

在程序编写的时候，对于 MNIST 数据集可以用 input_ data 函数来读取相关的数据样本，程序代码如下：

```
import tensorflow as tf
import tensorflow. examples. tutorials. mnist. input_data as input_data
mnist = input_data. read_data_sets("MNIST_data/",one_hot = True)
x_data = tf. placeholder("float32", [None, 784])
x_image = tf. reshape(x_data,[-1, 28, 28, 1])
```

上述程序代码利用 input_ data 函数按照既定格式读取数据，对于 n 类的分类问题，可以采用一个长度为 n 的数据来表示分类结果，onehot = True 表示该数组中只有与分类结果相对应的元素为 1.0，其他元素均是 0.0。例如，在 n 为 10 的情况下，标记为 2，则对应的数组结果为 [0. 0 0. 0, 1. 0, 0. 0, 0. 0, 0. 0, 0. 0, 0. 0, 0. 0, 0. 0]。

Placeholder（）是占位符函数，括号内的参数是描述占位符的参数，tf. float32 指的是占位符接受类型为 float32 的数据，None 表示行向量的数可以是任意的，图像以行向量的形式进行描述，对于本例中的手写体数据集的图像大小为 28×28，因此每个行向量有 784 个单元。由于图像文件数据集是以二进制的形式进行存储的，因此需要利用 tf. reshape（x，[-1，28，28，1]）函数将二进制的数据还原成 288×28 大小的图像矩阵形式，-1 表示样本数量不确定，最后一个参数表示颜色的通道数量，因为本例中数据集的图像都是灰度图，即只具有单通道，因此设为 1。如果是彩色图像则具有三通道，对应值应该设置为 3。

接下来创建一个卷积层和一个池化层，卷积核大小选为 5×5，共用 32 个不同的卷积核分别提取 32 种不同的特征。池化层采用最大值池化，相应的程序如下：

```
w_conv = tf. Variable( tf. ones( [5, 5, 1, 32] ) )
b_conv = tf. Variable( tf. ones( [32] ) )
h_conv = tf. nn. relu( tf. nn. conv2d( x_image, w_conv, strides = [1, 1, 1, 1], padding =
'SAME') +b_conv)
h_pool = tf. nn. max_pool( h_conv, ksize = [1, 2, 2, 1], strides = [1, 2, 2, 1], padding
=' SAME')
```

上述程序中，w_ conv 是定义的卷积核，[5, 5, 1, 32] 表示卷积核是大小为5×5，输入为 1 个通道，输出为 32 个通道。也就是对一个灰度图像提取 32 个特征。conv2d（ ）函数定义的是一个 2 维卷积操作。Strides 表示卷积核移动的步长，[1, 1, 1, 1] 表示卷积核逐点移动。Padding 表示边界的处理方式，这里取值为 "SAME"，可使卷积的输出和输入保持同样的尺寸。选用 2×2 的最大池化方法，即将一个 2×2 的像素块降为 1×1 的像素。最大池化能够保留原像素块中灰度值最高的那一个像素，strides 步长设置为 2，即图像尺寸会缩减一半。

构建好卷积层和池化层以后，接下来构建全连接层，程序如下：

```
W_fc1 = tf. Variable( tf. ones( [14 * 14 * 32, 1024] ) )
b_fc1 = tf. Variable( tf. ones( [1024] ) )
h_pool_flat = tf. reshape( h_pool, [-1, 14 * 14 * 32] )
h_fc = tf. nn. relu( tf. matmul( h_pool_flat, W_fc1 ) + b_fc1 )
W_fc2 = tf. Variable( tf. ones( [1024, 10] ) )
b_fc2 = tf. Variable( tf. ones( [10] ) )
y_conv = tf. nn. softmax( tf. matmul( h_fc, W_fc2 ) + b_fc2 )
```

全连接层在整个卷积神经网络中起到 "分类器" 的作用，将学习到的特征映射到样本标记空间。从上述程序中可以看出，池化后的数据进行了重新展开，将二维数据展开成一维数组，之后计算每一行的元素个数，最后在输出层使用 softmax 进行概率计算。

上述程序中，tf. matmul 是 TensorFlow 的矩阵乘法运算，要求第一个矩阵的列数与第二个矩阵的行数相同。

损失函数的计算程序如下：

```
cross_entropy = - tf. reduce_sum( y_data * tf. log( y_conv ) )
train_step = tf. train. GradientDescentOptimizer( 0. 001 ). minimize( cross_entropy )
init = tf. initialize_all_variables( )
sess = tf. Session( )
sess. run( init )
```

程序中，利用交叉熵作为损失函数，交叉熵的调用函数是-tf. reduce_ mean（ ）。train_ step 为定义的训练方法。程序中利用 GradientDescentOptimizer（ ）函数采用梯度下降法以 0. 001 的学习速率对模型进行训练。

卷积神经网络的训练批次和结果显示程序如下：

```
for _in range( 1000 ) :
    batch_xs, batch_ys = mnist. train. next_bach( 200 )
```

```
    sess. run( train_step, feed_dict = { x_data:batch_xs, y_data:batch_ys} )
    if_% 50 = = 0:
        correct_prediction = tf. equal( tf. argmax( y_conv, 1), tf. argmax( y_data, 1))
        accuracy = tf. reduce_mean( tf. cast( correct_prediction, "float"))
    print ( sess. run ( accuracy, feed _ dict = { x _ data: mnist. test. images, y _ data:
mnist. test. labels} ))
```

上述程序中，循环训练1000次，每次随机读取200个样本数据，每训练50次，就对当前训练数据的训练结果进行一次检验。correct_ prediction 作用检验卷积神经网络的输出与期望值是否匹配。tf. equal ( ) 函数的返回值是一系列的布尔值，利用 tf. csast ( ) 将布尔值转换成浮点数，用于求取平均值。

上述卷积神经网络的完整程序如下：

```
import tensorflow as tf
import tensorflow. examples. tutorials. mnist. input_data as input_data
mnist = input_data. read_data_sets(" MNIST_data/", one_hot = True)
x_data = tf. placeholder(" float32", [ None, 784])
x_image = tf. reshape( x_data, [ -1, 28, 28, 1])
w_conv = tf. Variable( tf. ones( [ 5, 5, 1, 32]))
b_conv = tf. Variable( tf. ones( [ 32]))
h_conv = tf. nn. relu( tf. nn. conv2d( x_image, w_conv, strides = [ 1, 1, 1, 1], padding =
' SAME ') + b_conv)
h_pool = tf. nn. max_pool( h_conv, ksize = [ 1, 2, 2, 1], strides = [ 1, 2, 2, 1], padding
=' SAME ')
W_fc1 = tf. Variable( tf. ones( [ 14 * 14 * 32, 1024]))
b_fc1 = tf. Variable( tf. ones( [ 1024]))
h_pool_flat = tf. reshape( h_pool, [ -1, 14 * 14 * 32])
h_fc = tf. nn. relu( tf. matmul( h_pool_flat, W_fc1) + b_fc1)
W_fc2 = tf. Variable( tf. ones( [ 1024, 10]))
b_fc2 = tf. Variable( tf. ones( [ 10]))
y_conv = tf. nn. softmax( tf. matmul( h_fc, W_fc2) + b_fc2)
y_data = tf. Variable(" float32 ", [ None, 10])
cross_entropy = - tf. reduce_sum( y_data * tf. log( y_conv))
train_step = tf. train. GradientDescentOptimizer( 0. 001). minimize( cross_entropy)
init = tf. initialize_all_variables( )
sess = tf. Session( )
sess. run( init)
for_in range( 1000):
    batch_xs, batch_ys = mnist. train. next_bach( 200)
    sess. run( train_step, feed_dict = { x_data:batch_xs, y_data:batch_ys} )
```

```
if_% 50 = = 0 :
```

$correct\_prediction = tf. equal (tf. argmax (y\_conv, 1), tf. argmax (y\_data, 1))$

$accuracy = tf. reduce\_mean (tf. cast (correct\_prediction, "float"))$

$print (sess. run (accuracy, feed\_dict = \{ x\_data : mnist. test. images [300 ; 900, :], y\_data : mnist. test. labels [300 ; 900, :] \}))$

上述卷积神经网络的运行结果如图 7-33 所示。

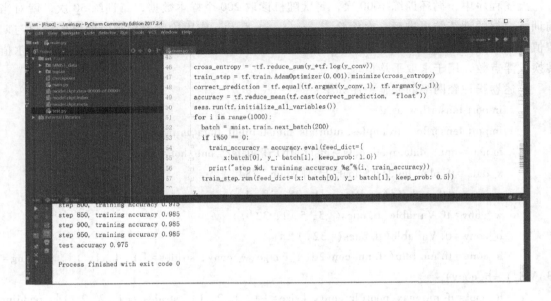

图 7-33　测试结果图

由图 7-33 可见，虽然该卷积神经网络结构简单，但它对手写体识别测试样本的识别准确率能达到 97.5%。

接下来，在上述卷积神经网络的基础上，再构建一个多卷积层和多池化层的卷积神经网络。

与之前的简单神经网络一样，仍然采用 input_ data 函数来读取 MNIST 数据集中的数据样本，具体代码如下：

```
import tensorflow as tf
import tensorflow. examples. tutorials. mnist. input_data as input_data
sess = tf. InteractiveSession ( )
mnist = input_data. read_data_sets ( "MNIST_data/", one_hot = True )
```

因为网络中含有多个卷积层和池化层，因此在计算过程中需要使用大量的权值和偏置值。为了避免 TensorFlow 初始化运算时反复进行格式化，采用如下程序设计：

```
def weight_variable ( shape ) :
    initial = tf. truncated_normal ( shape, stddev = 0. 1 )
    return tf. Variable ( initial )
def bias_variable ( shape ) :
```

```
initial = tf. constant( 0. 1, shape = shape)
return tf. Variable( initial)
```

上述程序中，tf. truncated_ normal 初始化函数根据均值和标准差生成一个随机矩阵。这里是生成了一个标准差为 0.1 的随机矩阵，而 bias_ variable 函数先生成了一个常值为 0.1 的矩阵，然后将其强制转化为变量形式。

所设计的卷积神经网络中，卷积核参数设为 [1, 1, 1, 1]，池化层选用 2×2 的池化模板，具体程序如下：

```
def conv2d( x, W) :
    return tf. nn. conv2d( x, W, strides = [1, 1, 1, 1], padding =' SAME ')
def max_pool_2x2( x) :
    return tf. nn. max_pool( x, ksize = [1, 2, 2, 1], strides = [1, 2, 2, 1], padding =' SAME ')
```

程序中的 def conv2d (x, W) 定义的是卷积层，其中 x 是输入，W 是卷积核参数。Strides 代表卷积核移动步长。Padding 代表边界的处理方式。def max_ pool_ 2×2(x) 定义的是池化层，使用 2×2 的最大池化。strides 步长设置为 2，这样，池化后图像尺寸会缩减一半。

接下来，仍然使用 placeholder ( ) 函数为接收数据定义存储空间，程序如下所示：

```
x = tf. placeholder( tf. float32, [ None, 784])
y_ = tf. placeholder( tf. float32, [ None, 10])
x_image = tf. reshape( x, [ -1,28,28,1])
```

然后，定义第一个卷积层和池化层。卷积层使用 32 个 5×5 大小的卷积核，这样可以提取 32 种特征，选用 relu 激励函数。卷积层后接池化层，选用最大池化方法，具体程序如下：

```
W_conv1 = weight_variable( [ 5, 5, 1, 32])
b_conv1 = bias_variable( [ 32])
h_conv1 = tf. nn. relu( conv2d( x_image, W_conv1) + b_conv1)
h_pool1 = max_pool_2x2( h_conv1)
```

接着定义第二个卷积层和池化层，这里仍然使用 5×5 大小的卷积核，但卷积核的数量为 64。池化层的池化方法仍然选用移动步长为 2 的最大值池化方法，具体程序如下：

```
W_conv2 = weight_variable( [ 5, 5, 32, 64])
b_conv2 = bias_variable( [ 64])
h_conv2 = tf. nn. relu( conv2d( h_pool1, W_conv2) + b_conv2)
h_pool2 = max_pool_2x2( h_conv2)
```

至此，卷积层和池化层的程序编写完成。经过前面 2 次的池化操作后，图像尺寸变为原图像的 1/4，即从 28×28 变为 7×7。由于第二个卷积层的卷积核数量为 64，因此输出的 tensor 尺寸为 7×7×64，使用 tf. reshape 函数对 tensor 进行变换后，即可将图像转化为向量形式。之后定义全连接层，全连接层的节点数为 1024，激励函数选用 relu 函数。具体程序如下：

```
W_fc1 = weight_variable( [ 7 * 7 * 64, 1024])
b_fc1 = bias_variable( [ 1024])
```

```
h_pool2_flat = tf. reshape( h_pool2, [ -1, 7 * 7 * 64 ] )
h_fc1 = tf. nn. relu( tf. matmul( h_pool2_flat, W_fc1 ) + b_fc1 )
```

为了避免网络出现过拟合现象，在训练的过程中按照 keep_ prob 的概率随机丢弃一部分节点数据，激励函数选用 Softmax 函数。具体程序如下：

```
keep_prob = tf. placeholder(" float ")
h_fc1_drop = tf. nn. dropout( h_fc1, keep_prob)
W_fc2 = weight_variable( [ 1024, 10 ] )
b_fc2 = bias_variable( [ 10 ] )
y_conv = tf. nn. softmax( tf. matmul( h_fc1_drop, W_fc2) + b_fc2)
```

下面是对损失函数的定义，具体程序如下：

```
cross_entropy = - tf. reduce_sum( y_ * tf. log( y_conv) )
train_step = tf. train. AdamOptimizer( 0. 0001). minimize( cross_entropy)
correct_prediction = tf. equal( tf. argmax( y_conv, 1), tf. argmax( y_,1) )
accuracy = tf. reduce_mean( tf. cast( correct_prediction, " float ") )
sess. run( tf. initialize_all_variables( ) )
```

程序中仍然使用梯度下降训练方法，学习速率设为 0. 0001。这样，就搭建出来 1 个具有 2 个卷积层和 2 个赤化层的卷积神经网络。

接下来就可以开始训练网络，利用训练好的卷积神经网络就可进行手写体输入的识别。训练时 keep_ prob 设置为 0. 5，而测试时 keep_ prob 设置为 1. 0。具体程序如下：

```
for i in range( 1000 ):
batch = mnist. train. next_batch( 200)
if i % 100 = = 0:
    train_accuracy = accuracy. eval(feed_dict = {x:batch[0], y_: batch[1], keep_prob: 1.0} )
    print(" step %d, training accuracy %g "%( i, train_accuracy) )
train_step. run( feed_dict = {x: batch[0], y_: batch[1], keep_prob: 0. 5} )
print(" test accuracy %g "%accuracy. eval(feed_dict = {x: mnist. test. images[800:1000,:],
    y_:mnist. test. labels[800:1000,:], keep_prob: 1. 0} ) )
```

上述卷积神经网络的完整程序代码如下：

```
import tensorflow as tf
import tensorflow. examples. tutorials. mnist. input_data as input_data
sess = tf. InteractiveSession( )
mnist = input_data. read_data_sets(" MNIST_data/", one_hot = True)
x = tf. placeholder( tf. float32, [ None, 784 ] )
y_ = tf. placeholder( tf. float32, [ None, 10 ] )
def weight_variable( shape ):
    initial = tf. truncated_normal( shape, stddev = 0. 1)
    return tf. Variable( initial)
def bias_variable( shape ):
    initial = tf. constant( 0. 1, shape = shape)
```

```
        return tf. Variable( initial)
    def conv2d( x, W):
        return tf. nn. conv2d( x, W, strides = [ 1, 1, 1, 1], padding =' SAME ')
    def max_pool_2x2( x):
        return tf. nn. max_pool( x, ksize = [1, 2, 2, 1], strides = [1, 2, 2, 1], padding =' SAME ')
    W_conv1 = weight_variable( [ 5, 5, 1, 32] )
    b_conv1 = bias_variable( [ 32] )
    x_image = tf. reshape( x, [ -1,28,28,1] )
    h_conv1 = tf. nn. relu( conv2d( x_image, W_conv1) + b_conv1)
    h_pool1 = max_pool_2x2( h_conv1)
    W_conv2 = weight_variable( [ 5, 5, 32, 64] )
    b_conv2 = bias_variable( [ 64] )
    h_conv2 = tf. nn. relu( conv2d( h_pool1, W_conv2) + b_conv2)
    h_pool2 = max_pool_2x2( h_conv2)
    W_fc1 = weight_variable( [ 7 * 7 * 64, 1024] )
    b_fc1 = bias_variable( [ 1024] )
    h_pool2_flat = tf. reshape( h_pool2, [ -1, 7 * 7 * 64] )
    h_fc1 = tf. nn. relu( tf. matmul( h_pool2_flat, W_fc1) + b_fc1)
    keep_prob = tf. placeholder(" float ")
    h_fc1_drop = tf. nn. dropout( h_fc1, keep_prob)
    W_fc2 = weight_variable( [ 1024, 10] )
    b_fc2 = bias_variable( [ 10] )
    y_conv = tf. nn. softmax( tf. matmul( h_fc1_drop, W_fc2) + b_fc2)
    cross_entropy = - tf. reduce_sum( y_ * tf. log( y_conv) )
    train_step = tf. train. AdamOptimizer( 0. 0001). minimize( cross_entropy)
    correct_prediction = tf. equal( tf. argmax( y_conv,1), tf. argmax( y_,1) )
    accuracy = tf. reduce_mean( tf. cast( correct_prediction, " float") )
    sess. run( tf. initialize_all_variables( ) )
    for i in range( 1000):
        batch = mnist. train. next_batch( 200)
        if i %100 = = 0:
            train_accuracy = accuracy. eval( feed_dict = {x:batch[0], y_: batch[1], keep_prob: 1.0} )
            print(" step %d, training accuracy %g "%( i, train_accuracy) )
        train_step. run( feed_dict = {x: batch[0], y_: batch[1], keep_prob: 0. 5} )
            print (" test accuracy %g "%accuracy. eval( feed_dict = {x:
    mnist. test. images[800:1000,:],y_:mnist. test. labels[800:1000,:],keep_prob: 1. 0} ))
```

该卷积神经网络的运行结果如图 7-34 所示。

由图 7-34 可见，双卷积层双池化层的卷积神经网络对手写体数据的识别率可达到 99.5%，与单卷积层单池化层的卷积神经网络相比，具有更好的识别性能。

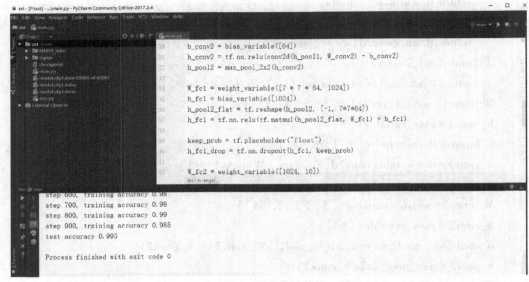

图 7-34　测试结果图

习　题

1. 卷积神经网络一般由哪几部分组成？
2. 常用的池化运算形式有哪两种？
3. 卷积神经网络中采用权值共享有何意义？
4. LeNet 网络模型有哪几层结构组成？

第8章

混沌理论与混沌神经网络

混沌运动是自然界中的一种普遍运动形式。按照牛顿力学理论，如果给定物体的位置和速度这些初始条件，就可以求出物体以后任何时刻的位置和速度。这一思想经拉普拉斯推广，表述为一种普适的确定论思想，并使人们坚信：对一个确定性动力系统施加确定性的输入，则该系统的输出一定是确定的。对于线性系统来说，这一结论是正确的，但对于某些非线性系统，则可能出现一种无法精确重复、又貌似随机的运动，这就是混沌。混沌理论是确定论和概率论之间由此及彼的一架桥梁。混沌现象的发现是人类认识自然的又一次飞跃。因此也有人将混沌理论、相对论和量子力学一起誉为20世纪物理学的三大革命。

8.1 混沌研究的起源与发展

最早发现混沌现象的是法国数学家庞加莱。1892 年，庞加莱在研究三体（两颗行星、一颗卫星）问题时发现，在同宿轨道或者异宿轨道附近，方程的解的状况非常复杂，即使对于给定的初始条件，也无法预测较长时间以后的轨道状态。这种对于轨道长时间行为的不确定性就是半个世纪后数学家和物理学家所称的"混沌"。1903 年，庞加莱在《科学与方法》一书中明确指出，三体问题，在一定范围内，其解是随机的。这实际上是一种保守系统的混沌。庞加莱把动力学系统和拓扑学两大领域结合起来，指出了混沌存在的可能性。

1954 年，前苏联数学家卡尔马高洛夫（Kolmogorov）在阿姆斯特丹举行的国际数学会议上提出"近似可积的保守系统具有非常复杂的相轨线"的猜想。后来他的学生阿诺德（Arnold）做出了严格的证明，莫塞尔（Moser）又推广了这些结果。这就是以他们的姓氏的字头命名的 KAM 定理。

20 世纪 60 年代开始，人们开始探索科学上的莫测之谜，从而使混沌科学得到了迅速的发展。

1963 年，美国气象学家洛仑兹（Lorenz）在《大气科学》杂志上发表了"决定性的非周期流"一文，指出在气候不能精确重演与长期天气预报者无能为力之间必然存在着一种联系，这就是非周期性与不可预见性之间的联系。他还认为一串事件可能有一个临界点，在这一点上，小的变化可以放大为大的变化。这些研究清楚地描述了"对初始条件的敏感性"这一混沌的基本性态。

他采用数值积分法计算下列三维自治系统（后人称为洛仑兹系统）的初值问题时发现，

当系统参数取为 $\alpha = 10$、$\beta = 8/3$、$\gamma = 28$ 时，系统的相轨迹呈蝴蝶形状，既不重复也无规律，并且与初值无关。

$$\begin{bmatrix} \dot{x} \\ \dot{y} \\ \dot{z} \end{bmatrix} = \begin{bmatrix} -\alpha & \alpha & 0 \\ \gamma & -1 & 0 \\ 0 & 0 & -\beta \end{bmatrix} \begin{bmatrix} x \\ y \\ z \end{bmatrix} + \begin{bmatrix} 0 \\ -xz \\ xy \end{bmatrix}$$

洛伦兹第一次在确定性动力系统中发现了非确定性现象，成为混沌研究的里程碑。

1964 年，法国天文学家赫农（Henon）提出 Henon 映射，并以此解释了几个世纪遗留下来的太阳系的稳定性问题。

20 世纪 70 年代，混沌学正式诞生。科学家们对混沌作了大量的研究工作。1971 年法国物理学家如勒（Ruelle）和荷兰数学家塔肯斯（Takens）提出了"奇异吸引子"概念以解释湍流的发生机制。

1975 年，美籍华人学者李天岩和美国数学家约克（Yorke）在《America Mathematics》杂志上发表了"周期三意味着混沌"的著名文章，深刻揭示了从有序到混沌的演变过程。"混沌"一词正式成为科学词汇。

1976 年，美国数学生态学家梅（May）在《自然》杂志上发表了"具有极复杂动力学的简单数学模型"一文，提出一些简单的确定性数学模型也可以产生极其复杂的动力学行为，并展示了 Logistic 映射（也称人口/虫口模型）的复杂动力学行为。

1977 年，第一次国际混沌会议在意大利召开，标志着混沌科学的诞生。

1978 年，美国物理学家费根鲍姆（M. J. Feigenbaum）在《统计物理学杂志》上发表了关于普适性的文章"一类非线性变换的定量的普适性"，并发现了从倍周期分岔通往混沌道路上的两个普适常数，为混沌研究打下了坚实的理论基础。

在 20 世纪 80 年代，混沌科学又得到进一步发展，人们对混沌运动和混沌控制的研究掀起了新的高潮。

1980 年，美国数学家芒德勃罗（B. Mandelbrot）用计算机绘出了第一张 Mandelbrot 集的图像，这是一张五彩缤纷、绚丽无比的混沌图像。后来，德国的 P. Richter 教授和 H. Peitgen 教授共同研究分形流域的边界，做出了精美绝伦的混沌图像，使混沌图像成为精致的艺术品，拓展了混沌科学的一个重要应用领域。

1983 年，加拿大物理学家 L. Glass 在《物理学》杂志上发表著名文章"计算奇异吸引子的奇异程度"，开创了全世界计算时间序列维数的热潮。

1984 年，中国著名的混沌科学家郝柏林编辑的《混沌》一书在新加坡出版，为混沌科学的发展起到了一定的推动作用。

1986 年，中国第一届混沌会议在桂林召开。中国科学家徐京华在全世界第一个提出三种神经细胞的复合网络，并证明它存在混沌。徐京华所提出的复合神经网络活动规律所绘的图形与人的脑电图极为相似，一旦脑混沌破坏，人将病死。

在 20 世纪 90 年代，混沌的研究推动了其他学科的发展，而其他学科的发展又反过来促进了对混沌的深入研究。现在混沌科学与其他科学相互渗透。无论是在生物学、生理学、心理学、数学、物理学、化学、电子学、信息科学，还是天文学、气象学、经济学，甚至在音乐、艺术等领域，混沌都得到了广泛的应用。

8.2　混沌的基本特性

混沌是指在确定性系统中出现的一种貌似无规则的，类似随机的现象。由于混沌系统的奇异性和复杂性至今尚未被人们彻底揭示，因此混沌的定义至今还未统一。这里我们仅从混沌系统通常所具有的基本特性来认识和了解混沌。

通常，确定性动力系统有三种定常状态：平衡态、周期运动和准周期运动，而混沌运动不同于上述三种运动，它是一种不稳定的有限定常运动，局限于有限区域但轨迹永不重复，也可认为是周期无穷大的周期运动。混沌运动具有如下的独特特征。

1. 有界性

无论混沌系统内部运动如何复杂和不稳定，但混沌的轨线始终限定在一个确定的混沌吸引域内，并且永远不会越过该区域。因此从整体上说，混沌系统是稳定的。

2. 遍历性

混沌运动在其吸引域内是各态历经的，混沌能够不重复地历经混沌区内的所有状态。

3. 初值敏感性

无限小的初值变动或微小扰动，在足够长的时间以后，会使系统彻底偏离原来的演化方向。这种性质的一个著名表述就是蝴蝶效应：

"一只巴西蝴蝶拍拍翅膀，将使美洲几个月后出现比狂风还厉害的龙卷风，其原因在于：蝴蝶翅膀的运动，导致其身边的空气系统发生变化，并引起微弱气流的产生，而微弱气流的产生又会引起它四周空气或其他系统产生相应的变化，由此引起连锁反应，最终导致其他系统的极大变化。

蝴蝶效应的姊妹效应很多。如"千里之堤，溃于蚁穴"也是一种混沌现象，可称之为"蚁穴效应"。控制论的创立者维纳曾引用一首民谣对混沌现象作了生动描述：丢失一个钉子，坏了一只蹄铁；坏了一只蹄铁，折了一匹战马；折了一匹战马，伤了一位骑士；伤了一位骑士，输了一场战斗；输了一场战斗，亡了一个帝国。这可称为"蹄钉效应"。蹄钉效应对混沌现象小误差的繁殖、生长和逐级放大的特点描绘得尤其逼真。

4. 内随机性

混沌具有类似随机运动的杂乱表现，但这种表现与通常的随机性又有所不同。它是由确定性动力系统在施加确定性的输入后产生的类似随机的运动状态，是由混沌系统对初值敏感性造成的，体现了混沌系统的局部不稳定性。

5. 分维性

混沌系统的运动轨线的维数不是整数，而是分数，称为分维。混沌吸引子是一种分维几何体。混沌运动具有无限层次的自相似结构，说明混沌运动是有一定规律的，这是与随机运动的重要区别之一。

6. 无标度性

混沌是一种无周期性的有序态，具有无限层次的多重性与不同层次规则性的统一，存在无标度区域，即只要数值计算精度或实验分辨率足够高，则可以发现小尺寸混沌的有序运动，与大尺寸的变化相似。

7. 普适性

不同系统在趋于混沌时会表现出某些共同特性，其特征不因具体系统和系统运动方程的差异而变化，称为普适性。普适性是混沌内在规律性的体现。

8.3 通往混沌的道路

混沌运动是确定性非线性动力系统所特有的复杂运动状态，而且只有当系统参数处于某一范围时，混沌运动才可能发生。通常，通往混沌的道路有倍周期分岔道路、阵发（间歇）道路、准周期道路和激变等四种方式。

1. 倍周期分岔道路

倍周期分岔是指由于系统某一参数的变化，周期响应会分岔成为具有两倍周期的新周期响应，其基本途径是：不动点→2周期点→4周期点→——→无限倍周期凝聚→奇异吸引子。费根鲍姆于1978年发现了从倍周期分岔通往混沌道路上的两个普适常数，因此倍周期分岔道路也称为费根鲍姆道路。

2. 阵发（间歇）道路

1980年法国科学家Pomeau和Manneville提出了该条通往混沌的道路，因此也称为PM阵发道路。

阵发性一词来源于湍流理论。在研究混沌中使用阵发性表示系统的时域响应随着参数变化而出现了随机交替的规则与不规则运动，随着参数的继续变化，不规则运动所占时间段越来越长，最后系统完全进入不规则运动。由于不能指出何时出现混沌运动，因此相应的数学根据并不很准确。但数值实验和物理实验中都已证实了间歇性的存在。

3. 准周期道路

准周期道路又称为茹勒-塔肯斯道路。当系统发生湍流时，其显著特点是系统同时存在着多种频率的振荡。因此，由于某些参数的变化使得系统内有不同频率的振荡相互耦合时，系统就会产生一系列新的耦合频率的运动而导致混沌。茹勒和塔肯斯两人在1971年、纽豪（Newhause）在1978年分别用实验证明了在三次分岔后，规则运动就变得高度不稳定而进入混沌，其典型途径是：不动点（平衡态）→极限环（周期运动）→二维环面（准周期运动）→奇异吸引子（混沌运动）。

4. 激变

激变是指混沌吸引子的数目或者尺寸在系统控制参数缓慢变化时发生跃变的现象。激变可分为边界激变、内部激变和合并激变三种情况。边界激变是指混沌吸引子突然出现或消失；内部激变是指混沌吸引子尺寸突变；合并激变是指多个混沌吸引子突然合并或一个混沌吸引子突然分裂。产生激变的前提是系统同时具有混沌吸引子和鞍型不动点。如果不动点的稳定流形是混沌吸引子的吸引域边界，随着系统参数变化，混沌吸引子与不动点稳定流形间距离不断减小，最终与其相接触。这时混沌吸引子及其吸引域自然一起遭到破坏而消失，即为边界激变。内部激变则是由于随着系统参数变化，混沌吸引子在其吸引域内与鞍型不动点相接触，引起吸引子尺寸的突变。合并激变是多个混沌吸引子在其吸引域公共边界上与鞍型不动点相接触，合并为一。随着系统参数变化，吸引性混沌与非吸引性混沌会经过激变相互转化。

8.4　混沌的识别

判断系统是否处于混沌状态对于正确认识事物的规律具有重要的意义。目前人们已经提出几种常用的混沌识别方法，大致可分为定性分析和定量计算两类方法。对于指定系统混沌识别的关键在于应用多种方法，相互补充和印证。

8.4.1　定性分析法

1. 直接观测法

利用动力学系统的数值运算结果绘制出相轨迹图，以及状态变量随时间变化的历程图，根据轨迹的形状对系统的性质进行定性分析和判断。通常，周期运动的相轨迹为封闭曲线，而混沌运动的相轨迹为在一定区域内随机分布的永不封闭的轨迹。该方法可以确定分岔点和普适常数，物理图像清楚、直观，尤其是对阵发混沌更是一个很直接的分析方法。

2. 分频采样法

对于周期外力作用下的非线性振子，研究其倍周期分岔和混沌现象，可采用分频采样法。分频采样方法是实验物理或非线性振动理论中闪烁采样法的简单推广，即不限于按控制频率的基本周期采样，而是按适当分频（即倍周期）采样。分频采样法是目前辨认长周期混沌带的最有效方法。

分频采样方法具有和快速傅氏变换一样的两个缺点：一是解释不唯一，二是不能分辨比采样频率更高的频率。从实用角度看，分频采样方法的限制仅仅是机器字长和计算时间。

3. 庞加莱截面法

对于含多个状态变量的自治微分方程系统，可采用庞加莱截面法进行分析。其基本思想是：在多维相空间中适当选取一截面，在此截面上对某一对共轭变量取固定值，该截面称为庞加莱截面。每当轨道按一定方向穿过该面，就将相应的交点记录下来，这样就得到一个离散点列。于是连续运动在该平面中就表现为离散点的映像，这就是庞加莱映像。庞加莱映象是研究分岔与混沌问题的重要手段。

分析运动轨迹与庞加莱截面的交点（庞加莱点）可得到系统运动特性的信息。相空间中不同的初值可能对应不同的运动类型，这对于保守系统尤其如此。只要运动是有界的，轨道穿过一次庞加莱截面后，迟早会第二、三、——次穿过。

若不考虑系统初始阶段的暂态过程，只考虑庞加莱截面上的稳态图像，则当庞加莱截面上只有一个不动点或少数离散点时，运动是周期的；当庞加莱截面上是一闭曲线时，运动是准周期的；当庞加莱截面上是成片的密集点且有层次结构时，运动是混沌的。

庞加莱截面将连续运动降为低维的离散映象。特别是对没有确定的频率可作控制参数的系统，庞加莱截面成为研究它们的主要手段。

截面位置的选择很重要，通常应经过原来稳定而后失稳的不动点附近，才能反映出现分岔和混沌的过程。由于分岔序列往往伴随着在不同几何尺度上重复的层次结构，原则上可以靠分割和限制空间范围与采样间隔提高分辨能力。

4. 相空间重构法

当系统的数学模型未知时，上述分析混沌行为的方法就不再适用了。此时可考虑采用相空间重构理论进行动力系统分析。

相空间重构的概念最早出现在统计学领域中，后被 Packard、Ruell、Takens 等人先后引入动力学体系中。相空间重构可把具有混沌特性的时间序列重建为一种低阶非线性动力学系统。

对于某动力系统，一般可以通过实验方法观测得到一组单变量的时间序列 $\{x(t_i)\}$，通过式（8-1），可以构造出一个与原系统等价的 m 维吸引子，从而来研究这个时间序列的动力学模型。

$$X(t) = [x(t), x(t+\tau_d), x(t+2\tau_d), x(t+3\tau_d), \cdots, x(t+(m-1)\tau_d)]^T \tag{8-1}$$

式中，m 为嵌入维数，τ_d 为重构相空间矢量 $X(t)$ 相邻两个坐标之间的延迟时间，"T"表示转置。如果重构的相空间比较合适，那么原系统的分数维数以及 Lyapunov 指数值等一些拓扑不变量就可以得到保留，从而就可以对原系统的动力学行为进行研究。重构相空间的轨迹也可反映系统运动状态的演化规律。对于定态，重构相空间中的轨迹是一个定点；对于周期运动，重构相空间的轨迹是有限个点；而对于混沌运动，重构相空间中的轨迹是一些具有一定分布形式或结构的离散点。

假设原动力系统吸引子维数为 d，Takens 业已证明，在数据无穷多且不受噪声污染的理想情况下，如果 $m \geq 2d+1$ 时，重构的相空间才可以将动力系统的拓扑性质保留下来。对于延迟时间，嵌入理论没有做出具体的要求，也没有提出具体的选择方法。

实验研究表明，如果延迟时间 τ_d 选取的太小，相空间矢量 $X(t)$ 的相邻延迟坐标元素（如 $x(t)$ 与 $x(t+\tau_d)$）差别太小，即冗余较大，重构相空间的样点所包含的关于原吸引子的信息偏小，表现在相空间形态上为信号轨迹向相空间主对角线压缩，如果 τ_d 太大，相空间矢量 $X(t)$ 的相邻延迟坐标元素不相关，则信息丢失，信号轨迹就会出现折叠现象。因此，要求延迟时间既不能太小，也不能太大。

为了重构一个合适的相空间，必须选择一个合适的延迟时间 τ_d 和嵌入维数 m。人们从不同的角度出发，已经提出了很多种选择延迟时间的方法，但到目前为止，还没有一种通用有效的方法。相空间重构参数的选择仍然是当前的一个热点研究问题。

8.4.2　定量分析法

1. Lyapunov 指数分析方法

Lyapunov 指数在表征系统的混沌性质方面一直起着重要的作用。Lyapunov 指数是描述一条轨道或一个不变集随时间演化的拉伸或收缩的不变程度，或者是邻近轨道的分离程度。当系统中存在混沌运动时，至少有一个 Lyapunov 指数为正。一个正的 Lyapunov 指数意味着在系统相空间中，无论初始两条轨线的间距多么小，其差别都会随着时间的演化而成指数率的增加以致达到无法预测，这就是混沌现象。

对于一个耗散系统来说，其相体积一般是要逐渐收缩的。这样，在耗散系统中的混沌运动存在着两个相反的过程，一方面是对相空间整体来说，远处的轨道趋向收缩到有限的吸引子范围内；另一方面是对相空间具体点附近的局部来说，它使靠近的轨道相互排斥。这样，所有的轨道最终集中在相空间的有限范围内，既相互靠拢又相互排斥，经过无数次的来回折叠，形成复杂的混沌运动形态。

对于一般的 n 维离散动力系统，定义 Lyapunov 指数如下：

【定义 8-1】 设 F 是 $R^n \rightarrow R^n$ 上的 n 维映射，决定一个 n 维离散动力系统

$$x_{t+1} = F(x_t)$$

将系统的初始条件取为一个无穷小的 n 维的球，由于演变过程中的自然变形，球将变为椭球。将椭球的所有主轴按其长度顺序排列，那么第 i 个 Lyapunov 指数根据第 i 个主轴的长度 $P_i(t)$ 的增加速率定义为

$$\sigma_i = \lim_{t \to \infty} \frac{1}{t} \ln \left[\frac{P_i(t)}{P_i(0)} \right] \quad i = 1, 2, \cdots, n$$

这样，Lyapunov 指数是与相空间的轨线收缩或扩张的性质相关联的，在 Lyapunov 指数小于零的方向上轨道收缩，运动稳定，对于初始条件不敏感；而在 Lyapunov 指数为正的方向上，轨道迅速分离，对初值敏感。椭球的主轴长度按 e^{σ_1} 增加，由前两个主轴定义的区域面积按 $e^{(\sigma_1+\sigma_2)}$ 增加，由前 3 个主轴定义的体积按 $e^{(\sigma_1+\sigma_2+\sigma_3)}$ 增加——，即 Lyapunov 指数的前 j 个指数的和，由前 j 个主轴定义的 j 维立体体积指数增加的长期平均速率确定。

1983 年，格里波基证明只要最大 Lyapunov 指数大于零，就可以肯定混沌的存在。因此在许多实际问题中，往往不需要计算所有 Lyapunov 指数谱，而只要计算最大的 Lyapunov 指数就足够了。

Lyapunov 指数的常用计算方法有 Wolf 方法、Jacobian 方法以及小数据量方法等。

2. 功率谱分析法

功率谱可从频域特性分析系统的运动状态。周期运动的功率谱是离散的，仅包括基频和其谐波或分频。随机白噪声和混沌的功率谱则是连续的，混沌序列的功率谱具有连续性和宽峰特性。但在实际中，对于受到噪声影响，或者周期很长但数据有限的序列，很难从谱特征上区分其运动模式。

计算信号功率谱的方法可以分为两类：一类为线性估计方法，有自相关估计、自协方差法及周期图法等。另一类为非线性估计方法，有最大似然法、最大熵法等。线性估计方法是有偏的谱估计方法，谱分辨率随数据长度的增加而提高。非线性估计方法大多是无偏的谱估计方法，可以获得高的谱分辨率。

3. Kolmogorv 熵

Kolmogorov（K）熵是系统无序程度的量度，其数值可用来区分周期运动（$K=0$）、混沌运动（$K>0$ 的有限值）、随机运动（$K \to \infty$）。在混沌运动中，K 熵越大，信息的损失率越大，系统的混沌程度越大，系统也就越复杂。

从时间序列计算 Kolmogorov 熵的方法主要有两种，即 Schouten 等提出的最大似然估计法和 Grassberger 等提出的关联积分算法。

4. 分形维数分析方法

分形维数是定量刻画动力系统分形特征的参数，它可以提供判断是否存在奇异吸引子，是否具有内在随机性的依据。它的大小定量地提供了所研究的复杂现象的复杂度。分形维数可以有多种定义和计算方法，常用的有 Hausdorff 维数、盒子维数、关联维数、信息维数、广义维数等。

8.5 混沌应用

近年来的大量研究工作表明，混沌与工程技术联系越来越密切，它在保密通信、优

化计算、图像处理、生物工程、化学工程、电气和电子工程、信息处理、控制工程、应用数学和物理学、天体力学等诸多领域都存在广泛的应用前景。下面就几个主要应用方向进行介绍。

1. 混沌理论在密码学中的应用

混沌和密码学之间有着天然的联系和结构上的某种相似性，启示着人们将混沌应用于密码学领域。

信息论的创始人 Shannon 指出：若能以某种方式产生一随机序列，这一序列由密钥所确定，任何输入值的一个微小变化对输出都具有相当大的影响，则利用这样的序列就可以进行加密。混沌系统由于具有初值敏感性和内随机性等特点，恰恰符合这种要求。

早在 1949 年，Shannon 就已经将混沌理论应用到密码学中，并提出了密码学中用于指导密码设计的两个基本原则：扩散（Diffusion）和混乱（Confusion）。扩散是将明文冗余度分散到密文中，使之分散开来，以便隐藏明文的统计结构，实现方式是使得明文的每一位影响密文中多位的值。混乱则用于掩盖明文、密文和密钥之间的关系，使密钥和密文之间的统计关系变得尽可能复杂，导致密码攻击者无法从密文推理得到密钥。

从 20 世纪 90 年代开始，混沌保密通信技术的发展已经经历了四代。混沌掩盖和混沌键控技术属于第一代混沌保密通信技术，安全性能比较低，实用性不强。混沌调制技术属于第二代混沌保密通信技术，尽管安全性能比第一代有所提高，但仍达不到满意的程度。混沌加密技术属于第三代混沌保密通信技术，该类方法将混沌和密码学的优点结合起来，具有非常高的安全性能。基于脉冲同步的混沌通信技术则属于第四代混沌保密通信技术。

2. 混沌控制研究

通过对各种混沌现象产生机理的研究，人们不断加深和统一了对混沌的理解。同时，也逐渐认识到混沌运动对一些系统带来的危害。如混沌运动会使机电系统或电路产生不规则的振荡，导致系统运动完全偏离目标。一些混沌甚至会给系统带来灾难性的后果。因此在某些实际系统中，控制混沌是非常重要的。但是由于混沌系统对初始条件的极端敏感依赖性并由此带来的最终不可预测性，现在科学家虽然已经意识到混沌控制研究的重要性，但目前仍处于研究的初级阶段，得到的成果也非常有限。

混沌控制方法有两类，一是通过合适的策略、方法及途径，有效地抑制混沌行为，使 Lyapunov 指数下降进而消除混沌；二是选择某一具有期望行为的轨道作为控制目标。一般情况下，在混沌吸引子中的无穷多不稳定的周期轨道常被作为首选目标，其目的就是将系统的混沌运动轨迹转换到期望的周期轨道上。不同的控制策略必须遵循这样的原则：控制律的设计须最小限度地改变原系统，从而对原系统的影响最小。从这个观点来看，控制方式可以分为两类：反馈控制和非反馈控制。

反馈控制是一种十分成熟而且应用广泛的工程设计技术，它主要利用混沌系统的本质特征，如对于初始点的敏感依赖性来稳定已经存在于系统中的不稳定轨道。一般来说，反馈控制的优点在于不需要使用除系统输出或状态以外的任何有关给定被控系统的信息，不改变被控系统的结构，具有良好的轨道跟踪能力和稳定性。其缺点在于要求一个比较精确的数学模型和输入目标函数或轨道，在只存在观测数据而没有数学方程时不能直接使用。

和反馈控制方式相比，非反馈控制主要利用一个小的外部扰动，如一个小驱动信号、噪声信号、常量偏置或系统参数的弱调制来控制混沌，该控制方式的设计和使用都十分简单，但无法确保控制过程的稳定性。这两种方式都是通过混沌动力学系统的稍微改变来求得系统的稳定解。

在控制混沌的实现中，最大限度地利用混沌的特性，对于确定控制目标和选取控制方法非常关键。混沌控制的基本方法有：OGY 方法、连续反馈控制法（外力反馈控制法和延迟反馈控制法）、自适应控制法以及智能控制法（神经网络和模糊控制）等。

OGY 方法是 1990 年美国马里兰大学物理学家 Ott，Grebogi 和 Yorke 提出的一种利用混沌系统的内在动力学特性的控制策略，该方法仅需对系统的某一控制参数作时变小摄动，就可以将系统的混沌运动稳定到指定的周期运动上。其基本思想是：先用相空间重构方法确定混沌吸引子中嵌入的各种不稳定周期运动，选择其中之一作为控制目标，等待混沌运动游荡到该周期运动附近时，对系统某一控制参数进行时变小摄动，将混沌运动稳定到指定的周期运动上。

在 OGY 控制方法的基础上，德国科学家 K. Pyragas 在 1993 年提出了外力反馈控制法和延迟反馈控制法。这两种方法都可以实现对混沌吸引子的连续控制，使不稳定周期趋于稳定。外力反馈控制的特点是用强迫信号激励系统，并与响应信号比较，给出控制信号对系统微扰。其前提是有可控的无穷多周期和非周期轨道，要求无微扰系统存在混沌奇异吸引子。

延迟反馈控制法利用系统响应信号的一部分并经时间延迟后，再与原来响应信号相减，其差值作为控制信号反馈到系统。

自适应控制混沌运动是根据自适应原理发展而来，由赫伯曼等人提出的一种方法。这种方法是通过参量的调整来控制系统，使其达到所需的运动状态，调节是依靠目标输出与实际输出之间的差信号来实现的。在控制系统运动过程中，系统自身来识别被控的状态、性能或参量，将系统当前的运行指标与期望的指标加以比较改变控制器的结构、参量或控制作用，使系统运行在其所期望的指标下的最优或次优状态。

此外，模糊控制和神经网络控制在混沌系统的控制研究中也取得了一定的研究成果。

3. 混沌的反控制

混沌的反控制所研究的问题是指对任意给定的一个有限维的系统或过程，如何设计一个可行的控制器，使受控系统产生混沌现象或增强受控系统已经存在的混沌现象。混沌的反控制，又称为混沌化控制、混沌的生成控制或混沌综合，混沌反控制解决了混沌源的实现问题。目前，混沌反控制的方法主要有以下几种：

1）基于 Lyapunov 指数配置的混沌反控制；

2）对受控系统施加线性或非线性状态反馈的混沌反控制；

3）通过对已有混沌吸引子进行变异来实现混沌反控制；

4）通过施加时滞状态反馈或对系统参数进行时滞参数摄动来实现混沌反控制；

5）通过受控系统状态对已知混沌参考系统状态的精确跟踪来实现混沌反控制。

4. 混沌优化方法

利用混沌的遍历性和随机性等特点，可实现复杂问题的高效寻优。有关混沌在优化算法领域的应用研究请参见 9.4 节的相关内容。

8.6 混沌神经网络

将混沌理论与神经网络相结合，在人工神经元或神经网络中引入混沌特性，可构造出混沌神经网络。与传统神经网络相比，混沌神经网络具有独特的性能和优点，可对传统神经网络的性能起到一定的改善作用。目前，混沌神经网络的种类较多，产生混沌的机制和网络的构成方式各有不同，下面主要介绍目前研究相对成熟的暂态混沌神经网络模型。

8.6.1 暂态混沌神经网络

目前，在众多的混沌神经网络中，暂态混沌神经网络的研究是相对较早，并且应用较为成熟的网络模型。该类网络的基础是 Hopfield 网络，因此这类网络也属于反馈型神经网络。

1990 年，日本学者 Aihara 等在前人推导和动物实验的基础上，给出了一个混沌神经网络模型。该模型在 Hopfield 网络的基础上，通过向神经元中引入自反馈的方式，在神经元中产生混沌特性，从而构造出混沌神经网络模型。

$$x_i(t+1) = f_i(y_i(t+1))$$

$$y_i(t+1) = Ky_i(t) + \sum_{j=1}^{N} V_{ij}A_j(t) + \sum_{j=1}^{M} w_{ij}h_j[f_j(y_j(t))] - \alpha g_i[f_i(y_i(t))] - \theta_i(1-K)$$

由于该模型产生混沌特性的方式较为简单，因此对神经元的动力学特性的控制也很容易实现。一般采用衰减自反馈的方式控制神经元的动力学特性。网络的工作过程分为两个阶段，第一个阶段中神经元具有较强的自反馈，神经元处于混沌状态，神经网络可按照混沌机理进行遍历寻优。之后，网络进入第二个工作阶段，神经元的自反馈不断衰减，网络的混沌特性不断减弱，最后神经网络逐渐丧失其混沌特性而蜕变为普通的 Hopfield 网络，进行梯度寻优。由于网络第一阶段所进行的遍历寻优可为第二阶段的梯度寻优提供良好的初值，而第二阶段的梯度寻优具有较快的搜索速度，因此这类网络在寻优速度和寻优效率等方面都具有良好的性能。由于混沌特性只存在于神经网络工作的第一个阶段，并且混沌特性逐渐衰减消失，因此该网络称为暂态混沌神经网络。

在此模型的基础上，出现了许多类似的模型。例如戴一昊等提出的具有暂态混沌和时变增益的神经网络模型（NNTCTG）：

$$x_i(t) = \frac{1}{1+\exp(-y_i(t)(1+\varepsilon_i(t)))} \tag{8-2}$$

$$y_i(t+1) = ky_i(t) + \alpha\left(\sum_{j=1,j\neq i}^{n} w_{ij}x_j(t) + I_i\right) - z_i(t)(x_i(t) - I_0) \tag{8-3}$$

$$z_i(t+1) = (1-\beta)z_i(t) \tag{8-4}$$

$$\varepsilon_i(t+1) = (1-\gamma)\varepsilon_i(t) \quad i=1,2,\cdots,n \tag{8-5}$$

式（8-2）~式（8-5）中，x_i 为第 i 个神经元的输出，y_i 为第 i 个神经元的内部状态，w_{ij} 代表从第 j 个神经元到第 i 个神经元的连接权，I_i 为第 i 个神经元的输入偏置，I_0 为一正常数，α 为一比例参数，$k(0 \leq k \leq 1)$ 为神经薄膜的衰减因子，$z_i(t) \geq 0$ 为自反馈连接权，β $(0 \leq \beta \leq 1)$ 为时变参量 $z_i(t)$ 的衰减因子，$\varepsilon_i(t) \geq 0$ 为输出函数的时变增益参量，$\gamma(0 \leq \gamma \leq 1)$ 为时变参量 $\varepsilon_i(t)$ 的衰减因子。

如果在式（8-2）~式（8-5）中，令 $\varepsilon_i(t)$ 等于一个较大的正数 ε_i，$z_i(t)$ 等于某个正数 z_i 以及 $I_0 = 0$，则该 NNTCTG 就简化为 Chen 和 Aihara 等提出的另一种暂态混沌神经网络，该网络模型如下

$$x_i(t) = f(y_i(t)) = 1/[1 + \exp(-y_i(t)/\varepsilon)]$$

$$y_i(t+1) = ky_i(t) + \alpha\left(\sum_{j}^{n} w_{ij}x_j(t) + I_i\right) - z_i(t)(x_i(t) - I_0) \tag{8-6}$$

$$z_i(t+1) = (1-\beta)z_i(t)$$

如果再将式（8-6）改为

$$y_i(t+1) = ky_i(t) + \alpha(1 - z_i(t))\left(\sum_{j}^{n} w_{ij}x_j(t) + I_i\right) - z_i(t)(x_i(t) - I_0)$$

则得到该网络的另一种改进模型。

而王凌等提出的基于退火策略的混沌神经网络模型（CSAN）则为

$$x_i(t) = f(y_i(t)) = 1/[1 + \exp(-y_i(t)/\varepsilon)]$$

$$y_i(t+1) = ky_i(t) + \alpha\left(\sum_{j}^{n} w_{ij}x_j(t) + I_i - s_1\right) - z_i(t)(x_i(t) - I_0) \tag{8-7}$$

$$z_i(t+1) = z_i(t)/[\ln[e + \lambda(1 - z(k-1))]]$$

而如果将式（8-7）改为

$$y_i(t+1) = ky_i(t) + [1 - z_i(t)/\delta]\alpha\left(\sum_{j}^{n} w_{ij}x_j(t) + I_i - s_1\right) - z_i(t)(x_i(t) - I_0)$$

就又可得到该网络的另一种改进模型。

8.6.2　其他类型的混沌神经网络 *

1990 年，Kaneko 提出过一种全局耦合映射模型（GCM 模型），该模型利用 Logistic 映射作为激励函数，可以很容易地产生和控制混沌，模型的最主要的特点是网络单元的演化过程具有聚类的特性，即根据某一准则不断地调整网络参数，可最终使网络各单元行为演化到若干类，称之为 "聚类冻结吸引子"，这可看作是从混沌搜索到回忆锁定的过程，它与生物实验结果相吻合，该模型可用于联想记忆等问题的求解。模型具体形式定义如下：

$$x_i(n+1) = (1-\varepsilon)f(x_i(n)) + \frac{\varepsilon}{N}\sum_{j=1}^{N} f(x_j(n))$$

$$f(x) = ax(1-x), x \in [-1,1] \tag{8-8}$$

式（8-8）中 a 为 Logistic 映射的分叉参数，$a \in [3.5699, 4]$ 时为混沌映射。GCM 网络的时空特性取决于分叉参数 a 以及各单元间的耦合系数 ε。

在此基础上，1996 年 Ishii 等提出了改进的 GCM 模型（S-GCM），该模型与 GCM 模型的区别仅在于该模型用三次方映射代替了 Logistic 映射。将该模型用于字符的联想记忆可以取得较好的效果。该模型可表述如下：

$$x_i(n+1) = (1-\varepsilon)f(x_i(n)) + \frac{\varepsilon}{N}\sum_{j=1}^{N} f(x_j(n))$$

$$f(x) = \alpha x^3 - \alpha x + x$$

1991 年，Inoue 等提出用耦合的混沌振荡子作为单个神经元，构造混沌神经网络的方法。耦合的混沌振荡子的同步和异步分别对应神经元的激活和抑制两个状态，虽然混沌是由简单的确定性规则产生，但它包含规则性和不规则性两个方面。耦合的混沌振荡子的同步来自规则性，而不规则性可产生随机搜索能力。对于离散时间，耦合的振荡子的运动方程由 $f(x)$ 和 $g(x)$ 描述：

$$x_i(n+1)=f(x_i(n))+D_i(n)[y_i(n+1)-x_i(n+1)]$$
$$y_i(n+1)=g(y_i(n))+D_i(n)[x_i(n+1)-y_i(n+1)]$$

其中，$D_i(n)$ 是时刻 n 第 i 个神经元的耦合系数，$X_i(n)$ 和 $Y_i(n)$ 分别是时刻 n 第 i 个神经元第一和第二个振荡子变量。$f(x)$ 和 $g(x)$ 选择 Logisitc 映射：

$$f(x)=ax(1-x),0<a<4$$
$$g(y)=by(1-y),0<b<4$$

神经元有激活和抑制两个状态，分别用 1 和 0 表示。第 i 个神经元 n 时刻的状态定义为

$$U_i(n)=\begin{cases}1 & if|x_i(n)-y_i(n)|<\varepsilon \\ 0 & else\end{cases}$$

其中，ε 是临界参数。

各种混沌神经网络在不同的领域表现出了良好的应用性能。现有结果表明，混沌神经网络在模式识别、优化计算、联想记忆、保密通信以及系统建模等众多方面都取得了独特的应用效果。下面给出一种混沌神经网络的应用实例。

8.6.3 G-S 混沌神经网络应用实例

1. G-S 混沌神经元模型

将 Gauss 函数和 Sigmoid 函数组合而成的非单调函数作为神经元的激励函数，称该神经元模型为 G-S 混沌神经元，数学模型可表述如下：

$$x(t+1)=f(\gamma y(t+1))$$
$$y(t+1)=ky(t)+\mu f(\gamma y(t))+\beta$$
$$f(s)=e^{-h(s-a)^2}+(1+e^{-c(s-b)})^{-1}$$

$x(t)$ 为神经元在离散时间 t 时的输出；$y(t)$ 为神经元在 t 时刻的内部状态；k 为神经隔膜的阻尼因子，$0\leqslant k\leqslant 1$；μ 和 γ 是正参数，β 是与阈值有关的参数。神经元的激励函数 $f()$ 由 Gauss 函数和 Sigmoid 函数加和组成。其中 a、b 分别是 Gauss 函数和 Sigmoid 函数的中心参数，h、c 分别是 Gauss 函数和 Sigmoid 函数的形状参数。在合适的参数情况下，该神经元模型会表现出复杂的动力学特性。下面通过数值计算的方法来分析其动力学特性。

设定模型参数 $a=-2.1$；$b=5.0$；$c=5.0$；$h=0.2$；$k=0.92$；$\beta=0.18$；当选择不同的 μ 和 γ 时，模型的 Lyapunov 指数如图 8-1 所示。

在 γ-μ 所构成的平面内，在不同的区域中，模型处于不同的状态。在 Lyapunov 指数大于 0 的区域内，模型处于混沌状态。由此，根据图 8-1，可以选择不同的 γ 和 μ 来控制模型的动力学行为。

首先，当固定 $\mu=0.5$，以 γ 为参变量来研究其分岔特性并计算其 Lyapunov 指数如图 8-2 所示。

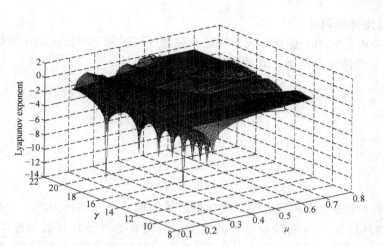

图 8-1　以 μ 和 γ 为参变量时，神经元的 Lyapunov 指数图

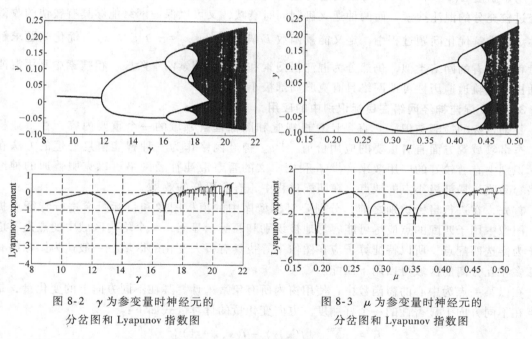

图 8-2　γ 为参变量时神经元的
分岔图和 Lyapunov 指数图

图 8-3　μ 为参变量时神经元的
分岔图和 Lyapunov 指数图

随着 γ 的增大，神经元的内部状态出现倍周期分岔现象，在 $\gamma = 11.705$ 时，发生第一次分岔；$\gamma = 16.019$ 时，发生第二次分岔；…。在 $\gamma > 17.886$ 时，系统处于混沌状态，对应的 Lyapunov 指数大于 0。同样，当固定 $\gamma = 21.34$ 时，以 μ 为参变量同样也可控制神经元的动力学行为。分岔图及 Lyapunov 指数如图 8-3 所示。当 $\mu = 0.2437$ 时，发生第一次分岔；$\mu = 0.4017$ 时发生第二次分岔；…；$\mu = 0.4467$ 时系统处于混沌状态。对应的 Lyapunov 指数大于 0。同时，由分岔图中可见，由于模型的激励函数为光滑可微的函数，因此在混沌带中夹杂着大量密集的周期窗口。当模型处于混沌状态时，模型的内部状态 y 的运动呈现出随机、遍历的特点。同时，Lyapunov 指数越大，混沌度则越大，状态遍历的范围也相应增大。在优化计算中，这些特点可使网络具有跳出局部极小点到达全局最优点的寻优能力。

2. G-S 混沌神经网络

根据以上分析，利用上述神经元，构造一种通过同时调节参量 μ 和 γ 来控制网络动力学行为的 G-S 暂态混沌神经网络，其动力学方程可表述如下：

$$y_i(t+1) = ky_i(t) + \beta \left(\sum_{j=1}^{N} w_{ij}x_j(t) + s_1 \right) + \mu(t)(x_i(t) - s_2)$$

$$x_i(t+1) = f([\gamma(t+1)+1]y_i(t+1))$$

$$f(s) = e^{-h(s-a)^2} + (1 + e^{-c(s-b)})^{-1}$$

$$\mu(t) = \mu(t-1)/[\ln[e + \lambda(1-\mu(t-1))]]$$

$$\gamma(t+1) = \delta\gamma(t)$$

β 反映了第 i 个神经元从其他神经元获得贡献的能力；w_{ij} 表示从第 j 个神经元到第 i 个神经元的连接权值；s_1、s_2 表示神经元的偏置。与现有的各种暂态混沌神经网络不同[1-5]，该神经网络通过两种退温衰减机制 $\mu(t)$ 和 $\gamma(t)$ 共同作用来控制神经网络的混沌特性。这样，初始温度 $\mu(0)$ 和 $\gamma(0)$ 可以设定为较大的值，从而保证网络在求解优化问题的初期能够经过较充分的混沌搜索，而两种退火机制同时衰减，又可以保证网络能够具有较快的收敛特性。在求解优化问题过程中，定义能量函数 E 满足 $\sum_{j\neq i} w_{ij}x_j = -\partial E/\partial x_i$。优化问题求解的过程与现有的网络类似，仍然分为混沌粗搜索和梯度精搜索两个阶段。粗搜索中利用混沌的随机性和轨道遍历性可使网络具有克服局部极小的能力。

3. G-S 混沌神经网络在目标识别中的应用

复杂目标的检测与识别一直是计算机视觉和图像理解领域的一个重要内容，在工业检测、军事领域等方面有着重要的应用价值[9,10]。神经网络作为一种智能信息处理的方法在目标识别中有着较好的应用效果[9,10]。利用本文的暂态混沌神经网络可以克服普通的神经网络容易陷入局部极小点的缺点，在匹配过程中，有着更好的效果。

首先，在进行目标识别之前，分别要对模型库中的模板图像和目标图像进行特征点提取。图像中用于匹配的点应尽可能容易地被识别和匹配。显然，一个均匀区域中的点是不适合作为候选匹配点，所以特征算子应在图像中寻找具有很大变化的区域。一般认为图像中有足够多相互分离的区域可以用于匹配。

在以某一点为中心的窗函数中，使用窗内所有象素来计算其在不同方向上的变化量，是该点在不同方向上显著性的一个好测度。方向变化量的计算公式如下：

$$I_1 = \sum_{(x,y) \in S} [f(x,y) - f(x, y+1)]^2$$

$$I_2 = \sum_{(x,y) \in S} [f(x,y) - f(x+1, y)]^2$$

$$I_3 = \sum_{(x,y) \in S} [f(x,y) - f(x+1, y+1)]^2$$

$$I_4 = \sum_{(x,y) \in S} [f(x,y) - f(x+1, y-1)]^2$$

其中 S 表示窗函数中的所有像素，因为简单的边缘点在边缘方向上无变化，所以，选择上述方向变量的最小值为中心像素点 (x_c, y_c) 的特征值，可以消除边缘点，即

$$I(x_c, y_c) = \min(I_1, I_2, I_3, I_4)$$

为了避免将多个相邻点选为同一个特征对应的特征点，可以将特征点选在特征测度函数

具有局部最大值的地方，且局部最大值大于原先设定的阈值。也就是说，如果点 (x_c, y_c) 为一个特征点，则 $I(x_c,y_c) > I(x_i, y_i)$，(x_i, y_i) 为点 (x_c, y_c) 附近任一点，且 $I(x_c, y_c) > I_0$，I_0 为阈值。按照上述方法即可在模板图像和目标图像中分别选出 M 个和 N 个特征点。

为了解决目标识别问题，将模板图像中检测到的 M 个特征点按列排列，目标图像中的 N 个特征点按行排列，神经元的输出矩阵 $\{v_{ik}\}$ 为解矩阵，$v_{ik} \in \{0, 1\}$，$v_{ik} = 1$ 表示模板图像中的第 i 个特征点与目标图像中的第 k 个特征点相匹配；$v_{ik} = 0$ 表示这两个特征点不匹配。为了解决特征点匹配问题，则需定义一个合适的能量函数。在不同的情况下，能量函数 E 的定义形式应当有所不同。

如果要对模板中的 M 个特征点与目标图像中的 N 个特征点进行匹配，假设：

1）$M = N$，且模板图像中的特征点与目标图像中的特征点一一对应，则 E 的形式定义为

$$E = A \sum_{i=1}^{M} \sum_{k=1}^{N} \sum_{j=1}^{M} \sum_{l=1}^{N} C_{ikjl} v_{ik} v_{jl} + B \sum_{i=1}^{M} \left(1 - \sum_{k=1}^{N} v_{ik}\right)^2 + C \sum_{k=1}^{N} \left(1 - \sum_{i=1}^{M} v_{ik}\right)^2 \qquad (8\text{-}9)$$

2）如果 $M < N$，且目标图像中的 N 个特征点包含与模板图像中相匹配的 M 个特征点，则

$$E = A \sum_{i=1}^{M} \sum_{k=1}^{N} \sum_{j=1}^{M} \sum_{l=1}^{N} C_{ikjl} v_{ik} v_{jl} + B \sum_{i=1}^{M} \left(1 - \sum_{k=1}^{N} v_{ik}\right)^2 + C \sum_{k=1}^{N} \sum_{i=1}^{M} \sum_{j=1, j\neq i}^{M} v_{ik} v_{jk} \qquad (8\text{-}10)$$

3）如果 $M \neq N$，且 M 中仅有 P 个点与 N 中的 P 个点相匹配，则 E 的形式定义为

$$E = A \sum_{i=1}^{M} \sum_{k=1}^{N} \sum_{j=1}^{M} \sum_{l=1}^{N} C_{ikjl} v_{ik} v_{jl} + B \sum_{i=1}^{M} \sum_{k=1}^{N} \sum_{l=1, l\neq k}^{N} v_{ik} v_{il} + C \sum_{k=1}^{N} \sum_{i=1}^{M} \sum_{j=1, j\neq i}^{M} v_{ik} v_{jk} + D \left(\sum_{i=1}^{M} \sum_{k=1}^{N} v_{ik} - P\right)^2$$

$$(8\text{-}11)$$

以上三式中

$$C_{ikjl} = (d_{ij}^{m} - d_{kl}^{o})^2$$

其中，d_{ij}^{m} 表示模板图像中第 i 个特征点与第 j 个特征点之间的距离，d_{kl}^{o} 表示模板图像中第 k 个特征点与第 l 个特征点之间的距离，A、B、C、D 为加权系数。式（8-9）~式（8-11）的第一项为目标函数项，其余项为约束项。

根据上述讨论，结合实际情况的需要，这里的能量函数选择式（8-10）的形式。也就是说，在选取特征点时，要在模板图像中寻找 M 个特征点，在目标图像中寻找 N 个特征点，$M < N$，并且模板图像中的 M 个特征点必须能够在目标图像中的 N 个特征点中找到相匹配的 M 个特征点。为符合这一要求，模板中的特征点要选择比较显著的少数特征点作为模板特征。而目标图像中的特征点为了能够包含与模板相匹配的特征点，特征点的选取要宽松些，也就是说模板图像的特征阈值 I_{M_0} 要大于目标图像的特征阈值 I_{N_0}，即 $I_{M_0} > I_{N_0}$。

本文以复杂背景下的坦克目标识别为例进行仿真实验研究，选取一段录像中的坦克图像作为模板，对录像中的几帧图像的识别结果如下：其中左上顶点为坐标（0，0），向右和向下为正方向。选择如图 8-4a 所示的 110×60 的坦克作为模板图像，目标图像图 8-4b ~ f 的大小为 260×170。

网络参数 $a = -2.1$；$b = 5.0$；$c = 5.0$；$h = 0.2$；$k = 0.92$；$\mu(0) = 0.5$；$\gamma(0) = 17.3$；$\beta = 0.2$；$\lambda = 0.007$；$\delta = 0.9$。由图 8-4 可见，图 8-4b ~ f 目标图像特征点分别为 11，10，10，

图 8-4　特征点检测与匹配结果

11，由于在特征点选取时，特征点阈值设置为 2000，低于模板图像（图 8-4a）的特征点阈值 2900，因此目标图像的特征点包含了模板图像相应的全部特征点，利用本文提出的暂态混沌神经网络，对于图 8-4b~e 可以得到一组合法解（即解矩阵 $\{v_{ij}\}$ 的每一行有且只有一个 1），从而可以准确地进行特征点的匹配，识别出目标图像中的目标。而在目标图像图 8-4f 中，由于坦克的大部分车身已被山丘和烟雾所遮挡，不能够完全检测出与模板图像相对应的特征点，因此匹配算法给出了一组非法解（模板的多个特征点对应目标图像的同一个特征点，也就是解矩阵 $\{v_{ij}\}$ 的某些行 1 的个数大于 2，而某些行全部为 0），意味着该目标图像中不包含所要寻找的目标图像，即拒识该图像。

习　　题

1. 混沌的基本特性有哪些？
2. 判断系统是否处于混沌状态的方法有哪些？
3. 通往混沌的道路有哪四种方式？
4. 什么是混沌的反控制？
5. 什么是相空间重构理论？

第9章

智能优化计算

在诸多研究领域中普遍存在着优化问题。例如，工程设计中怎样选择参数，使设计方案既满足要求又能降低成本；资源分配中，怎样分配有限资源，使分配方案既满足各方面的基本要求，又能获得好的经济效益等。因此，优化是科学研究、工程技术和经济管理领域的重要研究对象。而优化技术是一种以数学为基础，用于求解各种工程问题优化解的应用技术。

由于实际问题的复杂性，优化问题的最优解的求解是十分困难的。20 世纪 80 年代以来，应运而生了一系列现代优化算法，这些算法在求解一些复杂问题中取得成功应用，使得它们越来越受到科技工作者的重视。这类算法通常都以人类、生物的行为方式或物质的运动形态为背景，经过数学抽象建立算法模型，通过计算机的计算来求解最优化问题，因此这些算法也称为智能优化算法。

近年来，国内外对智能优化算法的研究异常活跃，新的优化算法不断出现。例如，1975年，Holland 提出了模仿生物种群中优胜劣汰机制的遗传算法（Genetic Algorithms，GA）；1983 年，Kirk-patrick 基于对热力学中固体物质退火机制的模拟，提出了模拟退火（Simulated Annealing，SA）算法；1986 年，Glover 通过将记忆功能引入最优解的搜索过程，提出了禁忌搜索（Tabu Search，TS）算法；1991 年，Dorigo 等借鉴自然界中蚂蚁群体的觅食行为，提出了蚁群优化算法（Ant Colony Algorithms，ACA）；1995 年，Kennedy 和 Eberhart 受鸟群觅食行为启发，提出了粒子群优化（Particle Swarm Optimization，PSO）算法。另外，免疫克隆选择算法（Clonal Selection Algo-rithm，CSA）、量子计算（Quantum Computing，QC），以及国内学者李晓磊等提出的鱼群算法等都是较为常用的智能优化算法。本章将对其中的部分算法的基本思想进行介绍。

9.1　优化问题的分类

在第 7 章中已对优化问题做了简单的介绍。优化问题分为函数优化和组合优化两大类。为便于测评各种优化算法的性能，人们提出了一些典型的测试函数和组合优化问题。例如，常用的优化测试函数有：

$$F_1 = 100\ (x_1^2 - x_2)^2 + (1 - x_1)^2 \quad -2.048 \leqslant x_i \leqslant 2.048$$

$$F_2 = [\,1 + (x_1 + x_2 + 1)^2(19 - 14x_1 + 3x_1^2 - 14x_2 + 6x_1x_2 + 3x_2^2)\,] \times$$
$$[\,30 + (2x_1 - 3x_2)^2(18 - 32x_1 + 12x_1^2 + 48x_2 - 36x_1x_2 + 27x_2^2)\,] \quad -2 \leqslant x_i \leqslant 2$$

$$F_3 = \left[\frac{1}{500} + \sum_{j=1}^{25}\frac{1}{j + \sum_{i=1}^{2}(x_i - a_{ij})^6}\right]^{-1} \quad -65536 < x_i < 65536$$

其中 $[a_{ij}] = \begin{bmatrix} -32 & -16 & 0 & 16 & 32 & -32 & -16 & \ldots & 0 & 16 & 32 \\ -32 & -32 & -32 & -32 & -32 & -16 & -16 & \ldots & 32 & 32 & 32 \end{bmatrix}$

$$F_4 = \frac{\sin^2\sqrt{x_1^2+x_2^2}-0.5}{(1+0.001(x_1^2+x_2^2))^2} - 0.5 \quad -100<x_i<100$$

$$F_5 = \left(4-2.1x_1^2+\frac{x_1^4}{3}\right)x_1^2+x_1x_2+(-4+4x_2^2)x_2^2 \quad -100<x_i<100$$

$$F_6 = (x_1^2+x_2^2)^{0.25}[\sin^2(50(x_1^2+x_2^2)^{0.1})+1.0] \quad 100<x_i<100$$

组合优化问题是通过数学方法的研究去寻找离散事件的最优编排、分组、次序或筛选等,可以涉及信息技术、经济管理、工业工程、交通运输和通信网络等许多方面。其数学模型描述为

目标函数：$\min f(x)$

约束函数：$s.t.\ g(x) \geq 0$

有限点集,决策变量：$x \in D$

典型的组合优化问题有：

（1）0-1 背包问题（0-1 knapsack problem） 设背包容积为 b,第 i 件物品单位体积为 a_i,第 i 件物品单位价值为 c_i,其中 $i=1,2,\ldots,n$。求如何以最大价值装包。

（2）旅行商问题（TSP, traveling salesman problem） 一商人去 n 个城市销货,所有城市走一遍再回到起点,使所走路程最短。

（3）装箱问题（bin packing） 尺寸为 1 的箱子有若干个,怎样用最少的箱子装下 n 个尺寸不超过 1 的物品,物品集合为：$\{a_1, a_2, \ldots, a_n\}$

（4）N-皇后问题（N Queens Problem） 在 $N \times N$ 格的棋盘上,放置 N 个皇后。要求每行每列放一个皇后,而且每一条对角线和每一条反对角线上最多只能有一个皇后,即对同时放置在棋盘的任意两个皇后 (i_1, j_1) 和 (i_2, j_2),不允许 $(i_1-i_2)=(j_1-j_2)$ 或者 $(i_1+j_1)=(i_2+j_2)$ 的情况出现。

（5）可满足性问题（Satisfiability Problem,SAT 问题） 对于一个命题逻辑公式,是否存在对其变元的一个真值赋值公式使之成立。

（6）图的 m 着色问题 给定无向连通图 G 和 m 种不同的颜色。用这些颜色为图 G 的各顶点着色,每个顶点着一种颜色。如果有一种着色法使 G 中每条边的 2 个顶点着不同颜色,则称这个图是 m 可着色的。图的 m 着色问题是对于给定图 G 和 m 颜色,找出所有不同的着色法。

9.2　优化算法分类

如前所述,目前优化算法的种类众多,按照寻优机制来看,可分为串行优化算法和并行优化算法。

所谓串行优化算法是指算法在每次优化迭代计算中,仅搜索解空间中的一个点（或状态）。例如,第 7 章介绍的利用 Hopfield 神经网络或暂态混沌神经网络实现的函数优化或组合优化计算就属于此类。这类方法每次迭代运算量小,运算时间短,但通常为完成优化问题

的求解，所需迭代次数较多，且对复杂的优化问题求解能力有限。通常适合于中小规模的组合优化问题或不十分复杂的函数优化问题的求解，并可用较短的时间以较高的质量完成优化问题的求解。

并行优化算法是指算法的寻优机制通常采用类似于种群或群体的方式，在每次迭代计算中可同时完成对解空间的多点搜索，并提供多个备选可行解。例如遗传算法、蚁群算法等。这类方法每次的迭代运算量较大，通常与种群的规模直接相关，但完成优化所需的迭代次数较少，且具有较强的全局寻优能力。通常适合于大规模或较大规模的组合优化问题或较复杂的函数优化问题的求解。

另外，还有一些优化算法，如混沌优化算法，在刚刚提出时属于串行搜索算法，但人们为了应用其求解复杂优化问题，在算法中结合并行搜索机制对其进行改进，从而发展出并行优化算法。下面将对各种优化算法做较为详细的介绍。

9.3　梯度优化计算

梯度优化计算方法是指算法所利用的启发式信息是按照优化函数梯度下降的方向实现优化计算的。典型的算法如第 7 章中所述的 Hopfield 神经网络、BP 学习算法等。这类方法在优化过程中启发式信息发挥作用较大，算法收敛速度较快。但算法不具有全局寻优能力，所得优化解与初始解位置有直接关系。

9.4　混沌优化

混沌运动具有遍历性、随机性、规律性、初值敏感性等特点。混沌运动能在一定范围内按其自身规律不重复地遍历所有状态。因此，利用混沌变量进行优化搜索，无疑会比随机搜索具有更好的搜索性能。故而，优化计算成为混沌应用研究的方向之一。

李兵和蒋慰孙 1997 年提出了混沌载波的基本优化策略。在此基础上，张彤等人结合变尺度的思想提出了变尺度混沌优化方法。王子才等人则将混沌的遍历性机制引入模拟退火算法中。

之后，人们又开始研究混沌发生机制本身对搜索性能的影响，尝试采用不同的混沌发生机制产生搜索序列，不断提高搜索性能。修春波等人采用两种混沌序列同时在解空间进行搜索的方法提高算法的通用性。唐魏等采用幂函数载波的方法提高混沌序列的遍历性。

为了求解大规模优化问题，人们又提出了众多的并行混沌优化搜索算法。求解的范围也逐渐从最初的函数优化问题的求解扩展到组合优化问题的求解。并在火力分配、电力系统负荷分配、分包商选择、控制系统参数选取等各种问题中得到实际应用。

本节将对几种典型的混沌优化算法的思想进行介绍。

1. 基本混沌优化算法

基本混沌优化算法思想比较简单，主要是采用混沌载波的方式将混沌状态引入到优化变量中，将混沌运动的遍历范围映射到优化变量的取值范围，然后利用混沌变量进行搜索。利用混沌运动的遍历性、随机性等特点提高搜索效率。

混沌变量的发生机制选为式（9-1）的 Logistic 映射。

$$x_{k+1} = u \cdot x_k(1-x_k) \tag{9-1}$$

该映射的混沌分叉及其对应的 Lyapunov 指数图如图 9-1 和图 9-2 所示。

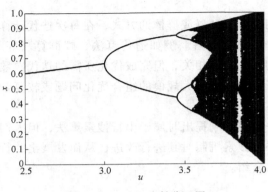

图 9-1　Logistic 映射分叉图　　　　图 9-2　Logistic 映射 Lyapunov 指数图

当控制参数 $u=4.0$ 时，该映射是处于（0，1）之间的混沌满映射。由其产生的序列表现出了混沌系统的随机性、遍历性等基本特点，具有良好的搜索性能。

对连续对象的全局极小值优化问题

$$\min f(x_1, x_2, \cdots\cdots, x_n) \qquad x_i \in [a_i, b_i], i = 1, 2, \cdots\cdots, n$$

算法实现过程如下：

Step1，利用式（9-1）产生 n 个轨迹不同的混沌序列。

Step2，将混沌变量 x_i 映射到优化变量的区间内得到搜索变量 mx_i，$mx_i = a_i + x_i \cdot (b_i - a_i)$。

Step3，计算搜索变量的函数值是否优于当前最优值，如果是，则更新当前最优值，否则进行下一次搜索。

Step4，如果连续若干次搜索后，最优值始终未获得更新，则实现第二次载波，即在当前最优值附近确定新的较小的搜索范围，然后继续搜索，直到满足终止条件为止。

混沌搜索虽然具有遍历性，但要在原始搜索空间内搜索到最优解可能需要较长的时间。因此基本混沌搜索算法中采用了二次载波技术来提高搜索效率。由于一次载波在原始搜索空间内实现了一定次数的粗搜索，因此可认为一次载波搜索结束后所寻得的当前最优解可能处于真正最优解的邻域内。而二次载波所确定的搜索空间较小，相当于是在近似最优解的邻域内进行细搜索，从而可有效提高寻优效率。

2. 变尺度混沌优化算法

变尺度混沌优化算法是在基本混沌优化算法的基础上提出的，主要特点是随着搜索进行，不断缩小优化变量的搜索空间，也可看成采用了多次二次载波搜索。该算法设定了细搜索标志 r，只要在当前搜索空间内连续搜索一定次数后最优值未获得更新，则采用式（9-2）和式（9-3）缩小各变量的搜索范围。

$$a_i^{r+1} = \max\{a_i^r, mx_i^* - \gamma \cdot (b_i^r - a_i^r)\} \tag{9-2}$$

$$b_i^{r+1} = \min\{mx_i^* + \gamma \cdot (b_i^r - a_i^r), b_i^r\} \tag{9-3}$$

其中，$\gamma \in (0, 0.5)$，mx_i^* 为当前最优解。上式中的取大取小操作是为了防止新范围超出原搜索空间。

在新空间内进行第 k 次混沌搜索时，混沌搜索变量 $y_i{}^k$ 采用当前混沌变量 $x_i{}^k$ 与最优变量 $x_i{}^*$ 的线性组合的形式得到，即

$$y_i^k = (1-\alpha) x_i^* + \alpha x_i^k$$

$$x_i^* = \frac{m x_i^* - a_i^{r+1}}{b_i^{r+1} - a_i^{r+1}}$$

其中 α 是一个较小的数，并且随着搜索空间的缩小，α 的值不断减小，逐渐提高最优解邻域范围内的搜索次数，以此提高搜索效率。

3. 双混沌优化搜索算法

双混沌优化算法是结合了最大似然估计的思想，给出了缩小搜索空间的条件，从而提高了混沌优化算法的通用性。

如图 9-3 所示，算法首先在已知的搜索空间 A 中，利用两种混沌机制 x 和 y 进行独立并行搜索，当各自搜索得到的最优值 x^* 和 y^* 的距离足够小时（例如同时在 C 空间中时），按照最大似然估计的思想，可以估计真正的最优值就在该空间附近（如 B 空间中），因此就可以将搜索空间从 A 空间缩小到 B 空间。然后，在 B 空间中按上述过程继续缩小到更小的搜索

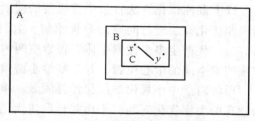

图 9-3　双混沌搜索算法示意图

空间，直到寻找到最优解为止。双混沌优化算法采用的两种混沌发生机制分别是 Logistic 映射和立方映射。

4. 幂函数载波的混沌优化算法

上述混沌优化算法所采用的混沌发生机制主要是 Logistic 映射，载波方式皆为线性载波方式。虽然 Logistic 映射产生的混沌变量具有遍历性，但其轨道点分布却是不均匀的，表现为区间两端较区间内部点要稠密得多。致使其遍历性受到影响，进而影响算法的寻优效率。

图 9-4 给出了定性考察 Logistic 映射遍历性的轨迹图。作图方式为：以 $z_{10} = 0.213$ 和 $z_{20} = 0.124$ 为初值，迭代 2000 次，得到两个混沌序列 $\{z_1\}$ 和 $\{z_2\}$，图中小圆圈代表二维空间中的一点 $\{z_{1i}, z_{2i}\}$。

幂函数载波混沌优化算法采用幂函数载波的方式改善了 logistic 映射轨道的遍历性，混沌变量可在搜索区间内更均匀地遍历搜索。所采用的幂函数载波方式如下：

$$z_n' = \begin{cases} z_n^p & z_n \in [0, a] \\ z_n & z_n \in [a, b] \\ z_n^q & z_n \in [b, 1] \end{cases}$$

其中，$0 < a < b < 1$，$0 < p < 1$，$q > 1$，z_n 为 Logistic 映射产生的混沌变量，z_n' 为在幂函数载波后重新

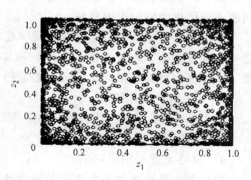

图 9-4　Logistic 映射的遍历行

获得的混沌变量。

在区间 $[0, a]$ 中，因 $0<p<1$，故 $z'_n>z_n$，使得靠近区间左端的点右移；在区间 $[b, 1]$ 中，因 $q>1$，故 $z'_n<z_n$，使得靠近区间右端的点左移；p 越小，q 越大，点移动的距离越远。而 z'_n 在 $[0, 1]$ 区间内仍然保持有遍历性。

取 $a = 0.3$，$b = 0.8$，$p = 0.66$，$q = 2.48$，Logistic 映射幂函数载波后的遍历性轨迹图如图9-5所示。

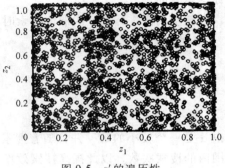

图 9-5 z'_n 的遍历性

采用幂函数载波后的序列进行混沌优化搜索可进一步提高算法的寻优效率。

5. 并行混沌优化算法

以上混沌优化算法皆为串行机制的搜索算法。为适应大规模优化问题的需要，可采用并行混沌优化算法进行问题的寻优求解。并行混沌优化算法的主要思想是采用种群寻优的策略。每一代产生多个搜索个体在搜索空间内同时进行搜索，算法根据较优个体的分布情况确定细搜索空间的中心位置，并不断缩小搜索空间的范围实现并行寻优。

通常对于中小规模的优化计算问题，串行混沌优化算法具有较高的寻优效率，而对于复杂度高的大型优化问题，采用并行混沌优化算法具有更好的寻优性能。

9.5 模拟退火算法

模拟退火算法（SA）的思想最早是由 Metropolis 在 1953 年研究二维相变时提出的，1983 年 Kirkpatrick 等人将模拟退火算法应用于组合最优化问题中，Press 和 Tueukolsky 将单纯形法和模拟退火算法有机地结合起来，形成一种新的改进的优化算法，即单纯形模拟退火算法，并且成功地解决了 NLP 问题。1995 年 Tarek M 等人对 SA 算法进行了并行化计算的研究，提高 SA 算法的计算效率，用来解决比较复杂的科学和工程计算。

1997 年胡山鹰等人在求解无约束非线性规划问题的 SA 算法基础上，进行有约束问题求解的进一步探讨，对不等式约束条件提出了检验法和罚函数法的处理方法，对等式约束条件开发了罚函数法和解方程法的求解步骤，并进行了分析比较，形成了完整的求取非线性规划问题全局优化的模拟退火算法。

模拟退火算法源于复杂组合优化问题与固体退火过程之间的相似之处。固体的退火过程是一种物理现象，随着温度的下降，固体粒子的热运动逐渐减弱，系统的能量将趋于最小值。固体退火过程能最终达到最小能量的一个状态，从理论上来说，必须满足 4 个条件：

1）初始温度必须足够高；

2）在每个温度下，状态的交换必须足够充分；

3）温度的下降必须足够缓慢；

4）最终温度必须足够低。

模拟退火算法在系统向着能量减小的趋势变化过程中，偶尔允许系统跳到能量较高的状态，以避开局部最小，最终稳定在全局最小。它的基本步骤如下：

Step1，设系统初始化值 t 较大，相当于初始温度 T 足够大，设初始解为 i，记每个 t 值的迭代次数为 N。

Step2，迭代次数 k 的范围 $k=1$，$\cdots N$，（$k=1$ 初始），做 step3 到 step6 操作。

Step3，随机选择一个解 j。

Step4，计算增量 $\Delta = f(j) - f(i)$，其中 $f(x)$ 为评价函数。

Step5，若 $\Delta < 0$ 则接受 j 作为新的当前解，否则以概率 $\exp\left(-\dfrac{\Delta}{t}\right)$ 接受 j 作为新的当前解。

Step6，如果满足终止条件则输出当前解作为最优解，结束程序。终止条件通常取为连续若干个新解都没有被接受时终止算法。否则转 Step7。

Step7，t 下降 k 次，$k = k+1$；然后转 step2。

模拟退火算法按照概率随机地接受一些劣解，即指标函数值大的解。当温度比较高时，接受劣解的概率比较大。在初始温度下，几乎以接近 100% 的概率接受劣解。随着温度的下降，接受劣解的概率逐渐减小，直到当温度趋于 0 时，接受劣解的概率也趋于 0。这有利于算法从局部最优解中跳出，求得问题的全局最优解。

9.6　遗传算法

1975 年美国 J. Holland 教授受生物进化论的启发提出了一种新的智能优化算法，即遗传算法（Genetic Algorithm，GA）。该算法是基于适者生存原则的一种高并行、随机优化算法，它将问题的求解表示成染色体的生存过程，通过群体的复制、交叉以及变异等操作最终获得最适应环境的个体，从而求得问题的最终解。GA 抽象于生物体的进化过程，通过全面模拟自然选择和遗传机制，形成一种具有"生成+检验"特征的搜索算法。它以编码空间代替问题的参数空间，以适应度函数为评价依据，以编码群体为进化基础，以对群体中个体位串的遗传操作实现选择和遗传机制，建立起一个迭代过程。在这一过程中，通过随机重组编码位串中重要的基因，使新一代的位串集合优于老一代的位串集合，群体的个体不断进化，逐渐接近最优解，最终达到求解问题的目的。GA 作为一种通用的优化算法，其主要特点是群体搜索策略和群体中个体之间的信息交换，搜索不依赖于梯度信息。随着计算机技术的不断发展，遗传算法在模式识别、神经网络、组合优化以及图像处理等领域取得了成功的应用。本节将介绍简单遗传算法的关键参数与操作、算法流程以及算法的改进与简单实现。

9.6.1　遗传算法中的关键参数与操作

GA 是模拟遗传选择和自然淘汰的生物进化过程的计算模型，所涉及的关键参数与操作主要有以下几点：

1. 编码

GA 中的编码（Encoding）即是将一个问题可行解从解空间转换到 GA 所能处理的搜索空间的转换过程。在 GA 的研究发展过程中，提出了许多不同的编码方式，而采用不同的编码方式对问题的求解精度与效率有很大影响。通常，问题编码一般应满足以下 3 个原则：

（1）完备性（Completeness）　问题空间中的所有点（潜在解）都能成为 GA 编码空间中的点（染色体位串）的表现型。

（2）健全性（Soundness） GA 编码空间中的染色体位串必须对应问题空间中的某一潜在解。

（3）非冗余性（Non-redundancy） 染色体和潜在解必须一一对应。

在某些情况下，为了提高遗传算法的运行效率，允许生成包含致死基因的编码位串，他们对应于优化问题的非可行解。虽然这会导致冗余或无效的搜索，但可能有助于生成全局最优解所对应的个体，求解问题所需要的总计算量反而会减少。

上述的 3 个编码原则虽然带有普遍意义，但是缺乏具体的指导思想，特别是满足这些规范的编码设计不一定能有效地提高遗传算法的搜索效率。相比之下，De Jong 提出较为客观明确的编码评估准则，称为编码原理，又称为编码规则：

（1）有意义基因块编码规则 所设计的编码方案应当易于生成所求问题相关的短定义距和低阶的基因块。

（2）最小字符集编码规则 所设计的编码方案应采用最小字符集以使问题得到自然的表示或描述。

这里，基因块的定义距是指基因块中第一个确定位置和最后一个确定位置之间的距离。基因块的阶表示基因块中已有明确含义的字符个数。阶数越低，说明基因块的概括性越强，所代表的编码串个体数也越多。

目前最常用的编码方式为二进制编码，此种编码简单易用，并依此提出了模式定理。即：具有低阶、短定义距以及平均适应度高于种群平均适应度的模式在子代中呈指数增长。它保证了较优的模式（遗传算法的较优解）的数目呈指数增长，为解释遗传算法机理提供了数学基础。除此之外，还有灰度编码、实数编码、符号编码等编码方式。例如，对于求实数区间 $[0，3]$ 上函数 $f(x) = -(x-1)^2 + 6$ 的最大值，传统方法是通过逐步调整 x 的值来获得该函数的最大值，而 GA 则是将参数进行编码形成位串并对其进行进化操作。例如，采用二进制编码方式可以由长度为 5 的位串表示变量 x，即从"00000"到"11111"，并将取值映射到区间 $[0，3]$ 内。从整数上看，5 位长度的二进制编码位串可以表示 0 到 63，对应区间每个相邻值之间的阶跃值为 $3/63 \approx 0.0476$，即编码精度。从中可以找到二进制编码中位串长度与编码精度之间的对应关系。假设位串长度为 L，则对应整数区间为 $[0 \sim 2^L - 1]$，若实际参数的定义域为 $[a，b]$，则编码精度为 $(b-a)/(2^L - 1)$。一般来说，编码精度越高，所得到解的质量也越好，但操作所需要的计算量也越大，算法运算时间也越长。因此在解决实际问题时，应适当选择编码位数。

此外，对于问题的变量是实向量的情况，可以直接采用实数编码。实数编码就是采用十进制进行编码，直接在解空间上进行遗传操作。这种方法在求解高维问题或者复杂优化问题时采用的较多。实验证明，对于大部分数值优化问题，通过引入一些专门设计的遗传算子，采用实数编码比采用二进制编码时算法的平均效率要高。由于实数编码表示比较自然，容易引入相关领域的知识，加入启发式信息以增加搜索能力，所以它的使用越来越广泛。

其他非二进制编码往往要结合问题的具体形式。一方面简化编码和解码过程，另一方面可以采用非传统操作算子，或者与其他搜索算法相结合。主要有大字符集编码、序列编码、树编码、自适应编码及乱序编码等。

2. 适应度函数

适应度函数主要用于对个体进行评价。在对简单问题进行优化时，通常可以直接采用目标函数作为 GA 的适应度函数，例如 $f(x)$ 为某一问题的目标函数，则适应度函数 $F(x)$ 可以采用 $M-f(x)$，其中 M 为一足够大正数。在复杂问题的优化过程中，通常需要根据问题的特点构造评价函数以适应 GA 的优化过程。

遗传算法将问题空间表示为染色体位串空间，为了执行适者生存的原则，必须对个体位串的适应度进行评价。因此，适应函数（Fitness function）就构成了个体的生存环境。根据个体的适应值，就可决定它在此环境下的生存能力。一般来说，好的染色体位串结构具有比较高的适应函数值，即可以获得较高的评价，具有较强的生存能力。

由于适应值是群体中个体生存机会选择的唯一确定性指标，所以适应函数的形式直接决定着群体的进化行为。根据实际问题的经济含义，适应值可以是销售、收入、利润、市场占有率、商品流通量或机器可靠性等。为了能够直接将适应函数与群体中的个体优劣度相联系，在遗传算法中适应值规定为非负，并且在任何情况下总是希望越大越好。

若用 S^L 表示位串空间，S^L 上的适应位函数可表示为 $f(\cdot)$：$S^L \rightarrow R^+$，为实值函数，其中 R^+ 表示非负实数集合。

对于给定的优化问题 $opt\, g(x)$（$x \in [u, v]$），目标函数有正有负，甚至可能是复数值，所以有必要通过建立适应函数与目标函数的映射关系，保证映射后的适应值是非负的，而且目标函数的优化方向应对应于适应值增大方向。

针对进化过程中关于遗传操作控制的需要，选择函数变换 T：$g \rightarrow f$，使得对于最优解 x^*，$\max f(x^*) = opt\, g(x^*)$（$x^* \in [u, v]$）。

（1）对最小化问题，建立如下适应函数 $f(x)$ 和目标函数 $g(x)$ 的映射关系：

$$f(x) = \begin{cases} c_{\max} - g(x) & g(x) < c_{\max} \\ 0 & \text{其他} \end{cases}$$

其中，$c_{\max}$ 可以是一个输入值或是理论上的最大值，或者是到当前所有代或最近 K 代中 $g(x)$ 的最大值，此时 $c_{\max}$ 随着代数会有变化。

（2）对于最大化问题，一般采用下述方法：

$$f(x) = \begin{cases} g(x) - c_{\min} & g(x) > c_{\min} \\ 0 & \text{其他} \end{cases}$$

式中，$c_{\min}$ 既可以是特定的输入值，也可以是当前所有代或最近 X 代中 $g(x)$ 的最小值。

若 $opt\, g(x)$（$x \in [u, v]$）为最大化问题，且 $\min(g(x)) \geqslant 0$（$x \in [u, v]$），仍然需要针对进化过程的控制目标选择某种函数变换，以便于制定合适的选择策略，使得遗传算法获得最大的进化能力和最佳的搜索效果。

3. 算法参数

GA 中的算法参数主要有种群数目、交叉概率、变异概率等。一般来说，种群数目直接影响算法的优化效率与结果。当种群数目太小时，则不能提供足够多的采样点，使算法性能很差并可能得不到可行解；当种群数目太大时，则会增加算法的运行时间，降低算法的运行效率。在这里需要说明的是，在 GA 优化过程中种群数目是允许变化的。

交叉概率用于控制交叉操作的频率，当交叉频率过大时，种群中的位串更新过快，从而会使高适应值的个体被过快破坏掉；当交叉频率过小时，导致很少发生交叉操作，从而容易使搜索停滞。

变异概率的大小直接影响着种群的多样性。在二进制编码的 GA 中，较小的变异率完全可以避免整个种群中任一位置的基因一直保持不变，但概率太小则不会产生新的个体，概率太大则使 GA 成为了随机搜索。

4. 算法操作

GA 作为模拟生物进化论的一种工程模型，它的主要价值不仅在于能够对优化问题给出一种有效的计算方法，而且遗传算法的结构中包含了大自然所赋予的一种哲理，在科学思想方法上给予人们以深刻的启迪。在 GA 中主要的遗传操作包括选择（Selection，或复制 Reproduction）、交叉（Crossover，或重组 Recombination）和变异（Mutation）三种基本形式，它们构成了遗传算法具备强大搜索能力的核心，是模拟自然选择以及遗传过程中发生的繁殖、杂交和变异现象的主要载体。

选择（Selection）是遗传算法的关键，它模拟了生物进化过程中自然选择规律。选择是由某种方法从群体 $A(t)$ 中选取 N 个个体放入交配池，交配池是用于繁殖后代的双亲个体源。选择的根据是每个个体对应的优化问题目标函数转换成的适应度函数值的大小，适应度函数值大的被选中的机会就多，即越适合于生存环境的优良个体将有越多的繁殖后代的机会，从而使得优良特性得以遗传，体现了自然界中适者生存的道理。选择的作用效果能提高群体的平均适应度函数值，因为通过选择操作，低适应度函数值个体趋向于被淘汰，而高适应度函数值个体趋向于被复制，因而在选择操作中群体的这些改进具有代表性，但这是以损失群体的多样性为代价的。虽然选择操作能提高群体的平均适应度函数值，但它并没有产生新的个体，当然群体中最好个体的适应度函数值也不会改进。

下面介绍几种常用的选择方法：

（1）适应值比例选择

适应值比例选择是最基本的选择方法，其中每个个体被选择的期望数量与其适应值和群体平均适应值的比例有关，通常采用轮盘赌（Roulette wheel）方式实现。这种方式首先计算每个个体的适应值，然后计算出此适应值在群体适应值总和中所占的比例，表示该个体在选择过程中被选中的概率。选择过程体现了生物进化过程中"适者生存，优胜劣汰"的思想，并且保证优良基因遗传给下一代个体。

对于给定的规模为 n 的群体 $P = \{a_1, a_2, \cdots, a_n\}$，个体 $a_j \in P$ 的适应值为 $f(a_j)$，其选择概率为

$$p_s(a_j) = \frac{f(a_j)}{\sum\limits_{i=1}^{n} f(a_i)} \quad j = 1, 2, \cdots, n$$

该式决定后代种群中个体的概率分布。经过选择操作生成用于繁殖的交配池，其中父代种群中个体生存的期望数目为

$$p(a_j) = n \cdot p_s(a_j) \quad j = 1, 2, \cdots, n$$

当群体中个体适应值的差异非常大时，最佳个体与最差个体被选择的概率之比（选择压力）也将按指数增长。最佳个体在下一代的生存机会将显著增加，而最差个体的生存机会将被剥夺。然而，这种方法亦会使当前群体中的最佳个体快速充满整个群体，导致群体的多样性迅速降低，GA 也就过早地丧失了进化能力。这是适应值比例选择容易出现的问题。

（2）Boltzmann 选择

在群体进化过程中，不同阶段需要不同的选择压力。早期阶段选择压力较小，我们希望

较差的个体也有一定的生存机会，使得群体保持较高的多样性；后期阶段选择压力较大，我们希望 GA 缩小搜索邻域，加快当前最优解改善的速度。为了动态调整群体进化过程中的选择压力，Goldberg 设计了 Boltzmann 选择方法。个体选择概率为

$$p_s(a_j) = \frac{e^{f(a_j)/T}}{\sum_{i=1}^{n} e^{f(a_j)/T}} \quad j = 1, 2, \cdots, n$$

其中，$T>0$ 是退火温度。T 随着迭代的进行逐渐缩小，选择压力将随之升高。Goldberg 通过一组试验分析，认为该选择方法显然好于适应值比例选择。T 是控制群体进化过程中选择压力的关键，一般 T 的选择需要考虑预计最大进化代数。

（3）排序选择

排序选择方式是将群体中个体按其适应值由大到小的顺序排成一个序列，然后将事先设计好的序列概率分配给每个个体。显然，排序选择与个体的适应值的绝对值无直接关系，仅仅与个体之间的适应值相对大小有关。排序选择不利用个体适应值绝对值的信息，可以避免群体进化过程的适应值标度变换。由于排序选择概率比较容易控制，所以在实际计算过程中经常采用，特别适用于动态调整选择概率，根据进化效果适时改变群体选择压力。

最常用的排序选择方法是采用线性函数将队列序号映射为期望的选择概率，即线性排序选择（Linear ranking selection）。

对于给定的规模为 n 的群体 $P = \{a_1, a_2, \cdots, a_n\}$，并满足个体适应值降序排列 $f(a_1) \geqslant f(a_2) \geqslant \cdots \geqslant f(a_n)$。假设当前群体最佳个体 a_1 在选择操作后的期望数量为 η^+，即 $\eta^+ = n \times p_1$；最差的个体 a_n 在选择操作后的期望数量为 η^-，即 $\eta^- = n \times p_n$。其他个体的期望数量按等差序列计算，$\Delta\eta = \eta_j - \eta_{j-1} = \dfrac{\eta^+ - \eta^-}{n-1}$，则 $\eta_j = \eta^+ - \Delta\eta\,(j-1) = \eta^+ - \dfrac{(\eta^+ - \eta^-)}{n-1}(j-1)$，故线性排序的选择概率为

$$p_s(a_j) = \frac{1}{n}\left[\eta^+ - \frac{(\eta^+ - \eta^-)}{n-1}(j-1) \right] \quad j = 1, 2, \cdots, n$$

由 $\sum_{j=1}^{n} \eta_j = n$ 可以导出 $\eta^+ + \eta^- = 2$。要求 $p_i \geqslant 0$，$\eta^- \geqslant 0$ 故 $1 \leqslant \eta^+ \leqslant 2$。当 $\eta^+ = 2$，$\eta^- = 0$ 时，即最差个体在下一代生存的期望数量为 0，群体选择压力最大；当 $\eta^+ = \eta^- = 1$ 时，选择方式为按均匀分布的随机选择，群体选择压力最小。

除了上面介绍的几种方法外还有其他方法，如：联赛选择、精英选择、稳态选择等。

交叉（Crossover）操作主要用于产生新的个体，在解空间中进行有效搜索，同时降低对有效模式的破坏概率。二进制编码中，单点交叉随机确定一个交叉位置，然后对换相应的子串；多点交叉随机确定多个交叉位置，然后对换相应的子串。在组合优化中，交叉操作可分为次序交叉、循环交叉以及映射交叉等。

交叉操作一般分为以下几个步骤：

Step1，从交配池中随机取出要交配的一对个体；

Step2，根据位串长度 L，对要交配的一对个体，随机选取 $[1, L-1]$ 中一个或多个的整数 k 作为交叉位置；

Step3，根据交叉概率 p_c（$0 < p_c \leqslant 1$）实施交叉操作，配对个体在交叉位置处，相互交换

各自的部分内容，从而形成新的一对个体。

通常使用的交叉操作包括一点交叉、两点交叉、多点交叉以及一致交叉等形式。

（1）一点交叉（One-point crossover）

一点交叉是由 Holland 提出的最基础的一种交叉方式，如图 9-6 所示。对于从交配池中随机选择的两个串 $s_1 = a_{11}a_{12}\cdots a_{1l_1}a_{1l_2}\cdots a_{1l}$，$s_2 = a_{21}a_{22}\cdots a_{2l_1}a_{2l_2}\cdots a_{2l}$，随机选择一个交叉位 $x \in \{1,2,\cdots,L-1\}$，不妨设 $l_1 \leqslant x \leqslant l_2$，对两个位串中该位置右侧部分的染色体位串进行交换，产生两个子位串个体为

$$s_1' = a_{11}a_{12}\cdots a_{1l_1}a_{2l_2}\cdots a_{2l}$$
$$s_2' = a_{21}a_{22}\cdots a_{2l_1}a_{1l_2}\cdots a_{1l}$$

一点交叉操作的信息量比较小，交叉点位置的选择可能带来较大偏差（Positional bias）。按照 Holland 的思想，一点交叉算子不利于长距模式的保留和重组，而且位串末尾的重要基因总是被交换（尾点效应，End-point effect），故实际应用中采用较多的是两点交叉（Two-point crossover）。

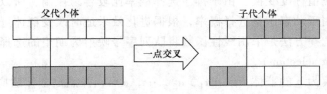

图 9-6　一点交叉

（2）多点交叉（Multi-point crossover）

为了增加交叉的信息量，GA 发展了多点交叉的概念。对于选定的两个个体位串，随机选择多个交叉点，构成交叉点集合，见图 9-7。

$$x_1,x_2,\cdots x_k \in \{1,2,\cdots,L-1\} \quad x_k \leqslant x_{k+1}, k=1,2,\cdots,K-1$$

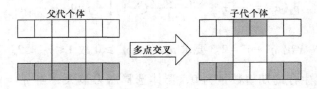

图 9-7　多点交叉

将 L 个基因位划分为 $K+1$ 个基因位集合：

$$Q_K = \{l_k, l_k = 1,\cdots,l_{k+1}-1\} \quad k=1,2,\cdots,K-1$$

算子形式为

$$O(p_c,K): \quad a_{1i}' = \begin{cases} a_{2i} & i \in Q_k, k\text{ 为偶数} \\ a_{1i} & \text{其他} \end{cases}$$

$$a_{2i}' = \begin{cases} a_{1i} & i \in Q_k, k\text{ 为偶数} \\ a_{2i} & \text{其他} \end{cases}$$

则生成的新个体为

$$s_1' = a_{11}' a_{12}' \cdots a_{1L}'$$
$$s_2' = a_{21}' a_{22}' \cdots a_{2L}'$$

多点交叉算子的交叉点数和位置的选择有多种方法。对于实参数优化问题采用二进制编码，一般交叉点的数量不宜低于实参数的维数。Mitchell 建议每次交叉操作时，按泊松（Poisson）分布确定交叉点数：

$$p(x) = \frac{\lambda^x}{x!} e^{-\lambda}, E(x) = D(x) = \lambda = g(L) > 0$$

其中，x 为交叉点数，其均值 $E(x)$ 和方差 $D(x)$ 为位串长度的函数。

（3）一致交叉（Uniform crossover，又称均匀交叉）

一致交叉即染色体位串上的每一位在相同概率进行随机均匀交叉，如图 9-8 所示。一致交叉算子生成的新个体为

$$s_1' = a_{11}' a_{12}' \cdots a_{1L}'$$
$$s_2' = a_{21}' a_{22}' \cdots a_{2L}'$$

操作描述如下：

$$O(p_c, x): \quad a_{1i}' = \begin{cases} a_{2i} & x > 1/2 \\ a_{1i} & x \le 1/2 \end{cases}$$

$$a_{2i}' = \begin{cases} a_{2i} & x > 1/2 \\ a_{1i} & x \le 1/2 \end{cases}$$

x 是取值为 $[0, 1]$ 上符合均匀分布的随机变量。

Spears 和 De Jong 认为一致交叉算子优于多点交叉算子，并提出了一种带偏置概率参数的一致交叉（$0.8 \ge x \ge 0.5$），不存在多点交叉算子操作引起的位置偏差，任意基因位的重要基因在一致交叉作用下均可以重组，并遗传给下一子代个体。

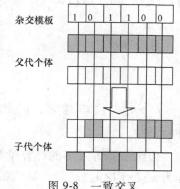

图 9-8　一致交叉

从第 t 代群体的交配池中，任意选择两个个体进行交叉操作的一般形式表示为

$$P''(t) = c(P'(t), p_c)$$

针对特定问题，还可以设计其他类型的交叉算子。而且，对于不同的编码方式，交叉算子也不同，比如 Messy GA 中的交叉算子、基于树形结构表示的染色体位串的交叉、TSP 问题中的部分匹配交叉（PMX）、顺序交叉（OK）、周期交叉（CX）等。

变异（Mutation）操作模拟自然界生物体进化中染色体上某位基因发生的突变现象，从而改变染色体的结构和物理性状。在遗传算法中主要用于避免算法的早熟收敛。当交叉操作产生的后代适应值不再进化且没有达到最优时，将采用变异操作来克服有效基因的缺损，增加种群的多样性。实数编码中通常采用扰动式变异，二进制或十进制编码中通常采用替换式变异。

变异算子通过按变异概率 p_m 随机反转某位等位基因的二进制字符值来实现变异操作。对于给定的染色体位串 $s_1 = a_1 a_2 \cdots a_L$，具体如下：

$$O\ (p_m,\ x): \qquad a_i' = \begin{cases} 1-a_i & x_i \leqslant p_m \\ a_i & \text{其他} \end{cases} \qquad i \in \{1, 2, \cdots, L\}$$

生成新的个体 $s_1' = a_1' a_2' \cdots a_L'$。其中，$x_i$ 是对应于每一个基因位产生的均匀随机变量，$x_i \in [0, 1]$，如图 9-9 所示。

变异操作作用于个体位串的等位基因上，由于变异概率比较小，在实施过程中一些个体可能根本不发生一次变异，造成大量计算资源的浪费。因此，在 GA 具体应用中，可以采用一种变通措施，首先判断个体层次的变异发生的概率，然后再实施基因层次上的变异操作。一般包括两个基本步骤：

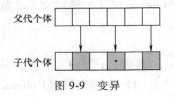

图 9-9　变异

（1）计算个体发生变异的概率

以原始的变异概率 p_m 为基础，可以计算出群体中个体发生变异的概率：

$$p_m(a_j) = 1 - (1 - p_m)^L \qquad j = 1, 2, \cdots, n$$

给定均匀随机变量 $x[0, 1]$，若 $x \leqslant p_m(a_j)$，则对该个体进行变异，否则表示不发生变异。

（2）计算发生变异的个体上基因变异的概率

由于变异操作方式发生了改变，被选择变异的个体上基因的变异概率也需要相应修改，以保证整个群体上基因发生变异的期望次数相等。传统变异方式下整个群体基因变异的期望次数为 $n \times L \times p_m$，设新的基因变异概率为 p_m'，新的变异方式下整个群体基因变异的期望次数为：$(n \times p_m(a_j)) \times (L \times p_m')$。要求两者相等，即

$$n \times L \times p_m = (n \times p_m(a_j)) \times (L \times p_m')$$

可以导出：

$$p_m' = \frac{p_m}{p_m(a_j)} = \frac{p_m}{1 - (1 - p_m)^L}$$

$p_m' > p_m$，位串越短，p_m' 比 p_m 大得越多。当位串长度趋于无穷大时两者相等，即 $\lim\limits_{L \to \infty} p_m' = p_m$。

传统变异方式下的计算量为 $n \times L$，新的变异方式下的计算量为 $n \times p_m(a_j) \times L$，计算量差异为 $n \times L \times (1 - p_m(a_j))$，显然新的变异方式比传统方式计算量降低了，且随着位串长度的增大而下降。但是，这种新变异方式也在一定程度上偏离了原来的变异基因位在全部群体个体基因位中的均匀分布的情况，当群体比较小时，可能会带来一定的变异误差。

5. 算法终止条件

根据 GA 以概率 1 收敛的极限性质，我们需要通过算法操作设计和参数选择来提高算法的收敛速度。在实际采用 GA 算法来求解某问题时，通常设定一定的算法终止条件来避免算法无停止的发展下去。最常用的终止条件为事先给定一个最大进化步数或给定一个适应值最大不改进进化步数。

应该清楚地看到，GA 是一种复杂的非线性智能计算模型，通过数学方法来预测其运算结果是很难达到的。为兼顾 GA 的优化效率及质量，在应用算法时许多环节通常是凭经验解决的，因而这方面还需要人们更深入的研究。

9.6.2 遗传算法中的基本流程

标准的遗传算法主要步骤如下：

Step1，随机产生初始种群，评价每一个个体的适应值。

Step2，判断是否满足收敛准则，若满足则输出结果，否则继续执行以下步骤。

Step3，根据适应值大小执行复制操作。

Step4，根据已设交叉概率（L_c）执行交叉操作。

Step5，根据已设变异概率（L_m）执行变异操作。

Step6，返回 Step2。

算法流程图如图 9-10 所示。

与传统优化算法相比，遗传算法采用生物进化和遗传的思想来实现优化过程，具有以下特点：

1）GA 针对问题参数编码成染色体后进行操作，因而不受约束条件的限制，例如连续性、可导性等。

2）GA 搜索过程不是从一个个体开始，而是从问题解的一个集合开始，具有隐含并行搜索特性，从而在很大程度上降低了陷入局部最优的可能性。

3）GA 使用的操作均是随机操作，只依赖于个体的适应值信息。

4）GA 具有全局搜索能力，可以有效求解非线性复杂问题。

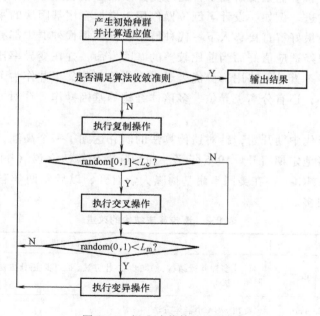

图 9-10 标准遗传算法流程图

9.6.3 遗传算法的改进

自从 Holland 出版了第一本系统论述遗传算法和人工自适应系统的专著《自然系统和人工系统的自适应性（Adaptation in Natural and Artificial Systems）》后，至今各国学者已对遗传算法进行了各方面的改进工作。从已有的工作中可以看出，大都在基因操作、种群的宏观操作以及算法结构上做进一步的改进，其主要思想是为了提高算法的效率并避免出现早熟收敛现象。

目前，除了表9-1中针对交叉操作的改进外，常用的交叉算子还有置换交叉、启发式交叉以及算术交叉等。

表 9-1　针对交叉操作的改进

年代	学者	对交叉操作的改进
1975	Dejong	单点交叉（One-point crossover）和多点交叉
1985	Smith	循环交叉（Cycle crossover）
1989	Goldberg Syswerda	部分匹配交叉（Partially mapped crossover） 双点交叉（Two-point crossover）
1991	Starkweather Davis	加强弧重组（Enhanced edge recombination） 序号交叉（Order crossover）和均匀排序交叉（Uniform order-based crossover）

针对复制操作，Dejong 于 1975 年设计了回放式随机采样复制，由于存在选择误差大的缺点，又设计了选择误差较小的无回放式随机采样复制。Brindle 于 1981 年又在前人对复制操作研究的基础上设计了确定式采样以及无回放式余数随机采样方法，进一步降低了选择误差。Back 在 1992 年针对求解线性问题提出了全局收敛的最优串复制策略和均匀排序策略。

针对变异操作，学者们主要研究了自适应变异以及多级变异等操作，同时针对基因操作也进行了进一步的改进。例如，设计了倒位操作用于增加有用基因块的紧密形式；优先策略用于将当前解集中的最好解直接移入下一代种群中以保证每代种群中都有当前最好解；显性遗传策略用于增加曾经适应值好而当前比较差的基因寿命，并在变异率比较低的情况下能保持一定的多样性；静态繁殖策略用部分优秀子串来代替部分父串并作为下一代种群，保留优秀的父串。除此之外，还有分离、异位、多倍体结构等基因操作。针对 GA 结构方面的改进在表9-2中给出。

从 20 世纪 80 年代中期开始，针对遗传算法的研究达到了一个高潮，以遗传算法为主题的国际会议在世界各地定期召开。1985 年第一届国际遗传算法会议（International conference on genetic algorithms，ICGA）在美国卡耐基梅隆大学召开，以后每两年召开一届，与遗传算法相关的会议还有很多。

表 9-2　遗传算法结构的改进

年代	学者	算法结构改进点
1981	Grefenstette	设计多种并行结构,如同步主-仆方法、亚同步主-仆方法、分布式异步并发方法、网络方法
1989	Krishnakumar Goldberg	提出 mGA 小群体方法 提出基于对象设计 GA 并行结构思想
1991	Androulakis Muhlenbein	提出扩展遗传搜索方法 采用并行遗传算法求解高维多极小函数的全局最小解
1992	Schraudolph	提出参数动态编码策略
1994	Poths	提出基于变迁和人工选择的遗传算法

9.6.4　遗传算法的实现

装箱问题（Bin Packing）为一类典型的组合优化问题，从计算复杂性理论来讲，装箱问题是一个 NP 完全问题，很难精确求解。本节以装箱问题为例介绍遗传算法的实现方案。

装箱问题可以定义如下：n 个物品 p_1，p_2，$\cdots$，p_n 需要装箱，每个物品的体积为 $q(p_i) \in (0,1]$，其中 $i = 1$，2，$\cdots$，n。设每个箱子的容积为 1，如何装载 n 个物品使所用的箱子数量最少。

1. 编码

假设 l 个箱子的编号分别为 K_1，K_2，$\cdots K_l$（$l < n$）。这里，多个物品可以装入同一个箱子，所以各个物品 p_i 所装入箱子的编号顺序排列可以构成该问题的染色体编码，例如：$K_1 K_4 K_2 \cdots\cdots K_3 K_4 K_2$ 表示一个装箱方案，其中第一个物品装 K_1 箱子，第 2 个和第 $n-1$ 个物品装 K_4 箱子，第 3 个和第 n 个物品装 K_2 箱子。初始种群可以由箱子编号的随机排列得到。

2. 目标函数以及适应度函数

设 m 为装载方案中使用箱子的数量，$K(p_i)$ 为物品 p_i 所装箱子号，则该装箱问题的目标函数如下：

$$f(x) = m \times (m - \sum_{j=1}^{m} c_j) = m \times \{m - \sum_{j=1}^{m} [\sum_{K(p_j) = K_j} q(p_j) - \beta \times \max(0, \sum_{K(p_j) = K_j} q(p_j) - 1)]\}$$

其中，c_j 为 K_j 箱子所装物品体积和，β 为箱子所装物品体积超出箱子容积的惩罚系数。

在该目标函数中，既考虑了所使用箱子数量最少又考虑了每个箱子剩余容积尽可能的小。通过目标函数我们可以容易获得该问题的适应度函数，即

$$F(x) = \begin{cases} M - f(x) & f(x) < M \\ 0 & f(x) \geqslant M \end{cases}$$

其中 M 为一足够大正数以此保证适应度函数所获得的值为非负值。

3. 遗传算子

选用通用的一些遗传操作算子，如：选择算子采用比例选择算子；交叉算子采用单点交叉算子；变异算子采用编码字符集 $V = \{K_1, K_2, \cdots, K_l\}$ 范围内的均匀随机变异。

上述求解装箱问题的简单遗传算法的缺点是：初始群体和进化过程中可能会产生一些无效染色体，这些无效染色体所表示的装箱方案中，某一箱子所装物品的体积之和超过箱子的规定容量，从而使得运算效率降低，也会导致得不到好的运算结果。一般可以通过与其他算法混合的方法来提高算法的运行效率和解的质量。

【例 9-1】　用遗传算法求解一元函数 $f(x) = x\sin(10\pi \cdot x + 2.0) \ x \in [-1, 2]$ 的最大值，求解精度要求精确到 6 位小数。

对方程的解 x 进行编码，采用二进制编码形式。首先计算区间长度为 $2 - (-1) = 3$，则可以将区间 $[-1, 2]$ 分为 3×10^6 等份。由于 $2^{21} < 3 \times 10^6 < 2^{22}$，所以二进制编码的长度至少需要 22 位。二进制编码与区间内对应的实数之间的关系如下：

$$(b_{21} b_{20} \cdots b_0)_2 = (\sum_{i=0}^{21} b_i \cdot 2^i) = x' \tag{9-4}$$

$$x = -1.0 + x' \cdot \frac{2 - (-1)}{2^{22} - 1} \qquad (9-5)$$

由于要求函数的最大值，且函数在定义域内的函数值大于 0，因此可以直接使用目标函数作为遗传算法的适应函数。遗传操作使用轮盘赌的方式选择子代个体。初始种群为80，最大迭代次数为 100，交叉概率为 0.3，变异概率为 0.05。遗传算法的部分寻优过程如表 9-3 所示，在运行到第 96 代时找到了最优个体，其对应的解与微分方程计算的最优解相吻合。

表 9-3 遗传算法部分寻优过程及最优个体演变情况

迭代次数	个体的二进制编码	函数最大值（适应值）	x
1	1111001010100111101100	1.843 614	3.806 640
2	1111001010101111101100	1.843 981	3.811 107
6	1111001100010110001100	1.854 532	3.835 767
7	1111001101010111010100	1.851 654	3.849 155
11	1111001101000110100100	1.850 887	3.850 168
25	1111001101000110100100	1.850 887	3.850 168
36	1111001101000110100100	1.850 887	3.850 168
52	1111001100111001001001	1.850 273	3.850 205
54	1111001100111101001001	1.850 456	3.850 266
91	1111001100111101110100	1.850 486	3.850 270
96	1111001100111111010000	1.850 562	3.850 274
100	1111001100111111010000	1.850 562	3.850 274

遗传算法可借助 Matlab 的工具箱进行实现。以【例 9-1】中的函数优化为例，编写目标函数的 M 文件，并且将该文件保存为 afun. m。函数编写内容为：

function y = afun(x)

if x<= 2 & x>= -1

　　　　y = -(x * sin(10 * pi * x) +2.0) ;　　　　%转化为最小化问题

else

　　　　y = 0 ;

end

利用遗传算法工具箱进行计算，在 matlab 命令窗输入

>> gatool

则遗传算法的 GUI 被打开，如图 9-11 所示。

图 9-11 中，各选项的含义为：

Solver 中选择需要使用的算法，本例中选择默认的 ga-Genetic Algorithm。

Problem 描述需要解决的问题：

1) Fitness function：需要优化的目标函数，填写格式为：@ funname，其中 funname. m 即为编写目标函数的 M 文件，本例中，在 Fitness function 窗口输入@ afun。

2) Number of variables：目标函数输入变量的数目。本例中，在 Number of variables 窗口输入变量数目为 1。

Constraints（约束）：

1) Linear inequalities：线性不等式约束。

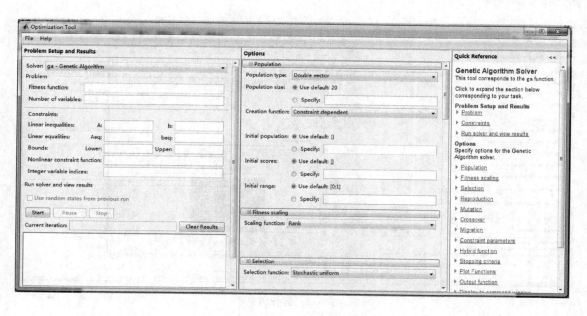

图 9-11　工具箱界面

2）Linear equalities：线性等式约束。

3）Bounds：填写独立变量的取值范围。

4）Nonlinear constraint function：非线性约束函数。

Run solver and view results：运行求解器并观察结果。

单击 Start 即可开始运行遗传算法。Current iteration 中将显示当前运行的代数，Final point 栏中显示最优解对应的变量取值。

Option 用于设定遗传算法的参数。

Population 种群参数设定：

1）Population type：编码方式选择，可选浮点编码或二进制编码。

2）Population size：种群大小参数设定。

3）Creation function：创建初始种群函数。

4）Initial population：初始种群，如果不指定初始种群，则系统利用创建函数来创建初始种群。

5）Initial scores：初始得分，如果未定义，则系统利用适应度函数来计算初始得分。

6）Initial range：初始范围，用于指定初始种群中各变量的上下限。

7）Fitness scaling：变换适应度函数值的函数句柄。

8）Elite count：直接保留上一代的个体数。

9）Crossover fraction：交叉概率。

10）Migration：指定迁移方向、概率和频率。

11）Stopping criteria：指定结束条件。

12）Plot functions：图形输出选项。例如，选中 Best fitness 和 Best individual 两个选项，单击 Start，得到运行结果如图 9-12 所示。

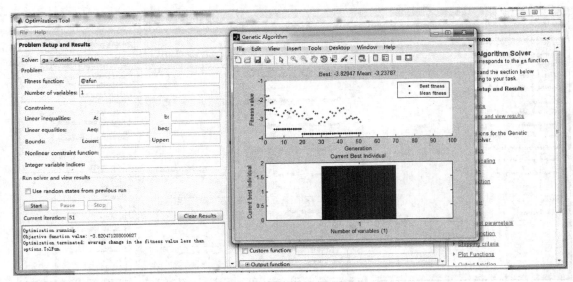

图 9-12　运行结果

9.7　蚁群算法

蚁群算法是受自然界中真实蚁群的集体觅食行为的启发而发展起来的一种基于群集智能的进化算法，属于随机搜索算法，它是由意大利学者 Dorigo 等人在 20 世纪 90 年代初首先提出来的。虽然蚂蚁本身的行为极其简单，但由这些简单个体所组成的蚁群却表现出极其复杂的行为特征。如蚁群除了能够找到蚁巢与食物源之间的最短路径外，还能适应环境的变化，即在蚁群运动的路线上突然出现障碍物时，蚂蚁能够很快地重新找到最短路径。

仿生学家经过大量的观察、研究发现，蚂蚁在寻找食物时，能在其经过的路径上释放一种蚂蚁特有的分泌物——外激素（Pheromone），使得一定范围内的其他蚂蚁能够感觉到这种物质，且倾向于朝着该物质强度高的方向移动。因此，蚁群的集体行为表现为一种信息正反馈现象：某条路径上经过的蚂蚁数越多，其上留下的外激素的痕迹也就越多，后来蚂蚁选择该路径的概率也越高，从而更增加了该路径上外激素的强度。蚁群这种选择路径的过程被称为自催化行为（Autocatalytic behavior），由于其原理是一种正反馈机制，因此也可将蚁群的行为理解成所谓的增强型学习系统。

9.7.1　蚁群算法的研究现状

1991 年，意大利学者 M. Dorigo 等首次提出了蚁群算法求解 TSP 问题，实验表明蚁群算法具有较强的鲁棒性和发现较好解的能力，但也存在收敛速度慢、易出现停滞现象等。该算法的问世引起了学者们的普遍关注，并且针对算法的缺点提出了一些改进的蚁群算法（见表 9-3）。L. M. Gambardella，M. Dorigo 提出了 Ant-Q 算法，该算法用伪随机比例状态转移规则（Pseudo random proportional state transition rule）替换随机比例转移规则（Stochastic proportional choice rule），从而使 Ant-Q 算法在构造解的过程中能够更好的保持知识探索与知识利用之间的平衡。除此之外，该算法中还引用了局部信息素更新机制和全局信息素更新中的精英策略。Stutzle 和 Hoss 还提出了最大—最小蚂蚁系统（MAX-MIN Ant System），该算法的主要特点就是为信息素设置上下限来避免算法过早出现停滞现象。Bullnheimer 等提出了基于排序的蚂蚁系统（Rank-based Version of Ant System），该算法在完成一次迭代后，将蚂蚁所经路径的长度按从小到大的顺序排列，并根据路径长度赋予不同的权重，路径较短的权重加大。鉴于蚂蚁系统搜索效率低和质量差的缺点，O. Cordon 提出了最优—最差蚂蚁系统（Best-Worst Ant System），该算法的主要思想就是对最优解进行更大限度的增强，而对最差解进行削弱，使得属于最优路径边与属于最差路径边之间的信息素量差异进一步增大，从而使蚂蚁的搜索行为更集中于最优解的附近。

除了各种组合优化问题外，蚁群算法还在函数优化、系统辨识、机器人路径规划、数据挖掘、大规模集成电路的综合布线设计等领域取得了令人瞩目的成果。蚁群算法的发展及应用及表 9-4。

表 9-4 蚁群算法的发展及应用

研究问题	作者	算法改进	年份
车辆路径问题	Bullnheimer，Hartl&Strauss	AS-VRP	1999
	Gambadella，Taillard&Agazzi	HAS-VRP	1999
	Reimann，Stummer&Doerner	SBAS-VRP	2002
指派问题	Maniezzo，Colorni&Dorigo	AS-QAP	1994
	Gambardella，Taillard&Dorigo	HAS-QAP	1997
	Stutzle，Hoos	MMAS-QAP	1997
	Maniezzo，Colorni	AS-QAP	1999
	Maniezzo	ANTS-QAP	1999
	Stutzle，Hoos	MMAS-QAP	2000
旅行商问题	Dorigo，Maniezzo&Colorni	AS	1991
	Gambardella，Dorigo	ANT-Q	1995
	Dorigo，Gambardella	ACS-3opt	1997
	Stutzle，Hoos	MMAS	1997
调度问题	Colorni，Dorigo&Maniezzo	AS-JSP	1994
	Pfahringer	AS-OSP	1996
	Stutzle	AS-FSP	1997

9.7.2 基本蚁群算法的工作原理

蚁群算法是一种基于群体的、用于求解复杂优化问题的通用搜索技术。与真实蚂蚁的间接通信相类似，蚁群算法中一群简单的蚂蚁（主体）通过信息素（一种分布式的数字信息，与真实蚂蚁的外激素相对应）进行间接通信，并利用该信息和与问题相关的启发式信息逐步构造问题的解。

所谓基本蚁群算法，指的是经典的 ACS（Ant Colony System）算法，它具有当前很多种类的蚁群算法最基本的共同特征，后来一系列的改进蚁群算法都以此为基础。

下面针对旅行商问题（TSP）来说明蚁群算法的工作原理。蚂蚁不断地选择新的节点到其路径中，直到其遍历了所有的节点并返回到初始点为止，我们则认为这只蚂蚁构造了一个解决方案。蚂蚁在移动时不是盲目的，它是根据转移规则，也就是每条可行的路径上残留的信息素和启发式信息（两点间的距离）来选择下一节点。这样，蚂蚁 k 在节点 i 选择节点 j 的转移概率如下：

$$p_{jk}(k) = \begin{cases} \dfrac{\tau_{ij}^{a} \times \eta_{ij}^{\beta}}{\displaystyle\sum_{h \in allowed_h} \tau_{ih}^{a} \times \eta_{ih}^{\beta}} & j \in allowed_k \\ 0 & \text{其他} \end{cases}$$

其中，τ_{ij} 为 (i, j) 边的信息素强度，反映蚁群在这条边上先验的经验，是蚁群在寻优过程中所积累的信息量；η_{ij} 为 (i, j) 边的能见度，它只考虑边上的本地信息，通常由一个与源问题相关的贪婪算法得到，它反映的是蚂蚁在运动过程中的启发信息，例如长度等；a 是信息启发式因子，它的大小反映了蚁群在路径搜索中随机性因素作用的强度，其值越大，蚂蚁选择以前走过的路径的可能性越大，搜索的随机性减弱，当 a 值过大就会使蚁群的搜索过早陷于局部最优；β 是能见度启发式因子，它的大小则反映了蚁群在路径搜索中确定性因素作用的强度，其值越大，蚂蚁在某个局部点上选择局部最短路径的可能性越大，虽然搜索的收敛速度得以加快，但蚁群在最优路径的搜索过程中随机性减弱，也易于陷入局部最优。

蚁群算法的全局寻优性能，首先要求蚁群的搜索过程必须有很强的随机性；而蚁群算法的快速收敛性能，又要求蚁群的搜索过程必须要有较高的确定性。两者对蚁群算法性能的影响和作用是相互配合、密切相关的。

为了对后续的搜索提供有效的信息，先前蚂蚁在其所经过的路径上留下的信息素痕迹必须能够反映其找到路径的优劣程度。当所有蚂蚁完成一次周游以后，各路径上的信息素根据下式更新

$$\tau_{ij}^{new} = \rho \times \tau_{ij} + \sum_k \Delta\tau_{ij}^{k}$$

其中，τ_{ij}^{k} 表示蚂蚁 k 在本次循环中留在路径上的信息量，ρ 为信息素残留系数，且满足 $0 < \rho < 1$。

在现实的蚁群系统中，较短路径上的信息素浓度更高；同样地，在蚁群算法中，越好的方案中的路径应获得越多的信息素增量，使其在后续的搜索中更具有吸引力。因此算法中采用何种策略更新信息素增量是非常重要的。M. Dorigo 给出三种不同的更新策略方法，即 ant-cycle，ant-density，ant-quantity。

（1）Ant-density

$$\Delta\tau_{ij}^{k} = \begin{cases} Q & \text{蚂蚁 } k \text{ 经过边}(i,j) \\ 0 & \text{其他} \end{cases} \tag{9-6}$$

（2）Ant-quantity

$$\Delta\tau_{ij}^{k} = \begin{cases} Q/f^k & \text{蚂蚁 } k \text{ 经过边}(i,j) \\ 0 & \text{其他} \end{cases} \tag{9-7}$$

（3）Ant-cycle

$$\Delta\tau_{ij}^{k} = \begin{cases} Q/f^k & \text{蚂蚁 } k \text{ 经过边}(i,j) \\ 0 & \text{其他} \end{cases} \tag{9-8}$$

在式（9-6）~式（9-8）中，Q 为一正的常数，f_{ij}^{k} 表示蚂蚁 k 经过边 (i, j) 的目标函数值，f^k 表示蚂蚁 k 经过整个路径的目标函数值。以上三种模型的区别在于：前两种策略中蚂蚁每走一步都要更新残留的信息量，而不是等到所有的蚂蚁完成对所有的城市访问以后。最

后一种模型利用的是蚁群的整体信息，即走完一个循环以后才进行残留信息量的全局调整。

由以上我们可以得到基本蚁群算法的具体实现步骤如下：

Step1，参数初始化。令时间 $t=0$，循环次数 $Iter=0$，最大循环次数 Max_Iter，将 m 只蚂蚁置于 n 个点上，每条边的信息量 τ_{ij} 为常数，且初始时刻 $\Delta\tau_{ij}=0$。

Step2，循环次数 $Iter=Iter+1$。

Step3，蚂蚁禁忌表索引号 $k=1$。

Step4，蚂蚁数目 $k=k+1$。

Step5，蚂蚁个体根据转移概率公式计算的概率选择元素 j，且满足 $j\in\{C-tabu_k\}$。

Step6，更新禁忌表，蚂蚁移动到新点，并将该点放置到该蚂蚁禁忌表中。

Step7，若集合中点未遍历完，转 Step4，否则进行下一步。

Step8，根据信息素更新公式更新每条边上的信息量。

Step9，若 $Iter=Max\_Iter$，算法结束，否则清空禁忌表并转 Step2。

从中我们可以看出蚁群算法具有如下特征：

（1）系统性　作为系统元素的蚂蚁是相异的个体，算法每次循环它们都各自独立完成一次搜索过程，体现了系统的多元性；蚂蚁之间通过信息素相互联系、传递经验进而指导搜索的行为，体现了系统的相关性；而由多只蚂蚁组成的蚁群的搜索性能明显优于单只蚂蚁，也反映了整体大于部分之和这一系统的整体性。

（2）分布式计算　多只蚂蚁在问题空间的多点同时独立地进行搜索，问题的求解不会因为部分个体的缺陷而受到影响，算法不仅具有了较强的全局搜索能力，也增强了可靠性。适合于单机调度问题复杂的结构图。

（3）自组织性　系统论中的自组织行为是指系统在获得时间的、空间的或者功能的结构过程中没有受到外界的特定干扰，其组织力或组织指令来自于系统内部。抽象来说，自组织就是在没有外界作用下使得系统熵增加的过程，也就是系统从无序到有序的进化过程。蚁群算法的寻优过程恰恰体现了这种自组织性，而自组织性也大大增强了算法的鲁棒性。

（4）正反馈　蚁群算法是通过信息素的不断更新来实现正反馈的，将反映当前局部最优解特性的参数作为增量来提高这些解的构成元素上的信息素浓度，使得更多的蚂蚁有机会选择这些元素去构建更好的解。便于利用问题的启发信息更快找到更优的解。

9.8 粒子群算法及应用

粒子群优化（Particle Swarm Optimization，PSO）算法是由 Kennedy 和 Eberhart 于 1995 年提出的一种优化算法。PSO 算法的运行机理不是依靠个体的自然进化规律，而是对生物群体的社会行为进行模拟，它最早源于对鸟群觅食行为的研究。在生物群体中存在着个体与个体、个体与群体间的相互作用、相互影响的行为，这种行为体现的是一种存在于生物群体中的信息共享的机制。PSO 算法就是对这种社会行为的模拟，即利用信息共享机制，使得个体间可以相互借鉴经验，从而促进整个群体的发展。

PSO 算法和遗传算法（Genetic Algorithm，GA）类似，也是一种基于迭代的优化工具，系统初始化为一组随机解，通过某种方式迭代寻找最优解。但 PSO 没有 GA 的"选择"、"交叉"、"变异"算子，编码方式也较 GA 简单。由于 PSO 算法容易理解、易于实现，所以

PSO 算法发展很快。在函数优化、系统控制、神经网络训练等领域得到广泛应用。目前已被"国际进化计算会议"（IEEE International Conferences on Evolutionary Computation，CEC）列为一个讨论的专题。

9.8.1 基本粒子群优化算法

自从粒子群优化算法被提出以来，它就被多次改进和应用。大多数对基本 PSO 的改进都致力于提高它的收敛性能以及提升种群的多样性。因此在本节当中将首先介绍基本粒子群优化算法。

1. 算法原理

粒子群优化算法兼有进化计算和群智能的特点。起初 Kennedy 和 Eberhart 只是设想模拟鸟群觅食的过程，但后来发现 PSO 是一种很好的优化工具。与其他进化算法相类似，PSO 算法也是通过个体间的协作与竞争，实现复杂空间中最优解的搜索。PSO 先生成初始种群，即在可行解空间中随机初始化一群粒子，每个粒子都为优化问题的一个解，并由目标函数为之确定一个适应值（fitness value）。每个粒子将在解空间中运动，并由一个速度决定其方向和距离。通常粒子将追随当前的最优粒子而动，并经逐代搜索最后得到最优解。在每一代中，粒子将跟踪两个极值，一为粒子本身迄今找到的最优解 $pbest$，另一为全种群迄今找到的最优解 $gbest$。

数学描述为：设在一个 n 维的搜索空间中，由 m 个粒子组成的种群 $X = \{X_1, \cdots X_i, \cdots X_m\}$，其中第 i 个粒子位置为 $x_i = (x_{i1}, x_{i2}, \cdots x_{in})^T$，其速度为 $v_i = (v_{i1}, v_{i2}, \cdots v_{in})^T$。它的个体极值为 $P_i = (p_{i1}, p_{i2}, \cdots p_{in})$，种群的全局极值为 $P_q = (p_{q1}, p_{q2}, \cdots p_{qn})$。按追随当前最优粒子的原理，粒子 x_i 将按式（9-9）、式（9-10）改变速度和位置。

$$v_{id}^{k+1} = v_{id}^k + c_1 r_1^k (p_{id} - x_{id}^k) + c_2 r_2^k (p_{gd} - x_{gd}^k) \tag{9-9}$$

$$x_{id}^{k+1} = x_{id}^k + v_{id}^{k+1} \tag{9-10}$$

其中，$d = 1, 2, \cdots, n$，$i = 1, 2, \cdots, m$，m 为种群规模，k 为当前进化代数，r_1 和 r_2 为分布于 $[0, 1]$ 之间的随机数，这两个参数用来保持群体的多样性；c_1 和 c_2 为加速常数（acceleration constants），也称学习因子，通过它们使粒子具有自我总结和向群体中优秀个体学习的能力，从而向自己的历史最优点以及群体内历史最优点靠近。这两个参数对粒子群算法的收敛起的作用不是很大，但如果适当调整这两个参数，可以减少局部最小值的困扰，当然也会使收敛速度变快。此外，为使粒子速度不致过大，可设定速度上限 V_{max}，即当式（9-9）$v_{id} > V_{max}$ 时，取 $v_{id} > V_{max}$；当 $v_{id} < -V_{max}$ 时，$v_{id} = -V_{max}$；式（9-9）的第一部分为粒子当前速度；第二部分为"认知（cognition）"部分，表示粒子自身的思考；第三部分为"社会（social）"部分，表示粒子间的信息共享与相互合作。式（9-9）描述了粒子根据它上一次迭代的速度、它当前位置和自身最好经验与群体最好经验之间的距离来更新速度，然后粒子根据式（9-10）飞向新的位置。

2. 算法流程

粒子群算法的主要流程步骤如下：

Step1，初始化。设定加速常数 c_1 和 c_2，阈值 ε，最大进化代数 K_{max}，将当前进化代数置为 $k = 1$，在定义空间 R^n 中随机产生 m 个粒子 $x_1, x_2, \cdots, x_m$，组成初始种群 $X(t)$；随机产

生各粒子的初始速度 $v_i^0 = (v_{i1}, v_{i2}, \cdots, v_{in})$。

Step2，评价种群 $X(t)$。计算每个粒子在每一维空间的适应值。

Step3，比较粒子的适应值和自身最优值 $pbest$。如果当前值比 $pbest$ 更优，则置 $pbest$ 为当前值，并设 $pbest$ 位置为 n 维空间中的当前位置。

Step4，比较粒子适应值与种群最优值。如果当前值比 $gbest$ 更优，则置 $gbest$ 为当前粒子的矩阵下标和适应值。

Step5，按式（9-9）和式（9-10）更新粒子的位移方向和步长，产生新种群 $X(t+1)$。

Step6，检查结束条件，若满足，则结束寻优；否则，$t = t+1$，转至 Step2。结束条件为寻优达到最大进化代数 K_{max}，或评价值小于给定精度 ε。

粒子群算法流程图如图 9-13 所示。

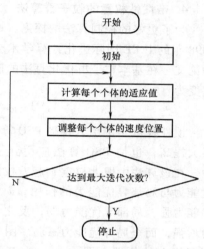

图 9-13　粒子群算法简化流程图

3. 基本粒子群优化的参数

基本粒子群优化受它的一些参数影响，包括问题的维数、粒子的个数、加速度系数、惯性权重、邻域大小、迭代次数等。下面讨论这些参数在算法中的作用。

（1）种群大小

种群大小 m，即群中粒子的个数：当一个均匀初始化方案被应用到种群的初始化操作时，粒子个数越多，种群的初始化多样性越好。大数量粒子的种群可在每一次迭代中搜索更大的区域，然而这也同时增大了算法的计算量以及降低了并行随机搜索的性能。相对于较少粒子数的种群，大数量的种群可以在更少的迭代次数中找到问题的解。经研究表明，PSO 可以用 10~30 个粒子的种群来找到最优化问题的解。虽然有上述经验性的结论，如何确定粒子的个数仍然依赖于具体要解决的问题。搜索一个光滑的空间中的最优值比在粗糙的空间需要更少的粒子数。

（2）邻域大小

邻域大小定义了种群中的社会影响力，邻域越小，交流越少。较大的邻域收敛较慢，不过它的收敛更能可靠的找到最优解，同时它也不容易陷入局部极小值。更好的利用邻域大小的方法是在开始时设定较小的邻域，然后随着迭代次数的增加逐渐增大。这种方法既保证了种群多样性，同时也有更快的收敛速度。

（3）迭代次数

得到一个好的解所需要的迭代次数也是依赖于具体问题的。太小的迭代次数可能使得算法早熟，而太大的迭代次数会增加很多不必要的计算负担（假设一定的迭代次数作为唯一的停止准则）。

（4）加速度系数

常数 c_1 和 c_2 也叫做信任度参数，分别表示粒子对自身和对其邻居的信任程度。当 $c_1 = c_2 = 0$ 时，粒子将会在其现有速度的方向上持续移动，直到撞到搜索边界为止（假设没有惯性）。假如 $c_1 > 0$ 且 $c_2 = 0$，所有粒子就是独立的爬山者。每个粒子都在其邻域内寻找新的更好的最优位置以替代当前的最优位置，粒子进行的是局部搜索。反之，如果 $c_1 = 0$ 且 $c_2 > 0$，整个种群都被一个点所吸引，粒子变成一个随机爬山者。

（5）最大速度

一般来说，$V_{\max}$ 的选择不应超过粒子的宽度范围，如果 $V_{\max}$ 太大，粒子可能飞过最优解的位置；如果太小，可能降低粒子的全局搜索能力。

（6）终止条件

粒子群算法的终止条件根据所求解的具体问题，可以选择设定最大迭代数或满足最小误差要求。

4. 带惯性权重的粒子群算法

为了更好的控制算法的探测（exploration）开发（exploitation）能力，Shi 和 Eberhart 在 1998 年的 IEEE 国际进化计算学术会议上发表了题为"A Modified Particle Swarm Optimizer"的论文，在基本粒子群优化算法的速度更新公式（9-9）中引入了惯性权重 w，将式（9-9）改变为

$$v_{id}^{k+1} = wv_{id}^{k} + c_1 r_1^{k}(p_{id} - x_{id}^{k}) = c_2 r_2^{k}(p_{gd} - x_{id}^{k}) \qquad (9\text{-}11)$$

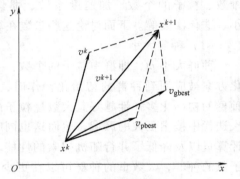

惯性权重 w 的引入使得 PSO 算法的性能得到了很大提高，也使 PSO 算法应用到了很多实际问题中。在该算法中惯性权重 w 起着权衡 PSO 的全局寻优能力与局部寻优能力的作用，w 值较大，全局寻优能力强，局部寻优能力弱，反之，则局部寻优能力增强，而全局寻优能力减弱。图 9-14 表明粒子如何调整它的位置，图中 v_{pbest} 为基于 *pbest* 的速度；v_{gbest} 为基于 *gbest* 的速度。

刚开始惯性权重为常数，但后来的实验发现，动态惯性权值能够获得比固定值更好的寻优结果。动态惯性权值可以在 PSO 搜索过程中线性变化，亦

图 9-14　粒子调整位置示意图

可根据 PSO 性能的某个测度而动态改变，比如模糊规则系统等。目前，采用较多的惯性权值是 Shi 建议的线性递减权值（linearly decreasing weight，LDW）策略，将惯性权重设为一个随时间线性减少的函数，惯性权重的函数形式通常为

$$w^{k} = w_{\text{ini}} = \frac{w_{\text{end}} - w_{\text{ini}}}{K_{\max}} \times (K_{\max} - k)$$

其中，w_{ini} 为初始惯性权值；w_{end} 为最终惯性权值；$K_{\max}$ 为最大迭代次数；k 为当前迭代次数。这个函数使得粒子群算法在刚开始的时候倾向于开发，然后逐渐转向于探测，从而在局部区域调整解。典型取值 $w_{\text{ini}} = 0.7$，$w_{\text{end}} = 0.4$。如果 $w = 0$，则粒子速度只取决于它当前位置 *pbest* 和 *gbest*，速度本身没有记忆。假设一个粒子位于全局最好位置，它将保持静止。而其他粒子则飞向它本身最好位置 *pbest* 和 *gbest* 的加权中心。这种条件下，粒子群将收缩到当前全局最好位置，更像一个局部算法。如果 $w > 0$，则粒子有扩展搜索空间的趋势，从而针对不同搜索问题，可调整算法全局和局部搜索能力。

5. 带收缩因子的粒子群算法

Clerc 建议采用收缩因子（constriction factor）来保证粒子群算法收敛，这也是另一个版本的标准算法。收缩因子 χ 是关于参数 c_1 和 c_2 的函数，一个简单的带收缩因子的粒子群算法

定义为

$$v_{id}^{k+1} = \chi \left[v_{id}^k + c_1 r_1 (p_{id}^k - x_{id}^k) + c_2 r_2 (p_{gd}^k - x_{id}^k) \right]$$

$$\chi = \frac{2k}{\left| 2 - \varphi - \sqrt{\varphi - 4\varphi} \right|} \varphi = c_1 + c_2, \quad \varphi > 4 \qquad (9\text{-}12)$$

在使用 Clerc 的收缩因子方法时，通常取 φ 为 4.1，从而收缩因子 $\chi = 0.729$。这相当于在速度更新公式中，使前一次速度乘 0.729，并在其他两项中乘以 $0.729 \times 2.05 = 1.49445$（还需乘以 0~1 之间的随机数）。对于 Clerc 设计的收缩因子法，不再需要设置最大速度限制，但是，后来研究发现设定最大速度限制（$V_{max} = x_{max}$）可以提高算法的性能。

式（9-12）中的参数 k 控制着种群的开掘和开拓能力。对于 $k \approx 1$ 时，局部的开发能力导致快速收敛，种群的行为类似于爬山法。反之，当 $k \approx 0$ 时将导致大量的探索行为，致使收敛很慢。通常 k 被赋予一个固定值，但是更好的选择可以使初始时期赋予一个较大的值以利于种群的探索，而在后期逐步降低至一个较小的值以集中于开发。例如初始化 $k \approx 1$ 逐步降低至 0。

收缩因子法和惯性权重法同样有效，从数学上分析二者是等价的。两种方法都是以平衡开掘-开拓的矛盾为目标，并以此改进算法，获得更快的收敛速度和更精确的解。较小的 w 和 χ 值加强了开发而抑制开掘，反之则增强开掘性，但提高了获得精确解的难度。

9.8.2　粒子群优化算法的拓扑结构

种群的拓扑结构对 PSO 算法性能有很大的影响。邻域结构的首要目的是通过阻止信息在网络中的流动来保持种群多样性，它可控制算法的开掘和开拓能力。每个粒子的行为受其局部邻域影响，这个局部邻域可视为种群拓扑结构中的单个区域，故拓扑结构通过定义粒子的邻域来影响低级搜索。同时，通过定义不同的局部邻域之间的关系来影响高级搜索。PSO 中，在同一邻域内的粒子通过交换自己的成功经验信息来相互交流，所有粒子都会或多或少的朝着它认为更好的位置移动，所以 PSO 的性能非常依赖于拓扑网络的结构。

对于一个高度连接的拓扑网络来说，多数的个体都可以相互交流，导致已发现的最优信息可以快速地传遍网络。从最优化的角度来看，意味着这种网络比连接较少的网络能更快的收敛于一个解，但是高度连接的网络结构快速收敛的代价则是容易陷入局部最优值，这主要是因为高度连接的网络中粒子对于搜索空间的覆盖程度不如较少连接的网络结构。对于稀疏连接的网络来说，如果在一个领域中存在大量聚类，也会导致粒子对于搜索空间覆盖度的不足，从而不能有效地找到最优解，因为在一个非常紧的邻域内的每个聚类都只能覆盖搜索空间中的一个小部分。

目前研究较多的拓扑结构主要有：

1）星形（star）：亦称全局（gbest），如图 9-15a 所示，其中所有粒子都相互连接，并可以互相交流，即整个种群都为个体的邻居。使用这种结构的 PSO 其收敛速度比具有其他网络结构的 PSO 更快，但也更容易陷入局部最优，所以这种星形结构更适合求解单峰问题。

2）环形（ring）：亦称局部（lbest），如图 9-15b 所示，其中每个粒子只与直接邻居进行交流，即种群列队的相邻成员组成邻居。每个粒子系效法相邻粒子中最好的粒子，并向这个粒子靠近。环形结构的重要特点就是相邻粒子相互重叠，这将有利于相邻粒子之间的信息

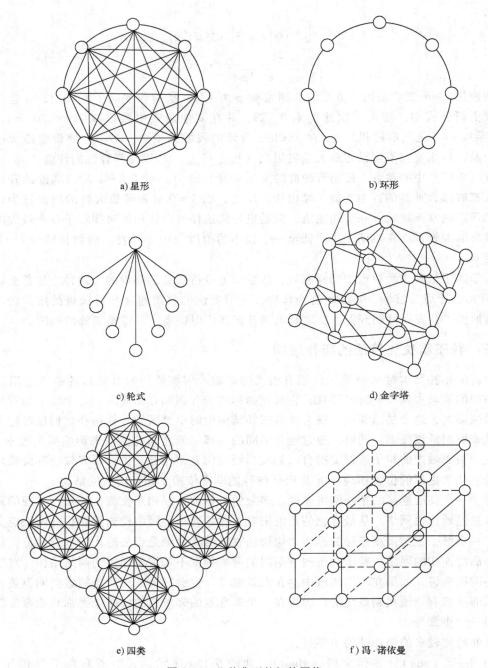

a) 星形

b) 环形

c) 轮式

d) 金字塔

e) 四类

f) 冯·诺依曼

图 9-15　几种典型的拓扑网络

交流，并最终使粒子收敛到一个唯一的解。但是这种结构由于信息在整个环形网络中的传递速度较慢，算法的收敛速度会比较慢，但是相对于星形结构，粒子可以覆盖更大部分的搜索空间。因此这种环形拓扑结构比星形拓扑结构更适合使用在解决多模型问题中。

3）轮式（wheel）：如图 9-15c 所示，这种结构中的相邻粒子之间都是相互孤立的，其中有一个粒子为焦点粒子，所有信息的传递都要经过它来完成。焦点粒子对所有粒子的性能做出比较，然后朝着它最好的邻居移动。如果焦点粒子的新位置导致了更好的性能，则这个改进信息将会传递给相邻的所有粒子。轮式拓扑结构降低了更好解在种群的信息传递速度。

4）金字塔（pyramid）：如图 9-15d 所示，它形成了一个三维轮廓，是由三维线骨架组成的三角连接。

5）四类（four clusters）：如图 9-15e 所示，结构中存在 4 个聚类，聚类内部相互完全连接且连接较少，聚类之内的每个粒子都有 5 个邻居。

6）冯·诺依曼（Von Nermann）：如图 9-15f 所示，所有粒子形成一个四方网格，顶点相连形成环面。冯·诺依曼拓扑结构被应用在很多经验学习问题中，并展现了更好的性能。

尽管人们研究和使用了多种拓扑结构，但是每种结构都有自己的适用范围，没有一种结构能在解决所有的问题上都有最好的表现。在解决具体问题的时候，要根据问题的特征来选择适合的拓扑结构。

9.9　鱼群算法简介

人工鱼群优化算法（Artificial Fish School Algorithm，AFSA）是受鱼群行为的启发，新近提出的一种智能优化算法。该算法具有良好的克服局部极值，取得全局极值的能力，而且该算法具有一些遗传算法和粒子群算法不具备的特点，如使用灵活，收敛速度快。

鱼群算法主要是利用了鱼的觅食，聚群和追尾行为，从构造单条鱼的底层行为做起，通过鱼群中各个体的局部寻优，从而达到全局寻优的目的。

设向量 $X_i = (x_1, x_2, \cdots, x_n)$ 表示人工鱼当前的状态；目标函数值 $Y = f(X)$ 表示人工鱼当前状态的食物浓度；$d_{ij} = \text{Distance}(X_i, X_j)$ 表示人工鱼 X_i 和人工鱼 X_j 之间的距离；Visual 和 δ 分别表示人工鱼的视野范围和拥挤度因子，trynumber 表示人工鱼每次觅食时最大的试探次数。算法描述如下：

1）觅食行为（Prey）设人工鱼当前状态为 X_i，在其视野范围内（即 $d_{ij} \leq \text{Visual}$）随机选择一个状态 X_j，如果 $Y_j > Y_i$，则向该方向前进一步；反之，再重新选择状态 X_j，判断是否满足前进条件；反复 trynumber 后，如果仍不满足前进条件，则随机移动一步。

2）聚群行为（Swarm）设人工鱼当前状态为 X_i，探索其视野范围内（即 $d_{ij} \leq \text{Visual}$）伙伴的数目 nf，如果 $nf \neq 0$，按下式探索可感知的伙伴的中心位置 X_c：

$$X_c = \text{Center}(X_1, X_2, \cdots, X_M) = \text{Most}(x_i^1, x_i^2, \cdots, x_i^m)$$

其中 Most 算子表示取可感知的伙伴中多数共有的位置元素。计算该中心位置的食物浓度 Y_c，如果 $Y_c / nf > \delta Y_i$，表明伙伴中心的附近有较多的食物并且不太拥挤，则执行式（9-13），否则执行觅食行为。如果 $nf = 0$，也执行觅食行为。

$$X_i = X_c \tag{9-13}$$

3）追尾行为（Follow）设人工鱼当前状态为 X_i，探索其视野范围内（即 $d_{ij} \leq \text{Visual}$）伙伴的数目 nf，如果 $nf \neq 0$，则探索当前可感知的伙伴中状态最优的伙伴 $X_{\max}$。如果 $Y_{\max} / nf > \delta Y_i$，表明伙伴 $X_{\max}$ 的附近有较多的食物并且不太拥挤，则执行式（9-14），否则执行觅食行为。如果 $nf = 0$，也执行觅食行为。

$$X_i = X_{\max} \tag{9-14}$$

4）行为的选择根据所要解决问题的性质，对人工鱼当前所处的环境进行评价，从而选择一种合适的行为。可以按照进步最快的原则或者进步即可的原则进行选择，如先执行追尾行为，如果没有进步再执行觅食行为，如果还没有进步则执行聚群行为，如果依然没有进步就执行随机选择的行为。这里显示了鱼群算法的灵活性。

从上面的介绍可以看出，鱼群算法的觅食行为类似遗传算法中的变异操作，聚群和追尾行为类似遗传算法中的选择操作，其中聚群行为也有潜在的变异操作。

9.10　混合优化计算方法简介

前述各种优化算法都按照各自的机制实现优化问题的求解。由于所用机制不同，不同的优化算法具有不同的寻优策略。为了进一步提高算法的寻优性能，人们经常将两种或两种以上的优化思想结合起来使用，从而产生混合优化策略。例如第 7 章中的暂态混沌神经网络就可看作是 Hopfield 网络的梯度寻优与混沌优化以及退火思想相结合得到的混沌优化算法。各种算法结合的方式多种多样，只要算法思想结合得恰当、有机，通常都可使所得到的混合优化算法同时兼有多种优化算法的优点，从而对寻优性能起到较大的改善。下面介绍两种简单的混合优化算法的思想。

1. 混沌蚁群优化算法

针对函数优化问题，将搜索空间分成若干个子区域。利用混沌序列产生若干个测试点遍历在整个搜索空间，作为初始蚁群位置，初始蚁群根据各区域内的局部最优值确定各区域的初始信息素，然后利用混沌系统产生大量测试点作为工作蚁群，工作蚁群根据不同区域内的信息素的含量，随机地选择不同的区域进行混沌搜索，根据搜索到的各区域内的新的局部最优值，不断更新各区域内的信息素含量，信息素含量越大的区域，混沌搜索的概率越大，也就越容易寻得更优解，从而信息素的含量就会进一步提高，这正是蚁群算法信息素正反馈的思想。将这种思想与混沌搜索相结合，最后利用工作蚁群不断地混沌搜索找到寻优函数的全局最优解。

2. 蚁群鱼群混合优化算法

蚁群算法和鱼群算法都属于种群优化算法。他们的共同特点是，对于单个个体而言（蚂蚁或人工鱼）不存在智能行为，只是遵循某种规律而运动。但当个体数量达到一定程度时，整个种群将会表现出某种智能行为。蚁群算法是利用信息素正反馈的原理寻得最优路径。人工鱼则按照"进步最快的原则"或者"进步即可的原则"从觅食、聚群和追尾三种行为选择一个合适的行为，最终实现寻优。

在两种算法中，由于个体运动的目的不同，因此个体运动的规律也有所区别。蚂蚁寻找食物的目的是要将食物运回巢穴，因此即使某路径上蚂蚁数量很多，但如该路径上食物丰富，则其他蚂蚁也要集结到该路径上来尽快将食物运回巢。因此蚂蚁的运动方向不应受拥挤度的限制。而鱼寻找到食物后即吃掉食物，如果该处食物虽多，但鱼的数量也很多，则人工鱼到达该处后，食物可能也已经被其他个体吃光了，所以拥挤度在决定个体运动方向时起着关键的作用。

由此可见，拥挤度是否在优化过程中起作用是这两种算法的核心区别。也就是说，鱼群算法相当于在蚁群算法中引入了拥挤度的概念，并且拥挤度在算法的寻优过程中始终起作用。拥挤度的引入，在算法的初期，可以避免算法的个体过早地集结到信息素高的路径上来，从而可避免算法出现早熟的现象，提高算法的全局寻优能力。但在算法后期，拥挤度将会对算法的收敛性以及收敛速度造成影响，例如，人工鱼最终不能够全部集结到最优值周围。也就是说，拥挤度在寻优初期可改善算法的寻优性能，在寻优后期则对寻优性能产生一定的负面影响。

这样，针对组合优化问题，可结合鱼群算法和蚁群算法两者优点，提出一种新的混合优化算法。在蚁群算法的初期，引入鱼群算法拥挤度的概念，限制蚁群算法过早收敛，防止早熟现象的出现，从而增强算法遍历寻优能力。随着迭代次数的增加，逐渐衰减拥挤度的作用，最后算法演变为传统的蚁群算法，路径选择的概率与拥挤度无关，完全由信息素的浓度以及启发信息来决定。蚂蚁更容易选择信息素浓度高且距离短的路径，从而保证算法能够快速地收敛到最优解上。

目前，各种高效的寻优算法不断涌现出来，而当一种新的优化算法提出之后，很快就会出现各种改进算法（或混合优化算法）。这些改进算法的提出对原始算法的理论完善和实际应用都起着积极的促进作用，为智能优化计算的发展提供了源源不断的动力。

习　题

1. 哪些工程问题能够转化为优化计算问题进行求解？
2. 模拟退火的含义是什么？
3. 遗传算法有哪些关键操作？
4. 蚁群算法的工作原理是什么？
5. 简述粒子群优化算法的工作机理。

第10章

智能体与多智能体系统

随着计算机技术、网络技术以及信息技术的发展，智能体技术得到了广泛应用。同时，由于所要解决问题的复杂程度不断提高，单一智能体有时无法完成任务的独立求解，这时就需要多个智能体协作完成，从而促进了多智能体技术的发展。多智能体不但具有自身求解问题的能力和行为目标，而且能够相互协作，达到共同的整体目标，特别有利于大规模复杂问题的求解。

多智能体系统（Multi-Agent System，MAS）是分布式人工智能的一个重要分支，是20世纪末至21世纪初国际上人工智能的前沿学科。研究的目的在于解决大型、复杂的现实问题，而解决这类问题已超出了单个智能体的能力。

多智能体系统把经典的博弈论和分散控制等理论与计算机科学和机器学习等现代技术相结合，形成了一个不断扩展的领域。

本章节简要介绍有关多智能体系统理论基础、多智能体系统的特征、多智能体系统的协作等内容。

10.1 智能体的概念与结构

10.1.1 智能体的概念

在人工智能领域中，智能体（Agent）既可以是一个实体，也可以是一个程序。一般处于一定的环境中，利用自身传感器来感知环境信息，通过执行器对环境进行影响。其作用过程可描述为图 10-1 所示。

现代人工智能的研究大多可以看作是以单一智能体为研究对象的。单一智能体可以感知环境信息，并通过执行器影响环境，例如，一个人就可以看作是一个智能体，其中眼睛、耳朵等感官可看作

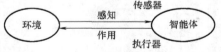

图 10-1　智能体与环境的交互作用

传感器，手、脚等肢体可看作执行器。一个机器人也可以看作一个智能体，其利用自身所带有的摄像头、雷达等传感器感知环境信息，车轮及关节电机等作为执行器完成任务。智能软件可看作由图形用户界面作为传感器和执行器的智能体。从这个角度看，人工智能可以被看作是关于智能体的原理和设计的研究。

通常，智能体作为独立的智能实体一般具有以下特征：

（1）自主性　一个智能体应该拥有独立的知识和处理知识的方法，能够根据自身的内

部状态或感知到的环境信息自主决策，实现状态和行为的控制，并能够响应环境的要求和变化。

（2）反应性　智能体应能够完成所有的目标，主动感知和影响环境，通过采取主动行为，改变自身状态或环境状态，实现自身目标。

（3）社会性　智能体有时并不是孤立存在的，而是由多个智能体形成一个社会种群。此时，智能体不但能够自主独立运行，还应具有与环境中其他智能体相互协作的能力，对各种冲突和矛盾能够通过协商的方式进行解决。

（4）进化性　智能体在运行过程中，应具有适应环境、自主学习、自主进化的能力，能够通过不断扩充知识，提高系统整体运行的可靠性和智能性。

根据智能体的工作环境可将其分为软件智能体、硬件智能体和人工智能体等几种类型。

软件智能体技术是人工智能与网络技术相结合的产物，软件智能体"生存"在计算机操作系统、数据库及网络等环境中。软件智能体与计算机程序有一定的区别，即所有的软件智能体都是程序，但并非所有程序都

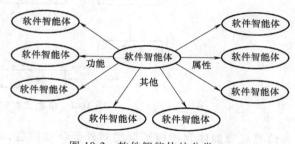

图 10-2　软件智能体的分类

是软件智能体，只有具有智能体基本特征的程序才能称为软件智能体。软件智能体的分类如图 10-2 所示。

硬件智能体通常可看作各类机器人。

而人工生命智能体则是"生存"在各类人造环境中的虚拟生命体，例如前面介绍的"人工蚂蚁"、"人工鱼"等概念。

10.1.2　智能体的结构

智能体能够接收传感器的信息输入，并运行智能体程序，根据执行结果，利用执行器进行相应的行为或动作。智能体的程序实现智能体从感知到动作的映射，因此，智能体程序需要在计算机设备上运行。这样，简单的智能体结构可以只是一台计算机，而复杂的智能体结构可能还包括隔离纯硬件和智能体程序的软件平台。因此，智能体、体系结构和程序之间的关系可看作：智能体 = 体系结构 + 程序。

单个智能体的结构按属性可分为反应式体系结构、慎思式体系结构和复合式体系结构三种类型。

（1）反应式智能体　反应式智能体的结构图如图 10-3 所示。

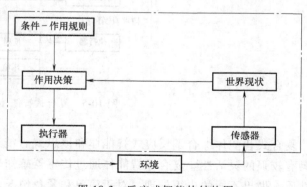

图 10-3　反应式智能体结构图

反应式智能体的内部具有预先设定的知识规则，利用 IF-THEN 式的规则将智能体的感知信息和动作关联起来，当智能体感知到的外界信息或环境变化符合某一条件时，智能体不需逻辑表示和推理，直接调用预置的知识规则，及时作出快速响应。一般认为反应式智能体的智能程度较低，缺乏灵活性，通常仅适用于执行简单任务的实时环境中。

（2）慎思式智能体　慎思式智能体的结构图如图 10-4 所示。

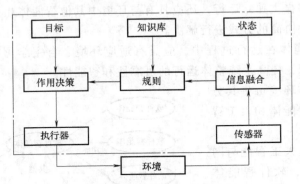

图 10-4　慎思式智能体结构图

慎思式智能体利用传感器感知外部环境信息，根据内部状态进行信息融合，产生修改当前状态的描述，在知识库的支持下制定规划，再在目标引导下形成动作序列，利用执行器对外部环境进行作用。

与反应式智能体相比，慎思式智能体能够实现逻辑推理，具有较高的智能化程度。不过，慎思式智能体中的环境模型一般要求是已知的，因此，慎思式智能体无法工作在未知环境中，而且，慎思式智能体执行效率较低，不能对环境的变化做出快速反应。

（3）复合式智能体　复合式智能体的结构图如图 10-5 所示。

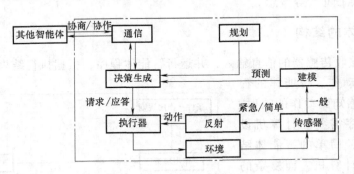

图 10-5　复合式智能体结构

复合式智能体综合了反应式智能体和慎思式智能体二者的优点，既具有快速响应性能，又具有较强的灵活性。复合式智能体通过传感器感知外部环境信息，根据所感知的外部信息的性质，做出不同的决策处理。对于简单和紧急情况，智能体直接通过反射模块给出动作命令，并由执行器完成相应响应。如果是一般情况，则利用符号表示和推力系统给出命令决策，由执行器完成相应动作。复合式智能体可以与其他智能体进行通信，通过协商的方式共同完成目标任务。

10.2　多智能体系统

在许多实际应用中，智能体并不是独立工作的单一系统，而是多个智能体之间以不同的方式共存、相互通信、共同工作。例如，因特网上的软件智能体、足球机器人智能体等。这种由一组可能相互作用的智能体组成的系统称为多智能体系统（MAS），例如，图 10-6 展示的是机器人足球队组成的多智能体系统。研究多智能体系统的人工智能子领域称为分布式人工智能。

图 10-6　机器人足球队组成的多智能体系统

10.2.1　多智能体系统的特征

多智能体系统与单一智能体系统不同，它具有自身独有的特征，接下来，将从以下几个角度来对多智能体系统的特征进行阐述。

1. 智能体的设计

通常情况下，构成多智能体系统的各种智能体都是以不同的方式进行设计的。不同的设计可能涉及不同的硬件，例如足球机器人可以采用不同的机械平台进行设计，而软件智能体则有不同的运行代码。基于不同硬件或实现不同行为的智能体通常称为异构智能体，而采用同样的设计方式并具有同样行为能力的智能体称为同构智能体。智能体之间的差异可能会对智能体各方面的功能和决策都产生不同的影响。

2. 环境

智能体必须处理静态或动态（随时间变化）的环境信息。大多数针对单个智能体的人工智能技术都是在静态环境下开发的，因为静态环境信息更容易处理。而在多智能体系统中，不同的智能体从各自的角度来感知外部环境，这就导致外部环境呈现动态差异特性。这对系统的开发会产生严重影响，例如，在并发学习多智能体系统中，可以观察到智能体的不稳定行为。另外，一个动态环境中各部分信息应该由哪些智能体来感知和处理也是一个关键性的研究内容。

3. 感知

多智能体系统中，智能体的信息感知通常是分布式的，也就是说，多智能体系统中，不同的智能体因位置不同、时间差异等原因，可能观察到不同的感知数据或不同的事物，每个智能体对外界世界的感知可能是片面的，这有可能直接影响智能体的决策过程。例如，在部分可观测条件下的多智能体最优规划问题就是一个比较复杂的问题。为此，多智能体需要研究如何将感知信息进行优化组合，以增强智能体系统对当前状态的信息感知。

4. 控制

与单智能体系统不同，多智能体系统的控制通常是分散的。这意味着每个智能体的决策在很大程度上取决于智能体本身。分散式控制由于具有良好的鲁棒性和容错性的特点，因此比集中控制具有更好的性能。不过，多智能体协议的分发有时会存在一定困难，这对多智能体系统的控制会产生一定影响。多智能体的决策涉及博弈论的内容。在合作型或者团队型多智能体系统的控制中，智能体之间可以实现利益共享、分布式决策以及异步计算，其缺点是需要为此设计专业的协同机制。

5. 知识

在单智能体系统中，通常假设智能体知道自己的行为，但不一定知道它的行为如何影响环境。在多智能体系统中，每个智能体对当前环境状态的知识认知水平可能有很大差异。例如，在一个包含两个同构智能体的协同系统中，每个智能体可以获知另一个智能体的可用动作集，两个智能体可以知道（通过通信）它们当前的感知信息，或者根据某些共享的先验知识推断彼此的意图。另外，一个智能体有时可以观察对手的多智能体系统，但通常不知道对手的行动集和当前感知信息，因此无法推断出他们的动作规划。一般来说，在多智能体系统中，每个智能体在决策时还必须考虑对方智能体的知识情况。

6. 通信

交互通常与某种形式的通信相关联，通常认为一个多智能体系统中的通信是一个双向的过程，所有的智能体都可能是消息的发送者和接收者。通信可以在不同情况下使用，例如，合作型智能体之间的协调。另外，为了使交换的信息安全并及时地送达，必须使用网络协议，即智能体之间必须说特定的语言才能相互理解，特别是异构智能体之间更是如此。

10.2.2　多智能体系统的类型

多智能体主要包括 BDI 模型、协商模型、协作规划模型以及自协调模型等几种常见模型，适用于不同的应用环境中。

1. BDI 模型

BDI 模型是一个概念和逻辑上的理论模型，一般包含三种基本成分，即信念（Belief）、愿望（Desire）和意图（Intention）。信念是一个包括了对世界相关的信念、与其他智能体思维趋向相关的信念和自我信念的集合。信念是智能体对世界的认知，包含描述环境特性的数据和描述自身功能的数据，是主体智能体进行思维活动的基础。愿望是智能体的最初动机，是希望达到的状态或希望保持的状态的集合。智能体可以拥有互不相容的愿望，而且也不需要相信它的愿望是绝对可以实现的。意图是从承诺实现的愿望中选取的当前最需要完成或者最适合完成的一个愿望，是当前智能体正在实现的目标。

2. 协商模型

各个智能体的行动目标是为了追求自身效用的最大化，但在多智能体系统中，为了完成全局目标，就要各个智能体建立一致的目标。智能体之间的协作行为可通过协商产生。协商策略包括任务分解、任务分配、任务监督以及任务评价等内容。

3. 协作规划模型

多智能体系统的协作规划模型主要用于制定协调一致的问题规划。各个智能体都独立求解目标、考虑其他智能体的行为约束，并进行独立规划。智能体的相互作用以通信规划和目标的形式抽象表达，通过相互告知、调节自身局部规划，最终达到共同目标。

4. 自协调模型

自协调模型是建立在开放和动态环境下的多智能体系统模型，模型具有动态性，主要表现在系统自组织结构的分解重组和多智能体系统内部的自主协调等方面。

10.2.3　多智能体系统的应用

多智能体系统已经得到了大规模的广泛应用，例如在软件工程中，多智能体技术被认为是一种新颖而且很有前途的软件构建范例。一个复杂的软件系统可以被看作是许多小型自主智能体的集合，每个智能体都有自己的功能和属性，其中智能体之间的交互增强了整个系统的完整性。在大型系统中，使用多智能体技术可带来以下优势：

1）利用异步并行计算提高计算速度和效率。

2）当一个或多个智能体失效时，多智能体系统可以进行适当调整，确保系统具有良好的鲁棒性和可靠性。

3）新的智能体能够加入到多智能体系统中，提高了系统的灵活性和可扩展性。

4）与整体系统相比，单个智能体成本低，开发更容易，也便于重复利用。

多智能体技术打破了目前知识工程领域仅使用一个专家的限制，因而可完成大规模复杂系统的作业任务，在许多实际领域中表现出了特有的优势。

1. 智能机器人

在智能机器人中，信息集成和协调是一项关键性技术，直接关系到机器人的性能和智能化程度。一个智能机器人通常包括多种信息处理子系统，如二维或三维视觉处理、信息融合、规划决策以及自动驾驶等。各子系统是相互依赖、互为条件的，它们需要共享信息、相互协调，才能有效地完成总体任务。

利用多智能体技术，将每个机器人作为一个智能体，建立多智能体机器人协调系统，可实现多个机器人的相互协调与合作，完成复杂的并行作业任务。

RoboCup 联合会组织的机器人足球赛和机器人救援比赛中也应用到多智能体技术。机器人足球赛是多智能体技术应用的典型代表。机器人足球赛由自主机器人组成的团队进行比赛。机器人足球赛提供了一个测试多智能系统算法的实验平台。该平台能够模拟许多真实世界的特征信息，例如，连续动态的场地，对手的行为的不可预测性，传感信号的不确定性等。机器人救援比赛也是多智能体技术应用的典型案例，在机器人救援中，机器人团队需要探索未知的环境，才能发现受害者或扑灭火灾等。

2. 智能交通控制

交通控制拓扑结构具有分布式的特性，因此很适合应用多智能体技术。在处理交通事故等剧烈变化的交通情况时，多智能体的分布式处理和协调技术能够表现出良好的应用效果。此外，多智能体技术已经广泛应用于汽车联运系统、行驶路径规划、飞行交通控制、铁路交通控制、海洋交通控制等众多领域中。

3. 柔性制造

多智能体技术可表示制造系统，并为解决动态问题的复杂性和不确定性提供新的思路。如在制造系统中，各加工单元可看作智能体，从而使加工过程构成一个半自治的多智能体制造系统，完成单元内加工任务的监督和控制。多智能体技术既可用于制造系统的调度，又可用于制造过程中的分布式控制。

4. 协调专家系统

对于复杂的问题，采用单一的专家系统往往不能满足求解要求，需要利用多个专家系统协作，共同解决问题。利用多智能体技术，可实现多专家系统的协调求解。

5. 分布式预测、监控及诊断

智能体具有意图的性质，利用多智能体的联合意图机制可实现联合行动，从而实现分布式预测与监控。

6. 分布式智能决策

利用多智能体技术所具有的特性可解决复杂系统的决策问题。例如，采用智能体技术将多个专家系统的决策方法有机地协调起来，可建立基于多智能体协调的决策支持系统。

7. 软件开发

利用计算机来开发多智能体系统，称为软件智能体。软件工程的研究从模型角度考察智能体，认为面向智能体的软件开发方法是为更确切地描述复杂并发系统的行为而采用的一种抽象的描述形式，是观察客观世界和解决问题的一种方法。

8. 虚拟现实

虚拟现实定义为使用户不同程度地投入一个人工环境，并能与该环境中的对象进行相互作用的仿真技术。这项研究是以人为中心的人机和谐系统。例如，采用虚拟智能体技术可建立电子市场的模拟系统，从而可实现电子市场中的货物储藏和买卖机制以及银行信贷和金融管理机制。

9. 操作系统

VAX/VMS 操作系统就是采用拟人化的具有自学习能力的人机智能体技术设计实现的。利用智能体所具有的特性可实现操作系统的自适应功能。人机智能体技术可通过接受用户的反馈使操作系统适应用户的兴趣和习惯，通过识别正确与错误的命令及与其他智能体进行网络通信实现系统的学习，从而使操作系统在复杂环境下实现与用户的交互。

10. 网络自动化与智能化

多智能体技术的一个非常具有挑战性的应用领域是互联网。如今，互联网已经发展成为一个高度分布式的开放系统，异构软件智能体可以在互联网上很好地运行。但在"智能体层"（高于 TCP/IP 层）上的协议或语言技术还不成熟，网络本身的结构也在不断变化。在这样的环境中，多智能体技术可以用来开发替代用户的智能体，并能够与其他智能体进行协商谈判。例如，电子商务和电子拍卖就是这样的应用案例。多智能体技术还可用于分布式数据挖掘和信息检索等领域。

利用多智能体一致性的组织、表示、通信等特点，通过定义不同类别的智能体，可构成网络的不同智能成员。例如，网络单元智能体、管理对象智能体以及操作系统智能体等，从而实现网络管理。

智能体技术具有在 Internet 上的协调功能，通过采用 Unix 命令可实现用户在 Internet 上

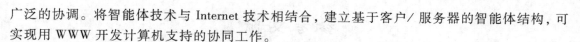

广泛的协调。将智能体技术与 Internet 技术相结合，建立基于客户／服务器的智能体结构，可实现用 WWW 开发计算机支持的协同工作。

软件智能体是指活动于软件环境中的智能体，它通过下达命令和分析环境反馈同环境进行交互。利用软件智能体技术，可对 Internet 这一规模庞大、极度异质、高度动态的软件环境实现信息的收集、检索、分析、综合，从而实现高度智能行为的信息处理手段。

11. 分式布计算

分布式计算成为影响计算机技术发展的关键技术，其目标是实现分散对等的协同计算。多智能体技术为实现这种方法提供了新的途径，基于智能体的计算是下一代软件开发的突破口。

12. 产品设计

目前，利用智能体技术来构造设计系统已成为一个新的研究热点。设计问题涉及多目标的约束求解和设计过程的协调。例如，超大规模集成电路的设计就需要有关电路、逻辑门、寄存器、指令集、结构以及装配技术等方面的知识。为了降低设计的耗费，提高设计的速度，利用多智能体系统的并行处理技术将不同的任务分解，可分别分布在不同的智能体上。智能体由代理助手服务器、智能体服务器、布线智能体服务器和数据库服务器构成，每类智能体服务器分别对超大规模集成电路的某一部分进行设计，完成不同的设计功能，通过代理助手服务器实现服务器与客户的协调通信。利用客户／服务器技术可实现设计过程的网络协同化。通过建立公用黑板结构实现各智能体间的协调机制，得到全局一致的解。

13. 商业管理

可将移动智能体应用于物流管理，利用移动智能体可实现网络化的物资购买与出售之间的管理。

14. 网络化的办公自动化

人可作为一类智能体存在于多智能体系统中。采用多智能体技术可实现办公自动化系统的人机一体化，系统中各个智能体可分别实现信息的采集、存储、交换、加工和决策。

15. 网络化计算机辅助教学及医疗

采用人机智能体技术可建立各类培训系统，用于人机交互的窗口，实现了人机对话。每个用户都可有各自的人机智能体，各智能体通过网络实现通信。

此外，多智能体技术在传感器网络、社会科学、人工生命、计算机游戏、系统控制等诸多领域也得到了广泛应用。

习　题

1. 智能体一般具有哪些特征？
2. 单个智能体的结构按属性可分为哪些类型？
3. 多智能体主要有哪几种常见模型？
4. 多智能体技术有哪些应用领域？

参 考 文 献

[1] 廖晓昕. 动力系统的稳定性理论和应用 [M]. 北京：国防工业出版社，2000.

[2] 曾光奇，等. 模糊控制理论与应用 [M]. 武汉：华中科技大学出版社，2000.

[3] 李士勇. 模糊控制·神经控制和智能控制论 [M]. 哈尔滨：哈尔滨工业大学出版社，1998.

[4] 诸静. 模糊控制理论与系统原理 [M]. 北京：机械工业出版社，2005.

[5] 王万良. 人工智能导论 [M]. 北京：高等教育出版社，2017.

[6] 王耀南，余群明，袁小芳. 混沌神经网络模型及其应用研究综述 [J]. 控制与决策，2006，21（2）：121-127.

[7] 靳蕃. 神经计算智能基础原理、方法 [M]. 成都：西南交通大学出版社，2000.

[8] 王凌. 智能优化算法及其应用 [M]. 北京：清华大学出版社，2001.

[9] 戴一昊，将铃鸽，何晨. 自适应暂态混沌神经网络在 CDMA 多用户检测器中的应用 [J]. 上海交通大学学报，2004，38（5）：697-700.

[10] CHEN L, AIHARA K. Chaotic simulated annealing by a neural network model with transient chaos [J]. Neural Networks，1995，8（6）：915-930.

[11] 翁妙凤，高晶. 基于退火策略的混沌神经网络及其在 TSP 中的应用 [J]. 小型微型计算机系统，2002，23（5）：574-576.

[12] 王凌，郑大钟. 一种基于混沌退火策略的混沌神经网络优化算法 [J]. 控制理论与应用，2000（1）：139-142.

[13] 刘金琨，尔联洁. 多智能体技术应用综述 [J]. 控制与决策，2001，16（2）：133-140.

[14] ISHII S, FUKUMIZU K, Watanabe S. A network of chaotic elements for information processing [J]. Neural Networks，1996，9：25-40.

[15] 陆佳佳，方亮，叶玉堂，杨先明，成志强. 基于脉冲耦合神经网络的红外图像增强 [J]. 光电工程，2007，34（2）：50-54.

[16] 修春波，刘向东，张宇河. 双混沌机制优化方法及其应用 [J]. 控制与决策，2003，18（6）：724-726.

[17] 修春波，刘向东，张宇河. 相空间重构延迟时间与嵌入维数的选择 [J]. 北京理工大学学报，2003，23（2）：219-224.

[18] 修春波，刘向东，张宇河，王帅宇. 一种用于求解 TSP 问题的混沌优化算法 [J]. 计算机工程与应用，2004，40（10）：20-21.

[19] 修春波，刘向东，张宇河，唐运虞. 一种新的混沌神经网络及其应用 [J]. 电子学报，2005，33（5）. 869-870.

[20] 修春波，王金平，刘玉霞. 基于混沌算子网络的时间序列一步预测方法 [J]. 系统仿真学报，2009，21（2）：507-509.

[21] 徐大申，李国东，臧鸿雁. 混沌控制理论及研究进展 [J]. 青海师范大学学报，2004，4：25-30.

[22] 韩军海，吴云洁. 混沌控制综述 [J]. 计算机仿真，2006，23（6）：6-8.

[23] 黄松，混沌理论在密码学中的应用综述 [J]. 重庆教育学院学报，2009，22（6）：49-52.

[24] 朱福喜. 人工智能 [M]. 3版. 北京：清华大学出版社，2017.

[25] 陈铿，韩伯棠. 混沌时间序列分析中的相空间重构技术综述 [J]. 计算机科学，2005，32（4）：67-70.

[26] 王凌，郑大钟，李清生. 混沌优化方法的研究进展 [J]. 计算技术与自动化，2001，20（1）：1-5.

[27] 李兵，蒋慰孙. 混沌优化方法及其应用 [J]. 控制理论与应用，1997，14（4）：613-615.

[28] 唐巍. 基于幂函数载波的混沌优化方法及其应用 [J]. 控制与决策，2005，20（9）：1043-1046.

[29] LIU Xiangdong, XIU Chunbo, A novel hysteretic chaotic neural network and its application [J]. Neurocomputing，2007，70（13-15）：2561-2565.

[30] LIU Xiangdong, XIU Chunbo, Hysteresis modeling based on the hysteretic chaotic neural network [J]. Neural Computing and Applications，2008，17（5-6）：579-583.

[31] 修春波，张雨虹，顾盛娜. 基于幂函数载波的混沌退火搜索算法 [J]. 控制理论与应用，2007，24（6）：1021-1024.

[32] 修春波，张雨虹，刘玉霞. 组合优化问题的混沌搜索策略 [J]. 系统仿真学报，2007，19（5）：61-64.

[33] 张彤，王宏伟，王子才. 变尺度混沌优化方法及其应用 [J]. 控制与决策，1999，14（3）：285-288.

［34］ 宋运忠，赵光宙，齐冬莲，姚明海．混沌化控制综述［J］．浙江工业大学学报，2007，35（3）：313-319.

［35］ NASRABADI N M，CHOO C Y. Hopfield network for stereo vision correspondence［J］．IEEE Trans on Neural Network，1992，3（1）：5-13.

［36］ 刘金琨．智能控制［M］．北京：电子工业出版社，2007.

［37］ 张仰森，黄改娟．人工智能教程［M］．北京：高等教育出版社，2008.

［38］ 王万良．人工智能及其应用［M］．北京：高等教育出版社，2005.

［39］ 张毅，罗元，郑太雄，等．移动机器人技术及其应用［M］．北京：电子工业出版社，2007.

［40］ 李人厚．智能控制理论和方法［M］．西安：西安电子科技大学出版社，1999.

［41］ LUGER C F. 人工智能：复杂问题求解的结构和策略［M］．史忠植，等译．北京：机械工业出版社，2004.

［42］ 袁曾任．人工神经元网络及其应用［M］．北京：清华大学出版社，1999.

［43］ 韩力群．人工神经网络教程［M］．北京：北京邮电大学出版社，2006.

［44］ 杨建刚．人工神经网络实用教程［M］．杭州：浙江大学出版社，2001.

［45］ 沟口理一郎，石田亨．人工智能［M］．卢伯英，译．北京：科学出版社，2003.

［46］ 孙增圻，张再兴，邓志东．智能控制理论与技术［M］．北京：清华大学出版社，1997.

［47］ 肖南峰．智能机器人［M］．广州：华南理工大学出版社，2008.

［48］ 李长青，安葳鹏，郑征．人工智能［M］．徐州：中国矿业大学出版社，2006.

［49］ 夏定纯，徐涛．人工智能技术与方法［M］．武汉：华中科技大学出版社，2004.

［50］ WINSTON，PH. 人工智能［M］．崔良沂，赵永昌，译．北京：清华大学出版社，2005.

［51］ TOWNSEND N W，BROWNLOW M J，TARASSENKO L. Radial basis function networks for mobile robot localization：1994 International neural Networks Society Annual Meeting［C］．San Diego，1994，9-14.

［52］ MARK DUMVILLE，MARIA TSAKIRI. Adaptive filter for land navigation using neural computing. Proceedings of the 7th International Technical Meeting of The Satellite Division of the Institute of Navigation［C］．Salt Lake City，1994，1349-1356.

［53］ CHIN L. Application of neural network in target tracking data fusion［J］．IEEE Transactions on Aerospace and Electronic Systems 1994，30（1）：281-287.

［54］ 廉师友．人工智能技术导论［M］．3 版．西安：西安电子科技大学出版社，2007.

［55］ 敖志刚．人工智能与专家系统导论［M］．合肥：中国科学技术大学出版社，2004.

［56］ 俞洋，殷志锋，田亚菲．基于自适应人工鱼群算法的多用户检测器［J］．电子与信息学报，2007，29（1）：121-124.

［57］ 郑泽宇，顾思宇．TensorFlow 实战 Google 深度学习框架［M］．北京：电子工业出版社，2017.

［58］ 黄文坚，唐源．TensorFlow 实战［M］．北京：电子工业出版社，2017.

［59］ 李嘉璇．TensorFlow 技术解析与实战［M］．北京：人民邮电出版社，2017.

［60］ 王晓华．TensorFlow 深度学习应用实践［M］．北京：清华大学出版社，2018.